台科大圖書
since 1997

用 mBot2 機器人與 mBuild AIoT 學習工具箱

創造人工智慧物聯網智能生活

使用 Scratch3.0(mBlock 5)

王麗君——編著

版權聲明：
- SCRATCH 是 Scratch 公司的註冊商標。
- mBlock 是 Makeblock 公司的註冊商標。
- 本書所引述的圖片及網頁內容，純屬教學及介紹之用，著作權屬於法定原著作權享有人所有，絕無侵權之意，在此特別聲明，並表達深深的感謝。

檔案下載說明

為方便讀者學習，本書相關程式範例檔案請至本公司 MOSME 行動學習一點通網站（http://www.mosme.net），於首頁的關鍵字欄輸入本書相關字（例：書號、書名、作者）進行書籍搜尋，尋得該書後即可於 [學習資源] 頁籤下載使用。

序言

　　在人工智能（或稱人工智慧）的科技時代，從無人自駕車，無人工廠、人工智慧醫療系統到生活居家的智慧家庭聯網等，皆強調以智能機器人取代傳統人力，執行自動化人工智慧判斷與物聯網相關功能，而這些功能皆與程式設計運算思維與問題解決息息相關。

　　本書「用 mBot2 機器人與 mBuild AIoT 學習工具箱創造人工智慧物聯網智能生活－使用 Scratch3.0（mBlock 5）」，以 mBot2 教育機器人搭配無線網路與 mBuild 模組，建構 mBot2 智能機器人在食、衣、住、行、育、樂的應用範疇。從人工智能總量管制、智能保全、智能 LED、智能恆溫、智能居家、智能農場、智能點點名到智能寵物機，循序漸進引導腦力激盪並將 mBuild 的多種感測器元件，廣泛的應用在創意問題解決，建立全方位智能生活。現在就讓我們一起學習人工智能相關的知識與素養，迎接全新的人工智能時代吧！

目錄

Chapter 1 mBot2 智能總量管制

1-1 mBot2 教育機器人簡介	4
1-2 人體紅外線感測器	6
1-3 LED 矩陣	10
1-4 腳本規劃與執行流程	17
1-5 按下按鈕 LED 顯示圖案與文字	19
1-6 人體紅外線感測器偵測人	20
1-7 mBot2 智能總量管制	21
實力評量	22

Chapter 2 mBot2 智能保全

2-1 測距感測器	30
2-2 喇叭	34
2-3 腳本規劃與執行流程	37
2-4 LED 矩陣顯示跑馬燈	38
2-5 測距感測器偵測距離	39
2-6 mBot2 智能保全	40
實力評量	41

Chapter 3 mBot2 智能 LED

3-1	多點觸摸感測器	49
3-2	LED 燈條	52
3-3	聲音感測器	55
3-4	光線感測器	60
3-5	腳本規劃與執行流程	62
3-6	按下按鈕 A 判斷觸摸點	64
3-7	點亮彩虹 LED 跑馬燈	65
3-8	自訂多元控制 LED 積木	65
3-9	mBot2 智能 LED	69
	實力評量	72

Chapter 4 mBot2 智能恆溫

4-1	溫溼度感測器	81
4-2	溫度感測器	83
4-3	直流馬達驅動器與馬達風扇	85
4-4	角度感測器	87
4-5	腳本規劃與執行流程	90
4-6	數據圖表	92
4-7	mBot2 智能恆溫	95
4-8	溫溼度跑馬燈	97
	實力評量	99

目錄

Chapter 5 mBot2 智能居家

5-1 MQ2 氣體感測器	106
5-2 火焰感測器	108
5-3 物聯網與無線網路	110
5-4 腳本規劃與執行流程	112
5-5 按下按鈕 A 設定網路	114
5-6 按下按鈕 B 設定火災偵測	115
5-7 按壓搖桿設定火災警報	116
5-8 記錄火災警報	117
5-9 mBot2 智能居家	119
實力評量	120

Chapter 6 mBot2 智能農場

6-1 土壤溼度感測器	129
6-2 直流馬達驅動器與水幫浦馬達	131
6-3 伺服馬達驅動器與伺服馬達	133
6-4 腳本規劃與執行流程	135
6-5 按下按鈕 A 設定網路	137
6-6 按下按鈕 B 偵測土壤溼度	138
6-7 記錄土壤溼度	139
6-8 搖桿向上推友善驅趕	140
6-9 mBot2 智能農場	141
實力評量	142

mBot2 智能點點名

7-1 LED 燈環	150
7-2 腳本規劃與執行流程	152
7-3 機器深度學習	154
7-4 訓練模型	156
7-5 檢驗機器深度學習	159
7-6 Google 表格	163
7-7 mBot2 與出席者互動	166
實力評量	168

mBot2 智能寵物機

8-1 視覺模組	176
8-2 腳本規劃與執行流程	186
8-3 智能寵物機學習顏色	188
8-4 智能寵物機辨識顏色	190
8-5 智能寵物機追蹤顏色移動	191
實力評量	193

附錄

一、習題參考解答	198
二、本書使用元件總表	201

Chapter 1

mBot2 智能總量管制

　　本章將認識 mBot2 教育機器人硬體組成元件及擴充感測器元件,再應用人體紅外感測器與 LED 矩陣,以 mBlock 5 程式語言設計 mBot2 智能總量管制。智能總量管制的目的在利用感測器,設計能夠自動統計總量,並控制總量的智能總量管制機器人。當人體紅外線感測器偵測到人的動作時,LED 矩陣顯示人數,當人數達到管制的總量時,mBot2 顯示提示文字並播放警告聲。

本章節次

1-1 mBot2 教育機器人簡介
1-2 人體紅外線感測器
1-3 LED 矩陣
1-4 腳本規劃與執行流程
1-5 按下按鈕 LED 顯示圖案與文字
1-6 人體紅外線感測器偵測人
1-7 mBot2 智能總量管制

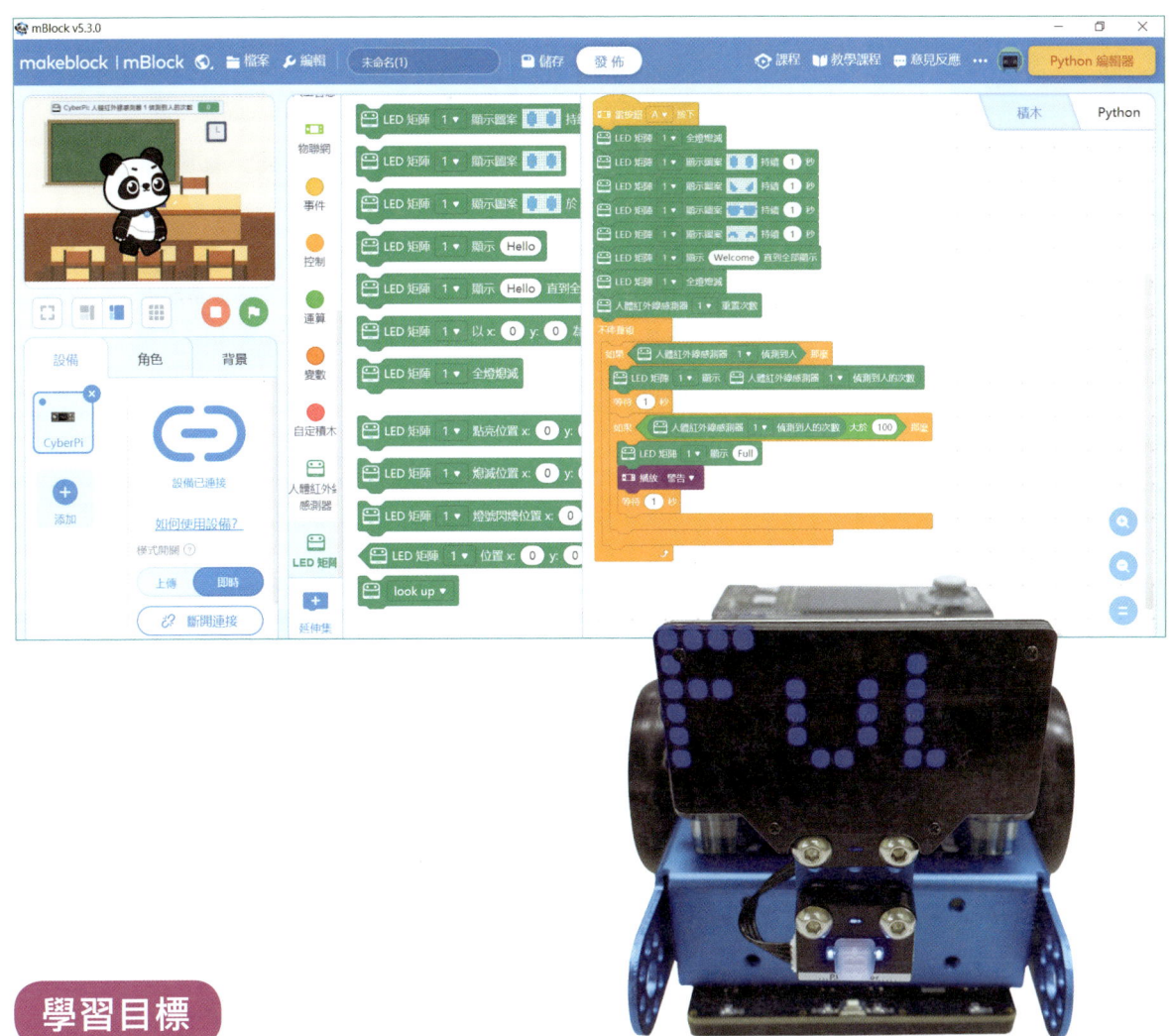

學習目標

1. 認識 mBot2 教育機器人硬體組成元件及擴充感測器元件。
2. 能夠連接 mBot2 與 mBlock 5 設計程式。
3. 認識人體紅外線感測器與 LED 矩陣運作原理。
4. 能夠應用人體紅外線感測器與 LED 矩陣設計 mBot2 智能總量管制。

本章擴充元件與功能規劃

LED 矩陣
» 顯示圖案、文字或數字

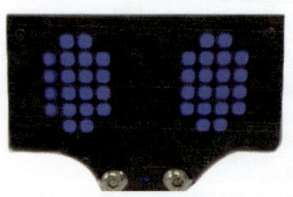

人體紅外線感測器
» 偵測人的動作

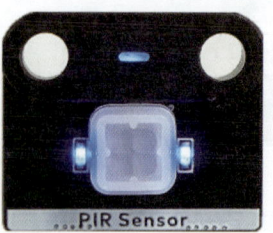

本章人體紅外線感測器、LED 矩陣與 mBot2 的 MOUT 接線方式如圖 1 所示。

▲圖 1　智能總量管制接線方式

mBot2 筆記　智能總量管制接線順序如下，接線順序可以隨著支架設計變更。

創客題目

請應用人體紅外感測器與 LED 矩陣,設計 mBot2 智能總量管制。當按下按鈕 A,LED 矩陣顯示「開心」圖案及「Welcome」文字之後,不停重複偵測是否有人的動作。當人體紅外線感測器偵測到人的動作時,LED 矩陣顯示人數,當人數達到管制的總量為 100 時,mBot2 顯示提示文字「Full」並播放警告聲。

題目編號 A039018

實作時間 30 分鐘

創客學習力

外形	機構	電控	程式	通訊	人工智慧
1	1	3	3	0	0
創客總數 8					

綜合素養力

空間力	堅毅力	邏輯力	創造力	整合力	團隊力
1	1	3	1	1	1
素養總數 8					

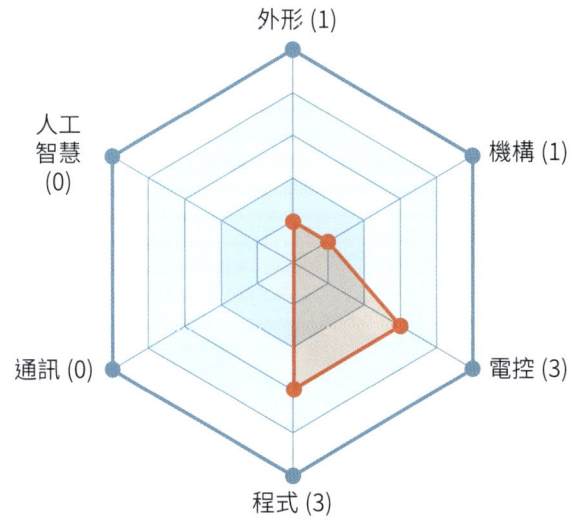

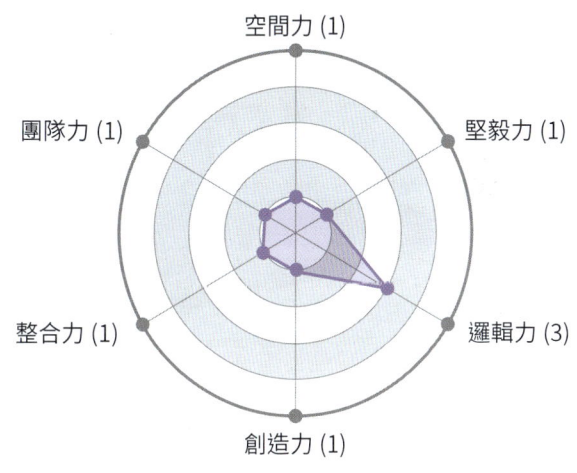

1-1　mBot2 教育機器人簡介

　　mBot2 教育機器人由童心制物（Makeblock）設計，利用 CyberPi 主控板，以手機、平板或電腦，在 mBlock 5 設計程式控制 mBot2 金屬車身。童心制物團隊將美國麻省理工學院（MIT）的 Scratch 3 擴展為 mBlock 5 程式語言，讓學習者利用堆疊積木的方式輕鬆學習 mBot2 與人工智慧、物聯網等創新科技應用相關的互動程式設計。

一、mBot2 教育機器人硬體組成元件

　　mBot2 教育機器人硬體組成的元件包括：CyberPi 主控板、鋰電池擴展板、第二代超音波感測器、四路顏色感測器、編碼馬達與金屬車架，如圖 2 所示。

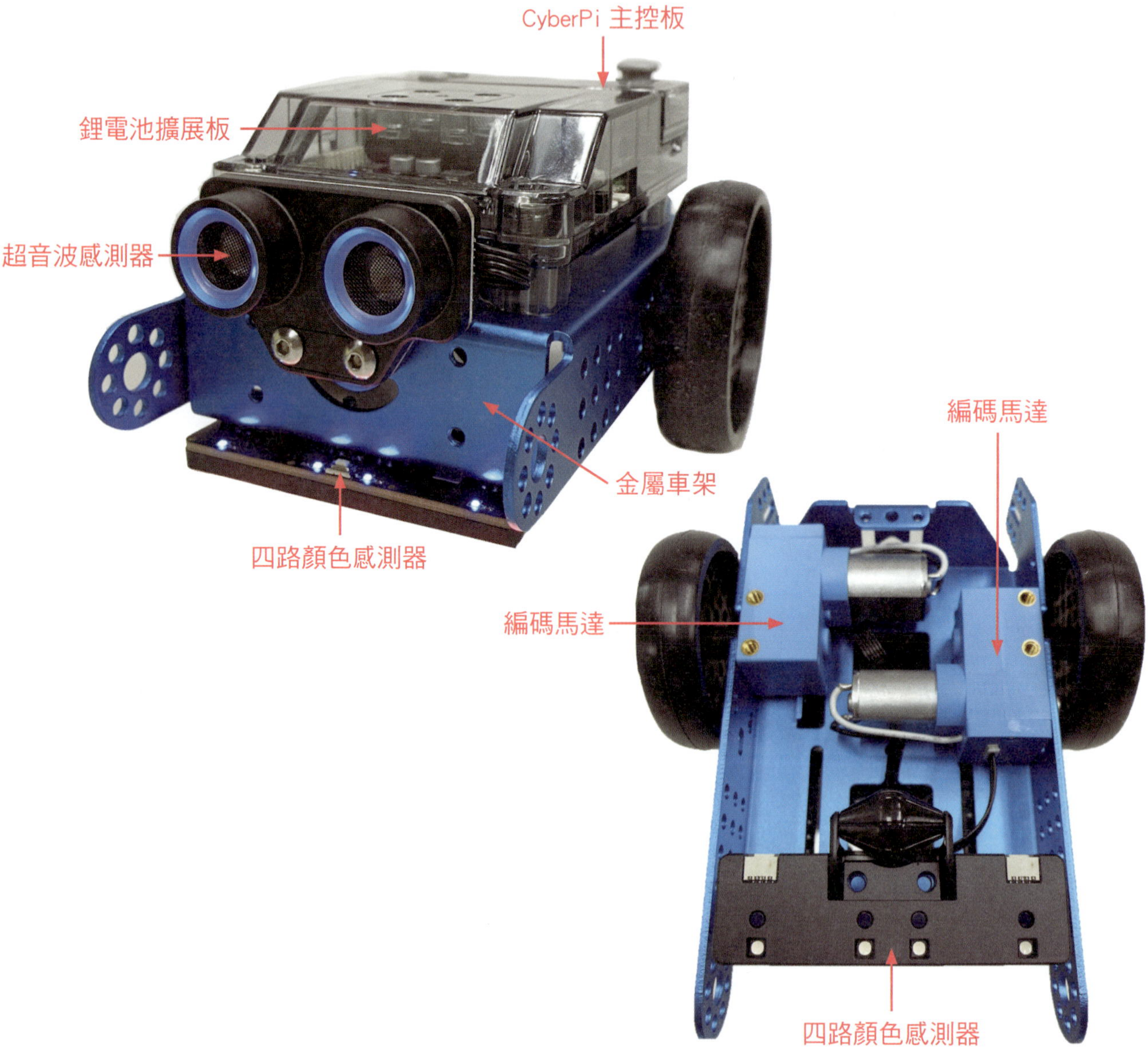

▲圖 2　mBot2 教育機器人硬體元件

二、CyberPi 主控板

　　CyberPi 主控板包括 ESP32 微型處理器晶片，內建 Xtensa 32 位元雙核心處理器、512K 板載記憶體（on-board memory）、8M 快閃記憶體（Flash memory）、藍牙（Bluetooth）、無線網路（Wi-Fi）及無線區域網路（Wi-Fi LAN），是 mBot2 的心臟，將 mBlock 5 設計的程式上傳 CyberPi 或以即時連線的方式，讓 mBot2 執行人工智慧物聯網（AIoT）相關功能。CyberPi 更多組成元件包括：無線網路、藍牙、麥克風、搖桿、按鈕、喇叭、全彩螢幕、RGB LED 燈條與多種感測器等，如圖 3 所示。

▲圖 3　CyberPi 主控板組成元件

1-2　人體紅外線感測器

人體紅外線感測器（PIR sensor）主要功能在偵測人或動物的動作。如果偵測到有人的動作時，點亮感測器上的藍色 LED；如果未偵測到人的動作，感測器上的 LED 不會點亮，人體紅外線感測器的偵測方式與 mBot2 的連接方式如圖 4 所示。

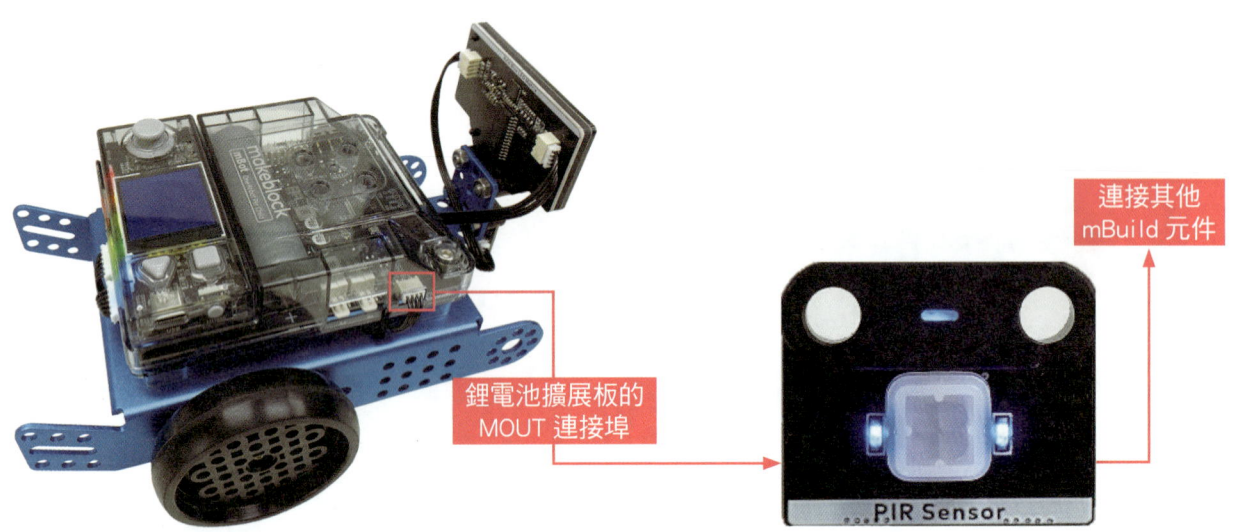

mBot2 筆記

1. mBuild 是 Makeblock 研發的新一代人工智能電子模組，總共有 60 多種元件。它能夠支援 10 個以上的元件直接串聯，不需要區分輸入或輸出連接埠。本書介紹的外接感測器皆屬於 mBuild 元件。
2. MOUT 是 mBuild 與 mBot2 的連接埠，利用 mBuild 的 4 針連接線連接 MOUT 連接埠，直接串聯執行程式。

▲ 圖 4　人體紅外線感測器 LED

一、人體紅外線感測器積木

在 [人體紅外線感測器] 類別積木中，與人體紅外線感測器相關積木功能如下：

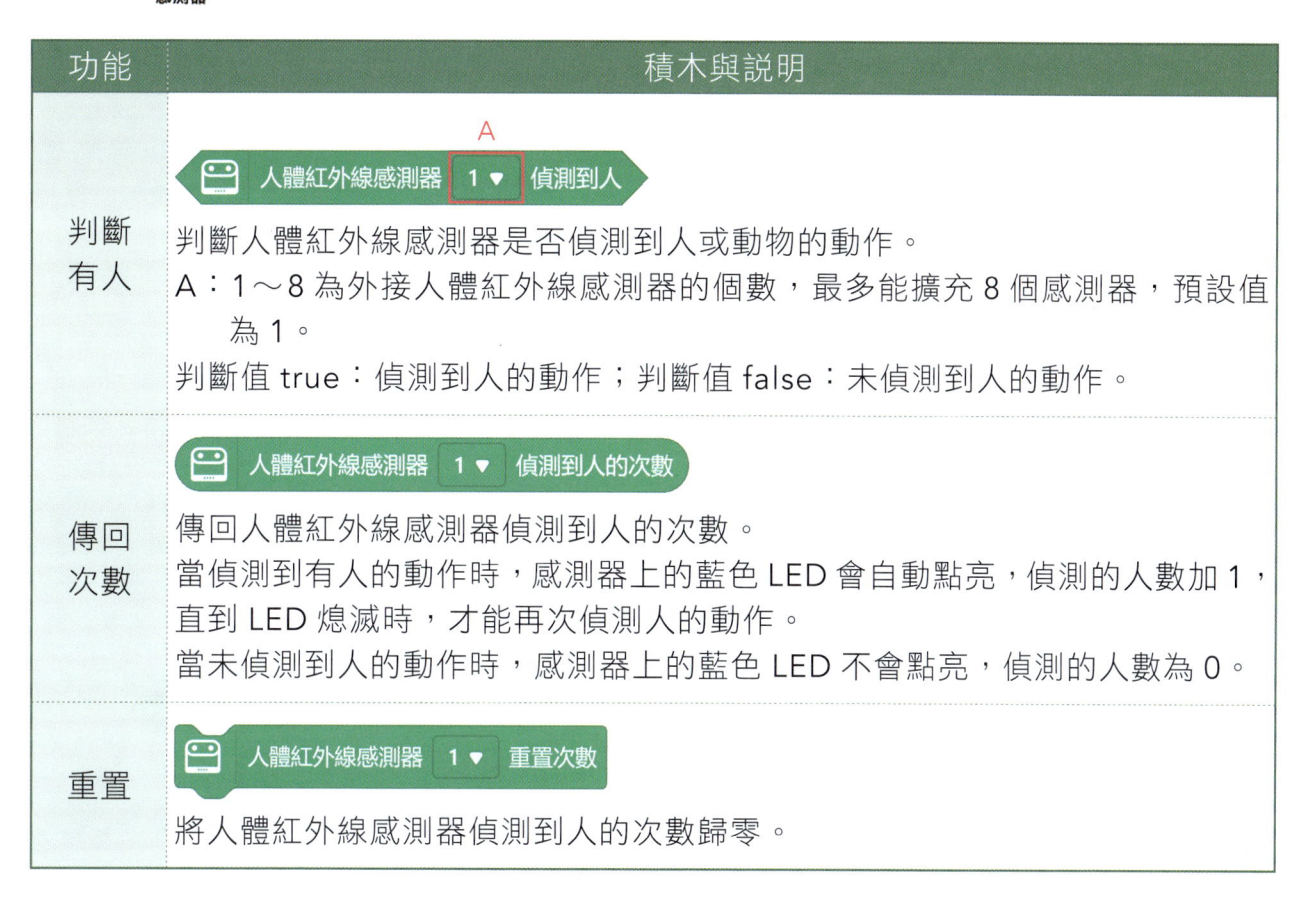

功能	積木與說明
判斷有人	[人體紅外線感測器 1▼ 偵測到人] （A 標示於 1▼） 判斷人體紅外線感測器是否偵測到人或動物的動作。 A：1～8 為外接人體紅外線感測器的個數，最多能擴充 8 個感測器，預設值為 1。 判斷值 true：偵測到人的動作；判斷值 false：未偵測到人的動作。
傳回次數	[人體紅外線感測器 1▼ 偵測到人的次數] 傳回人體紅外線感測器偵測到人的次數。 當偵測到有人的動作時，感測器上的藍色 LED 會自動點亮，偵測的人數加 1，直到 LED 熄滅時，才能再次偵測人的動作。 當未偵測到人的動作時，感測器上的藍色 LED 不會點亮，偵測的人數為 0。
重置	[人體紅外線感測器 1▼ 重置次數] 將人體紅外線感測器偵測到人的次數歸零。

實作範例　ch1-1　人體紅外線感測器運作測試

請練習人體紅外線感測器是否偵測到人的動作，以及偵測到人的次數。

1. 請將人體紅外線感測器連接 mBot2。
2. 連接電腦與 mBot2，並開啟 mBot2 機器人電源。
3. 在 mBlock 5「設備」的 CyberPi，點按【連接 > COM 值 > 連接】，並選擇【即時】模式。

4. 點選【延伸集】,在人體紅外線感測器按【+添加】,新增積木。

5. 【勾選】人體紅外線測器偵測到人的次數,在舞台顯示次數。

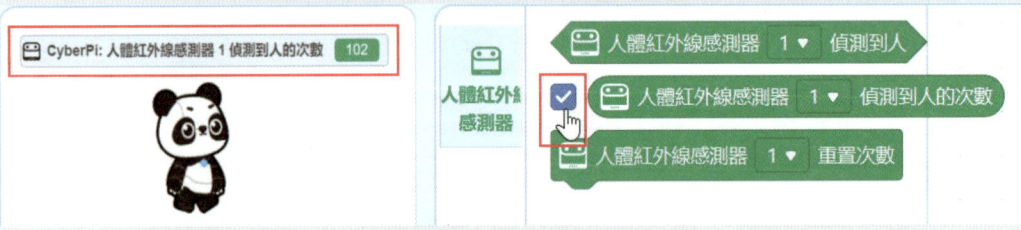

6. 點擊積木 人體紅外線感測器 1▼ 重置次數 ,將人體紅外線感測器偵測到人的次數歸 0。

7. 在人體紅外線感測器前揮手,點亮藍色 LED,檢查每點亮一次 LED,舞台顯示的次數自動加 1。

8. 當人體紅外線感測器的 LED 亮燈時,點擊積木 人體紅外線感測器 1▼ 偵測到人 ,請勾選感測器判斷的結果為何?

判斷結果:☐ true(真)　☐ false(假)

實作範例　ch1-2　紅綠燈

請應用人體紅外線感測器，設計當偵測到人的時候 CyberPi 點亮紅色 LED，未偵測到人的時候 CyberPi 點亮綠色 LED。

1 點選 **事件**、**LED**、**控制** 與 **人體紅外線感測器**，拖曳下圖積木，讓 CyberPi 的 LED 顯示紅綠燈。

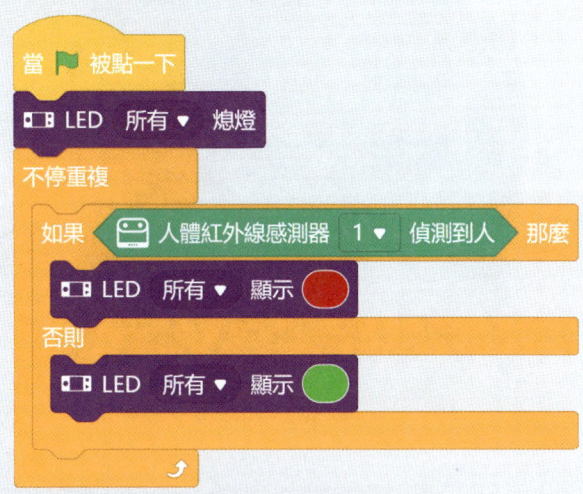

2 在人體紅外線感測器前揮手，檢查程式執行結果為何？

執行結果：☐點亮紅色 LED　　☐點亮綠色 LED

mBlock 5 筆記

如果～那麼～否則的執行流程

條件成立（真），執行那麼程式積木；

條件未成立（假），執行否則程式積木；

如果～那麼的執行流程

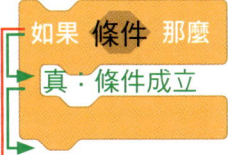

條件成立（真），執行那麼程式積木；

條件未成立（假），執行如果-那麼下一行程式積木；

1-3　LED 矩陣

　　LED 矩陣（8×16 LED Matrix）由 8×16 陣列排列而成的 128 個藍色 LED 組成，主要利用 LED 顯示圖案、數字、文字或個別點亮 LED，如圖 5 所示。

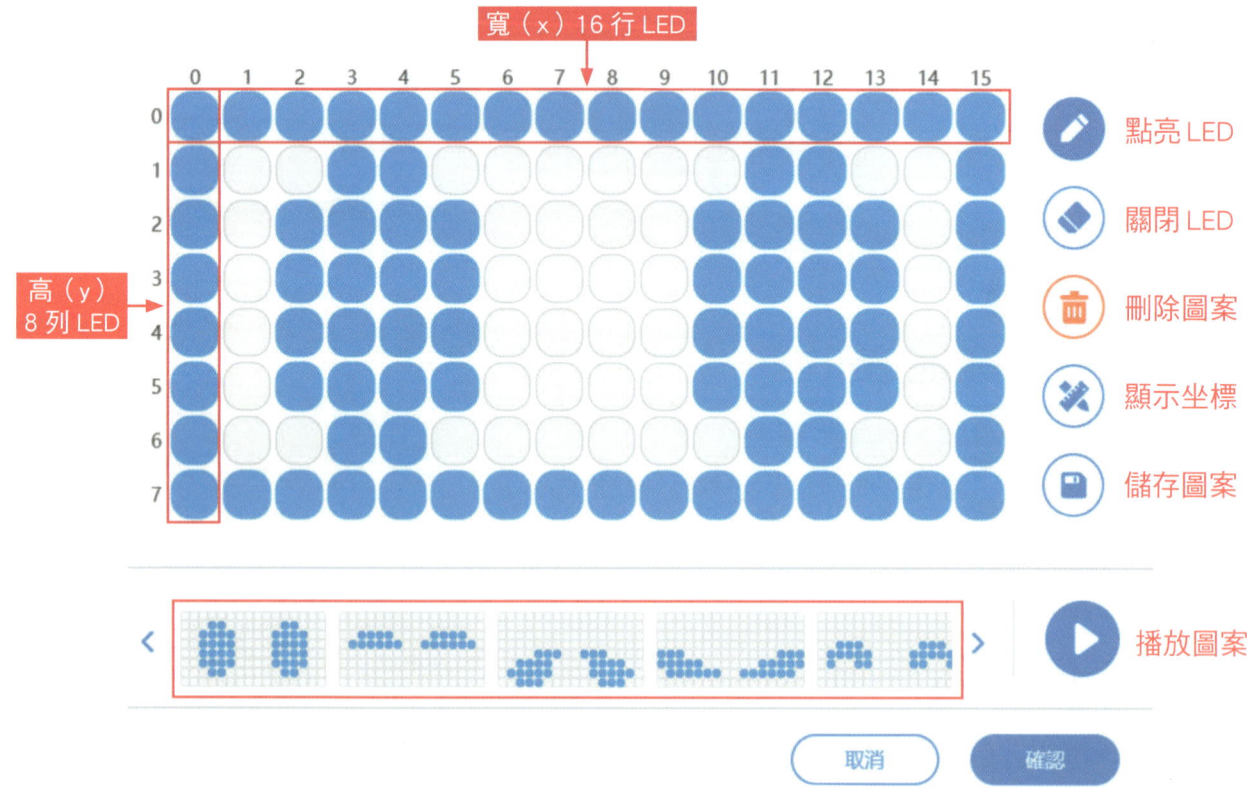

▲ 圖 5　LED 矩陣組成的 128 個 LED 燈

一、LED 矩陣顯示圖案

在 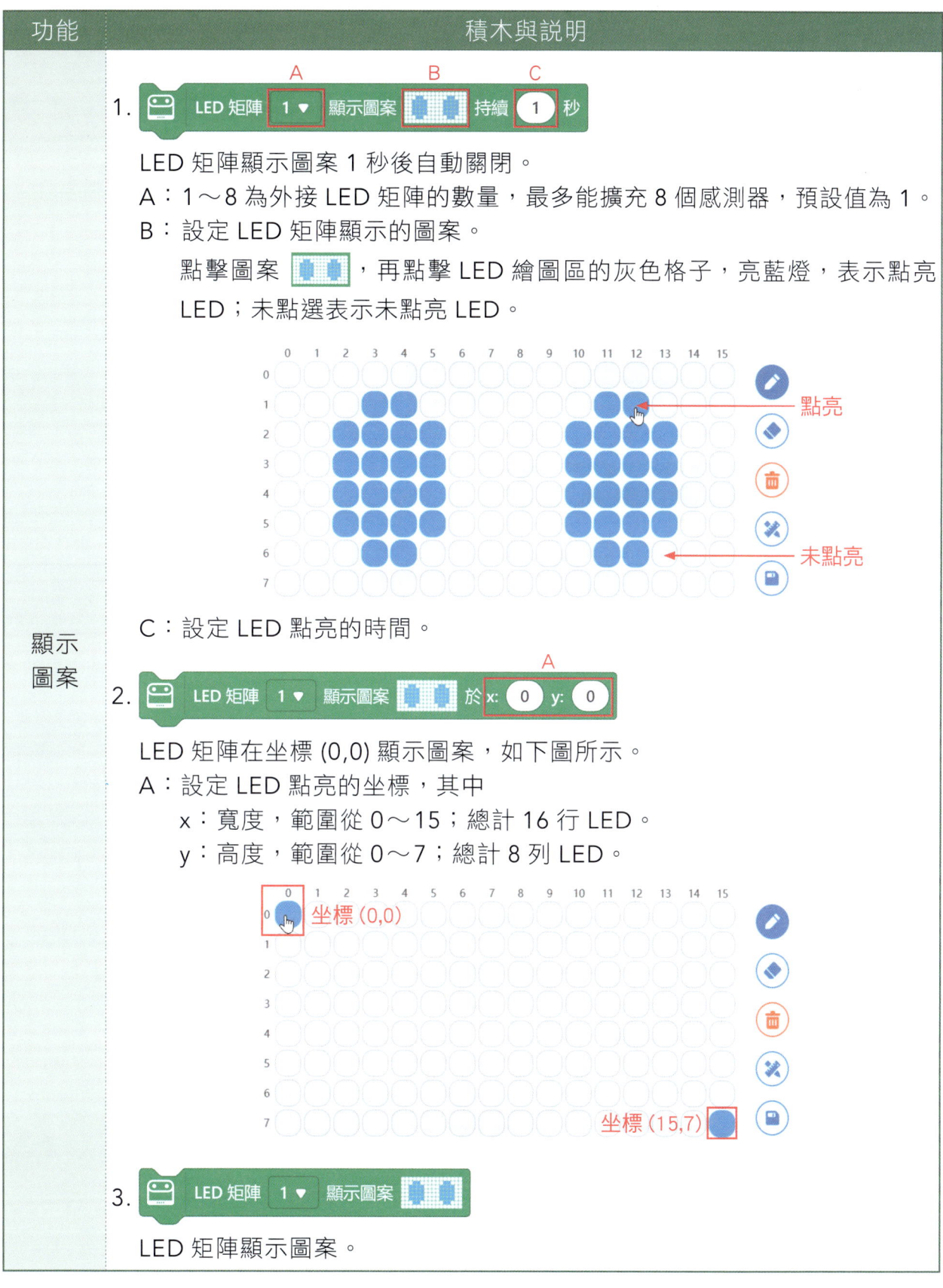 類別積木中，與 LED 矩陣相關積木功能如下：

功能	積木與說明
顯示圖案	1. LED 矩陣 [A:1▼] 顯示圖案 [B:圖案] 持續 [C:1] 秒 LED 矩陣顯示圖案 1 秒後自動關閉。 A：1～8 為外接 LED 矩陣的數量，最多能擴充 8 個感測器，預設值為 1。 B：設定 LED 矩陣顯示的圖案。 　　點擊圖案，再點擊 LED 繪圖區的灰色格子，亮藍燈，表示點亮 LED；未點選表示未點亮 LED。 （圖示：16×8 LED 矩陣，顯示兩個笑臉圖案，標註「點亮」與「未點亮」） C：設定 LED 點亮的時間。 2. LED 矩陣 1▼ 顯示圖案 [圖案] 於 x: 0 y: 0 LED 矩陣在坐標 (0,0) 顯示圖案，如下圖所示。 A：設定 LED 點亮的坐標，其中 　　x：寬度，範圍從 0～15；總計 16 行 LED。 　　y：高度，範圍從 0～7；總計 8 列 LED。 （圖示：16×8 LED 矩陣，標註坐標 (0,0) 與坐標 (15,7)） 3. LED 矩陣 1▼ 顯示圖案 [圖案] LED 矩陣顯示圖案。

二、LED 矩陣顯示文字或數字

在 LED矩陣 類別積木中，與 LED 矩陣相關積木功能如下：

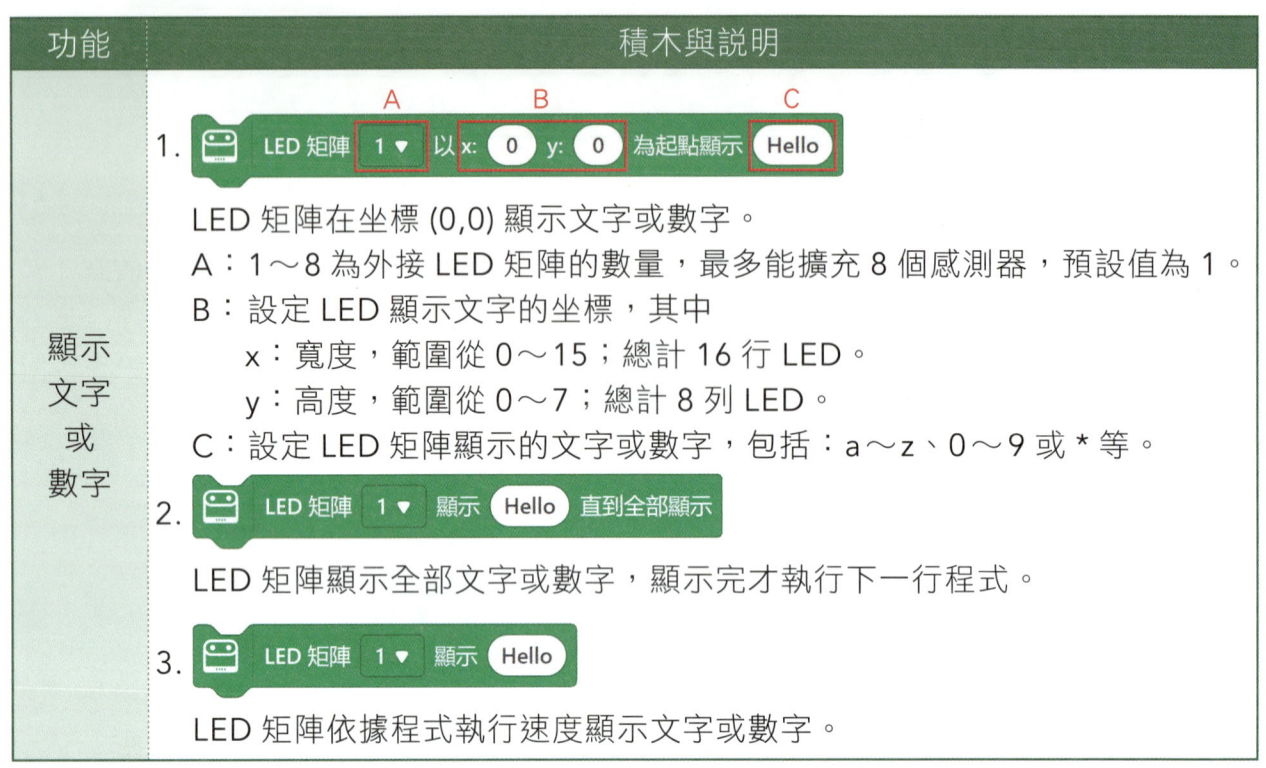

功能	積木與說明
顯示文字或數字	1. LED 矩陣在坐標 (0,0) 顯示文字或數字。 A：1～8 為外接 LED 矩陣的數量，最多能擴充 8 個感測器，預設值為 1。 B：設定 LED 顯示文字的坐標，其中 　x：寬度，範圍從 0～15；總計 16 行 LED。 　y：高度，範圍從 0～7；總計 8 列 LED。 C：設定 LED 矩陣顯示的文字或數字，包括：a～z、0～9 或 * 等。 2. LED 矩陣顯示全部文字或數字，顯示完才執行下一行程式。 3. LED 矩陣依據程式執行速度顯示文字或數字。

實作範例　ch1-3　LED 矩陣顯示愛心

請應用 LED 矩陣顯示文字「LOVE」之後，在 LED 矩陣正中心點位置播放愛心動畫。

1 請將 LED 矩陣連接 mBot2，連接電腦與 mBot2，並開啟 mBot2 機器人電源。

2 在 mBlock 5「設備」的 CyberPi ，點按【連接 > COM 值 > 連接】，並選擇 【即時】模式。

3 點選【延伸集】，在 LED 矩陣按【+ 添加】，新增積木。

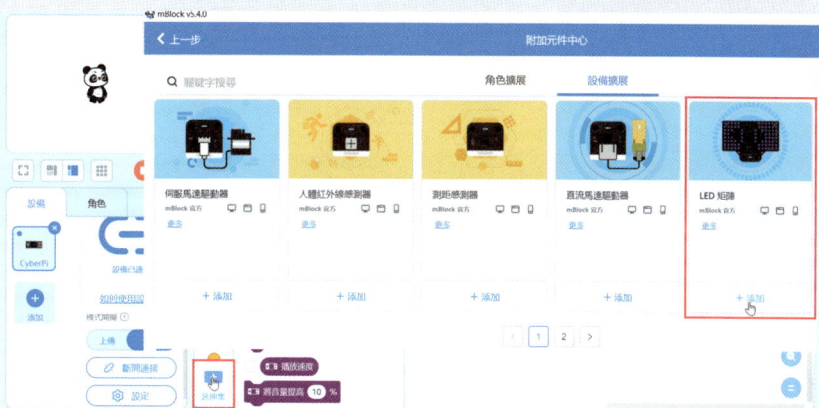

4 點選 事件 與 LED矩陣，拖曳下圖積木讓 LED 矩陣顯示文字與圖案。

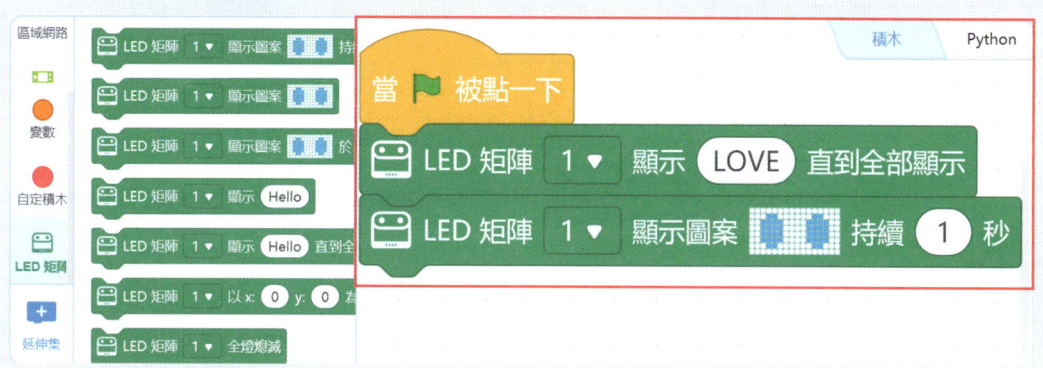

5 點擊 ▦▦，在 8 的 x 坐標中，設計愛心圖案。

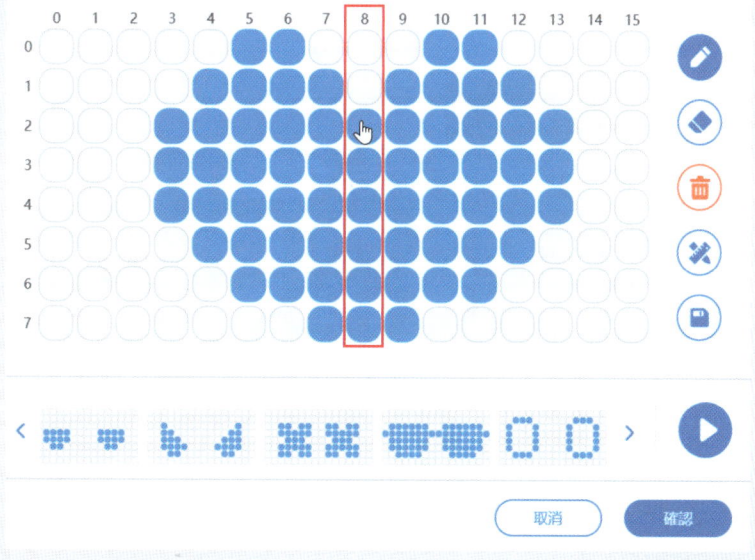

6. 複製愛心圖案積木，點擊圖案 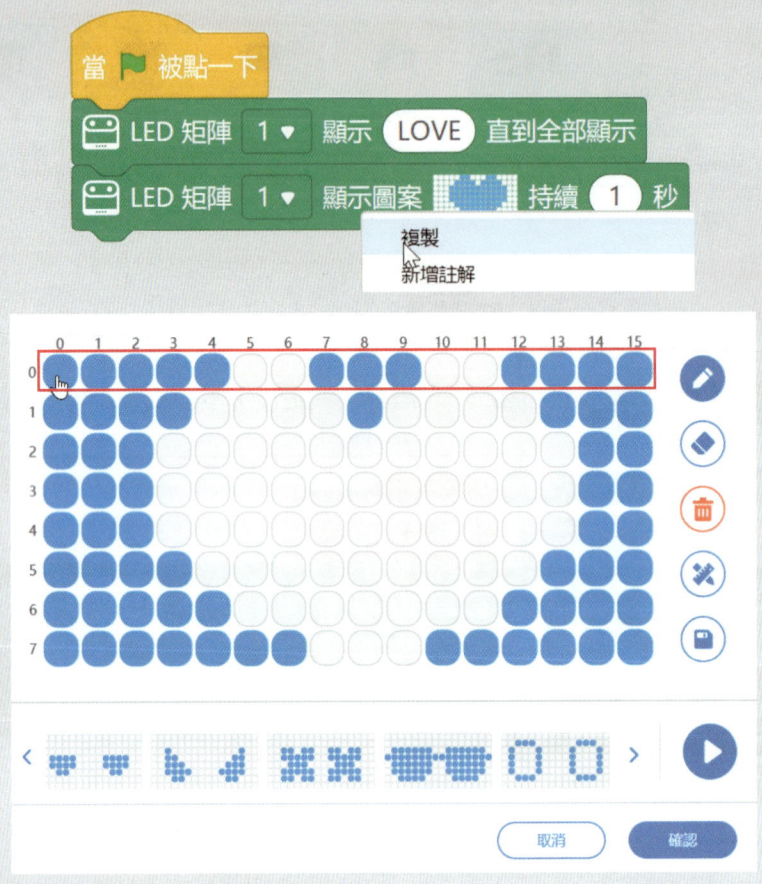，在坐標 (0,0) 的地方，拖曳滑鼠到 (15,0)，將點亮的 LED 改為未點亮，未點亮的 LED 改為點亮。

7. 點擊 🚩，檢查 LED 矩陣是否先顯示文字，再顯示愛心動畫。

三、各別點亮 LED

在 ![LED矩陣] 類別積木中，與 LED 矩陣相關積木功能如下：

功能	積木與說明
判斷點亮	LED 矩陣 1▼ 位置 x: 0 y: 0 是否點亮?（A） 判斷外接 1 的 LED 矩陣中，坐標 (0,0) 的 LED 是否點亮。 A：1～8 為外接 LED 矩陣的數量，最多能擴充 8 個，預設值為 1。 判斷值 true：已點亮坐標 (0,0) 的 LED； 判斷值 false：未點亮坐標 (0,0) 的 LED。
各別點亮	1. LED 矩陣 1▼ 燈號閃爍位置 x: 0 y: 0 閃爍 x, y 坐標為 (0,0) 的 LED，第一次執行時先點亮 LED，再執行則關閉 LED，依序執行點亮與關閉。 2. LED 矩陣 1▼ 點亮位置 x: 0 y: 0 點亮 x, y 坐標為 (0,0) 的 LED。
關閉	1. LED 矩陣 1▼ 熄滅位置 x: 0 y: 0 關閉 x, y 坐標為 (0,0) 的 LED。 2. LED 矩陣 1▼ 全燈熄滅 關閉全部 LED。

實作範例 ch1-4 LED 小星星

請應用 LED 矩陣坐標，設計隨機點亮 LED。

1 在 mBlock 5「設備」的 CyberPi，將連線狀態設定為【即時】模式。

2 點選 **變數**、**建立變數**，輸入「x」，再按【確認】。

3 重複步驟，再建立變數「y」。建立 x, y 坐標的變數。

4 點選 **事件**、**控制**、**變數**、**運算** 與 **LED矩陣**，拖曳下圖積木，先點亮 x, y 坐標的 LED，再關閉。

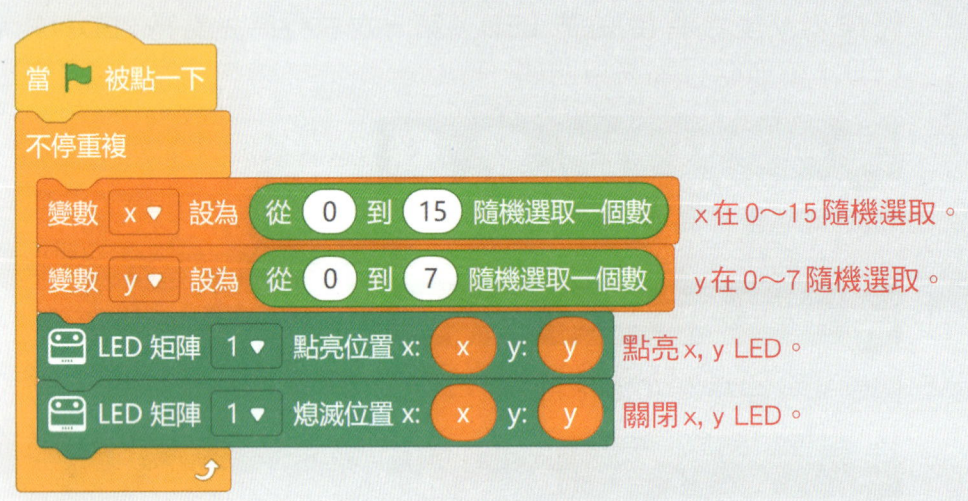

5 點擊 ▶，檢查 LED 矩陣是否隨機點亮一顆 LED，再熄滅該坐標的 LED，不停重複執行。

1-4 腳本規劃與執行流程

　　本節將應用人體紅外線感測器與 LED 矩陣，設計 mBot2 智能總量管制。當按下按鈕 A，LED 矩陣顯示「開心」圖案及「Welcome」文字之後，不停重複偵測是否有人的動作。當人體紅外線感測器偵測到人的動作時，LED 矩陣顯示人數，當人數達到管制的總量（例如：100），mBot2 顯示提示文字「Full」並播放警告聲。

一、mBot2 智能總量管制腳本規劃

　　mBot2 智能總量管制將應用的元件包括：按鈕 A、喇叭、人體紅外線感測器與 LED 矩陣，每個元件的位置與功能如圖 6 所示。

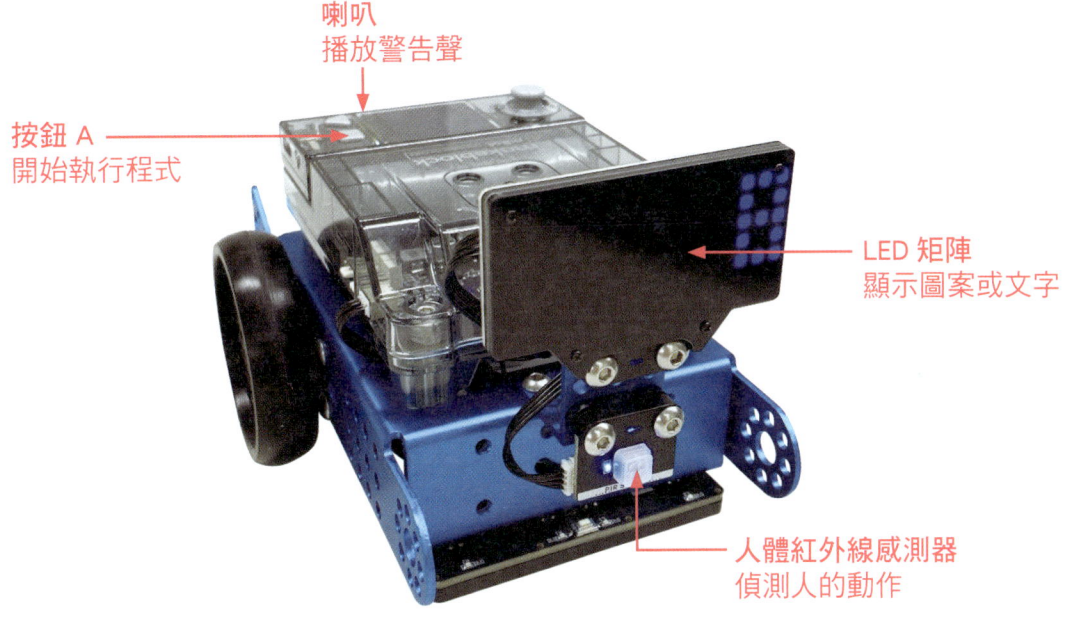

▲圖 6　智能總量管制元件與功能

> **mBot2 筆記**
>
> 鋁合金支架可以依照自己的設計做組合變化。

二、mBot2 智能總量管制執行流程

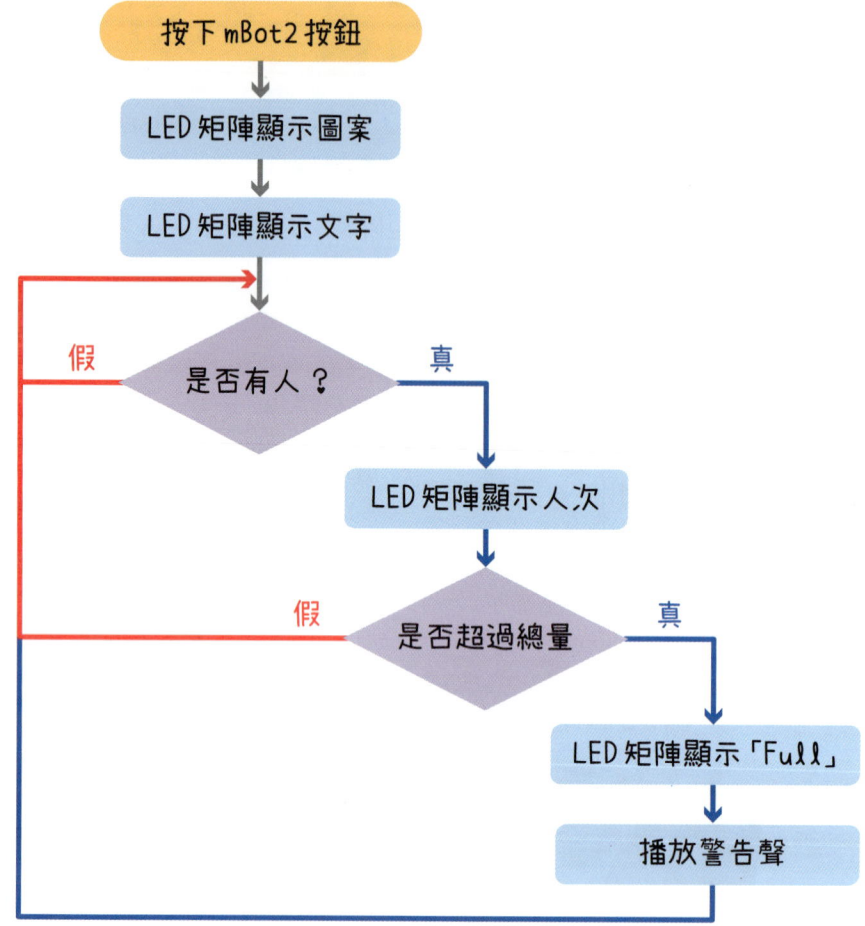

▲圖7　mBot2 智能總量管制執行流程

1-5 按下按鈕 LED 顯示圖案與文字

當按下按鈕 A，LED 矩陣顯示「開心」圖案及「Welcome」文字。

1 點選 **事件** 與 **LED矩陣**，拖曳下圖積木，當按下按鈕 A，先關閉全部 LED，再顯示圖案與文字。

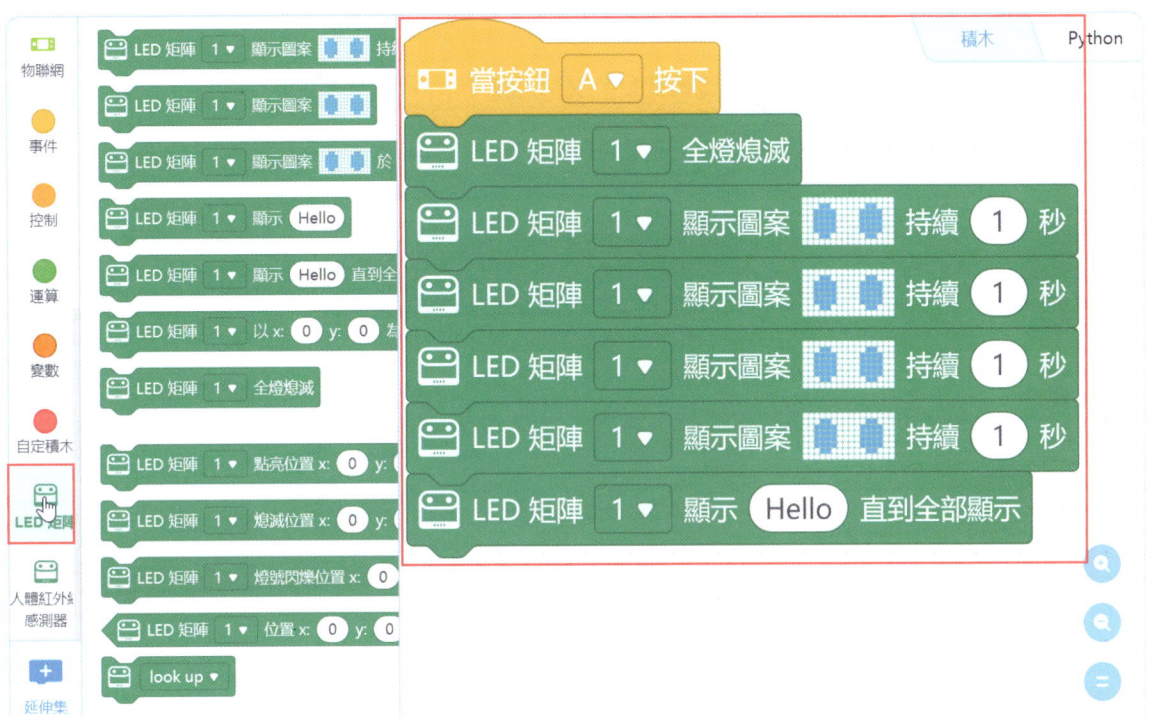

2 點擊圖案，點選開心圖案，並在【Hello】輸入「Welcome」。

1-6　人體紅外線感測器偵測人

人體紅外線感測器不停重複偵測是否有人的動作。當人體紅外線感測器偵測到人的動作時，LED 矩陣顯示人數。

1 點選 ● **控制** 與 **人體紅外線感測器**，拖曳下圖積木先重置人體紅外線感測器的次數，再不停重複偵測是否有人。

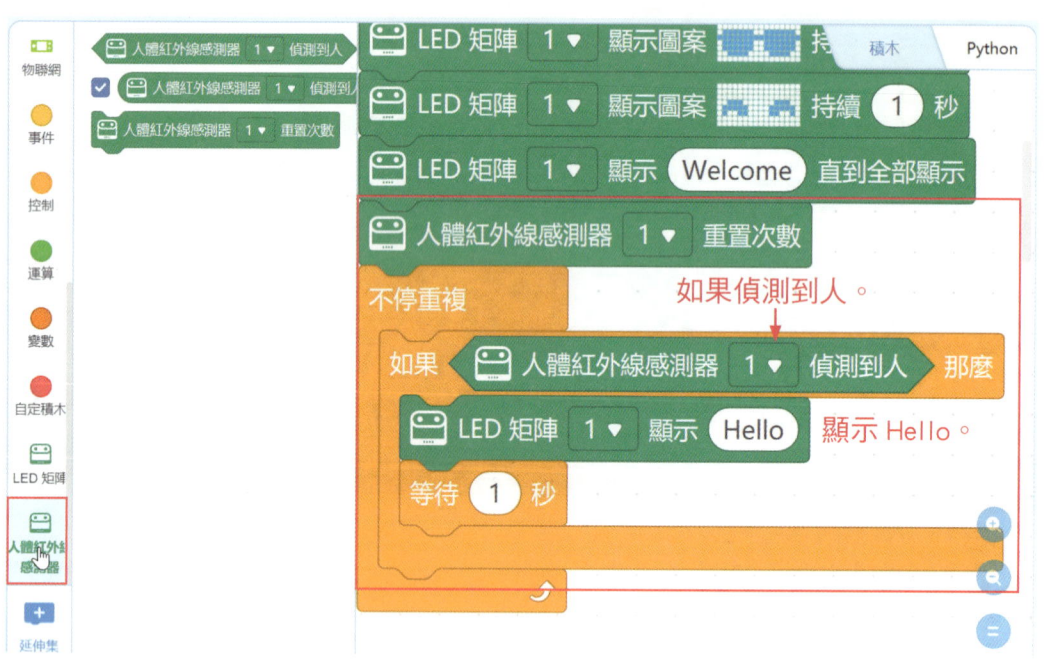

2 點選 **人體紅外線感測器**，拖曳 人體紅外線感測器 1▼ 偵測到人的次數 到【Hello】的位置。讓 LED 矩陣顯示人體紅外線感測器偵測到人的次數，等待 1 秒之後再重複偵測。

mBot2 筆記

人體紅外線感測器偵測到人的動作時，點亮的藍色 LED 會持續 3 秒之後才會關閉，再重新偵測。

1-7　mBot2 智能總量管制

當人數達到管制的總量（例如：100），mBot2 顯示提示文字「Full」並播放警告聲。

1 點選 **控制**、**運算**、**人體紅外線感測器**、**LED矩陣** 與 **播放**，拖曳下圖積木，當 LED 矩陣顯示人的次數時，如果次數大於管制總量（100），顯示文字並播放警告聲。

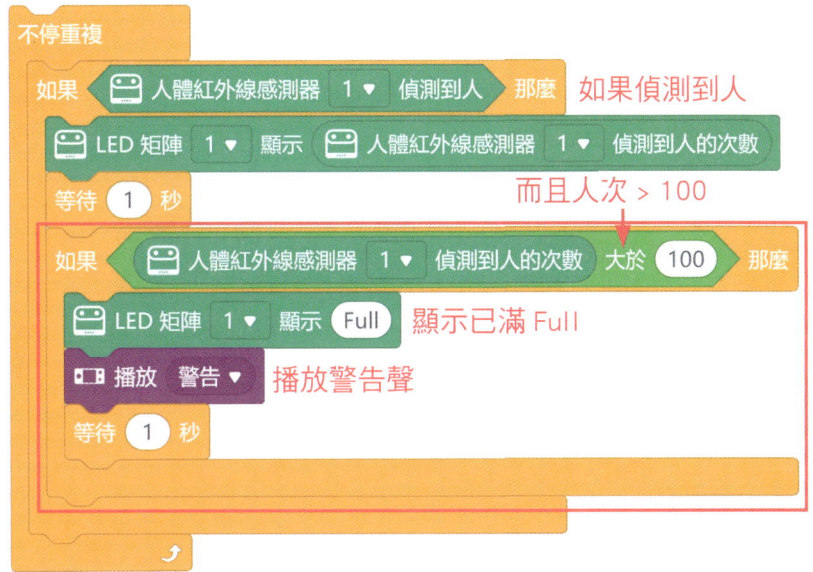

2 按下 CyberPi 按鈕 A，檢查 LED 矩陣播放圖案及 Welcome 之後，是否開始偵測人的動作。當偵測人的次數大於 100 時，播放 Full 及警告聲。

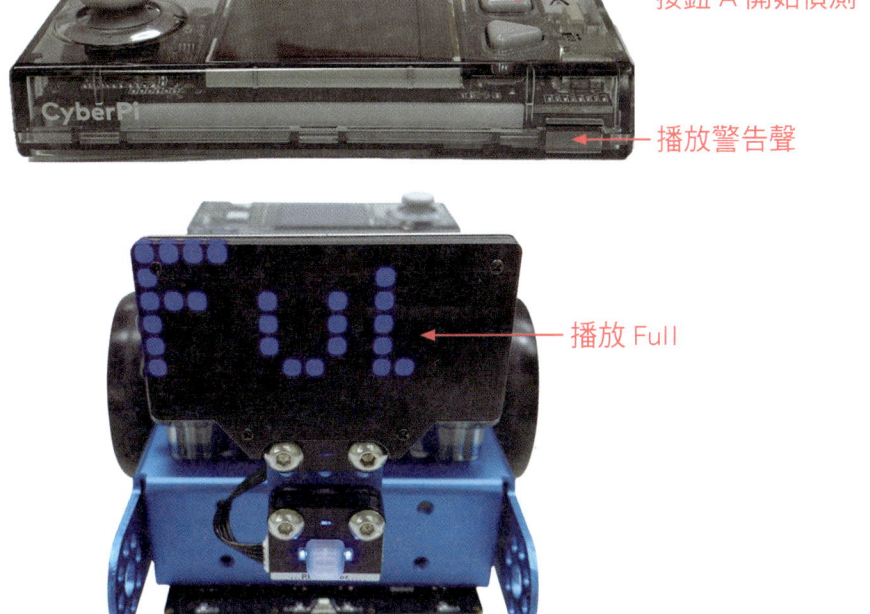

實力評量 ❶

一、單選題

( ) 1. 如果想設計 mBot2 偵測到人的動作時，說：「Hello」應該使用下列哪個感測器？
　　(A) LED 矩陣
　　(B) 人體紅外線感測器
　　(C) 聲音感測器
　　(D) 光線感測器。

( ) 2. 如果想設計 mBot2 能夠顯示英文字，可以使用下列哪個元件？
　　(A) LED 燈條
　　(B) CyperPi 喇叭
　　(C) CyperPi LED
　　(D) LED 矩陣。

( ) 3. 關於下列元件與功能的說明，何者錯誤？

(A) 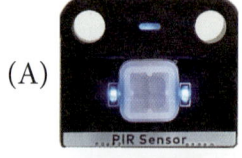 人體紅外線感測器

(B)  LED 矩陣

(C) 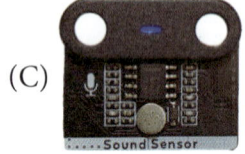 人體紅外線感測器

(D)  CyberPi。

( ) 4. 關於圖一中，何者是偵測人的動作主要感測器元件？
　　(A) A　　　　　　　　　　(B) B
　　(C) C　　　　　　　　　　(D) D。

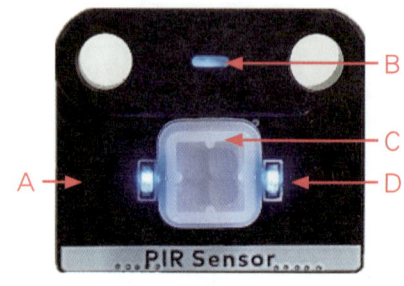

▲ 圖一

(   ) 5. 如果在 mBlock 5 中想要擴充 CyberPi 的感測器，應該使用下列哪個選項添加擴充積木？
(A) 角色 　　　　　　　　　　(B) 設備
(C) 背景 　　　　　　　　　　(D) 造型。

(   ) 6. 如果想設計人體紅外線感測器傳回偵測到人的次數，應該使用下列哪個積木？
(A) 人體紅外線感測器 1 重置次數
(B) 人體紅外線感測器 1 偵測到人
(C) 人體紅外線感測器 1 偵測到人的次數
(D) LED 矩陣 1 顯示圖案 持續 1 秒。

(   ) 7. 如果想讓 LED 矩陣顯示「520 I Love You」，無法使用下列哪個積木？
(A) LED 矩陣 1 點亮位置 x: 0 y: 0
(B) LED 矩陣 1 顯示 Hello
(C) LED 矩陣 1 顯示 Hello 直到全部顯示
(D) LED 矩陣 1 以 x: 0 y: 0 為起點顯示 Hello。

(   ) 8. 圖二程式中，如果 LED 點亮紅燈，則程式的執行結果為何？
(A) 人體紅外線感測器偵測到人　　(B) 人體紅外線感測器統計人次
(C) 人體紅外線感測器重置次數　　(D) 人體紅外線感測器未偵測到人。

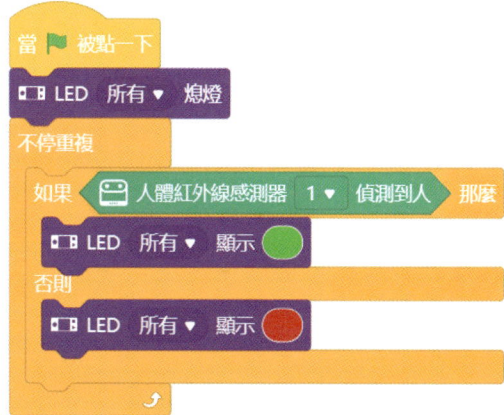

▲圖二

實力評量 1

(　　) 9. 圖三點亮 LED 矩陣程式的執行結果為何？

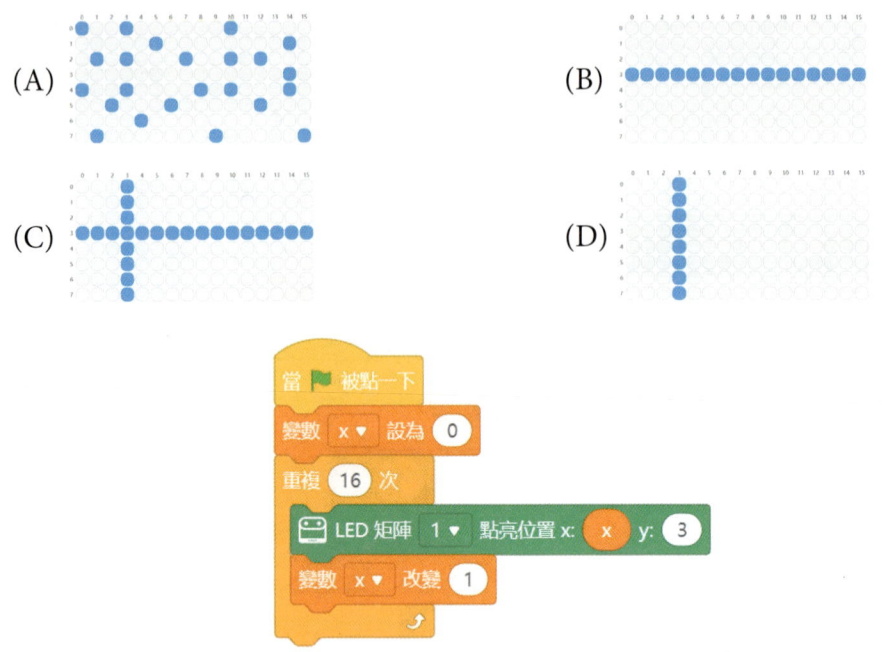

▲圖三

(　　) 10. 如果想關閉 LED 矩陣的所有 LED，應該使用下列哪個積木？

二、實作題

1. 請利用 CyberPi [播放] 的錄音功能，當 LED 矩陣顯示 Welcome 文字之後，播放「歡迎光臨」的錄音。

2. 請利用 CyberPi [顯示] 的功能，讓 CyberPi 螢幕同步顯示人體紅外線感測器偵測到的人次，並以三種 LED 顯示「偵測有人」、「未偵測到人」與「人次 > 100」的三種狀況。

CHAPTER 2

mBot2 智能保全

本章將應用測距感測器、LED 矩陣與喇叭，設計 mBot2 智能保全。智能保全的目的在應用測距感測器，隱形保護標的物的安全。當測距感測器偵測到物體距離標的物太近時，發出警示聲與警示圖案，以確保標的物安全。

本章節次

2-1 測距感測器
2-2 喇叭
2-3 腳本規劃與執行流程
2-4 LED 矩陣顯示跑馬燈
2-5 測距感測器偵測距離
2-6 mBot2 智能保全

學習目標

1. 認識測距感測器運作原理。
2. 認識喇叭的播放方式。
3. 能夠應用測距感測器與喇叭，設計隱形距離的偵測方式。

本章擴充元件與功能規劃

LED 矩陣	測距感測器或 mBot2 超音波感測器	喇叭
» 顯示圖案	» 偵測距離	» 播放警示聲

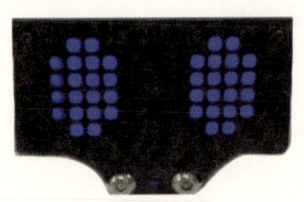 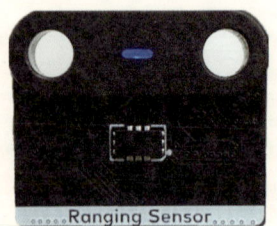 

本章測距感測器、LED 矩陣、喇叭與 mBot2 的 MOUT 接線方式如圖 1 所示。

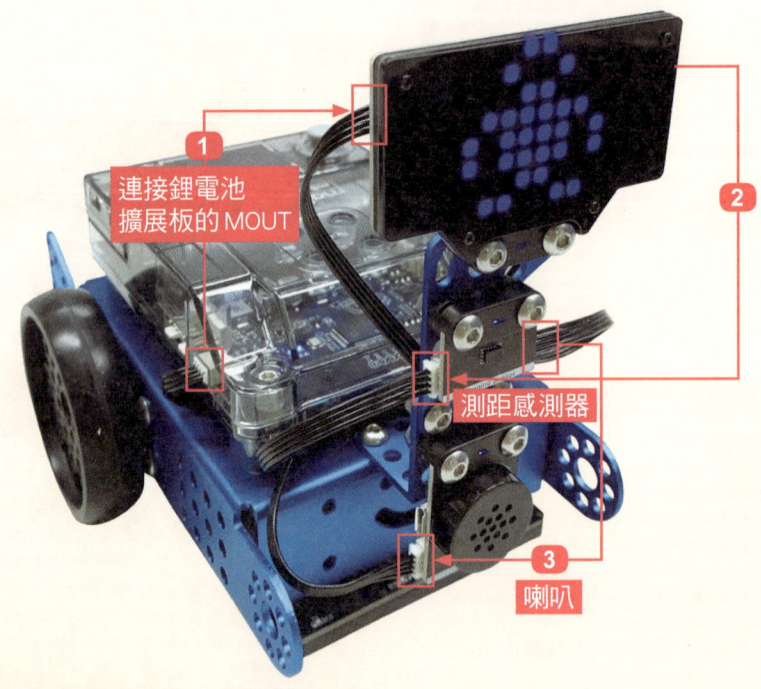

▲圖 1　智能保全接線方式

mBot2 筆記　智能保全接線順序如下，接線順序可以隨著支架設計變更。

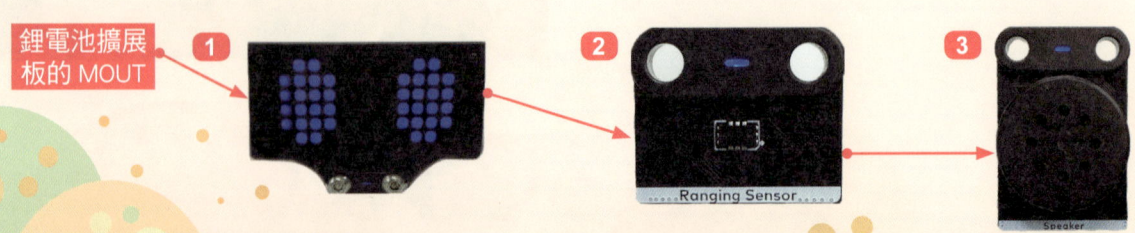

創客題目

請應用測距感測器、喇叭與 LED 矩陣，設計 mBot2 智能保全。當測距感測器偵測到物體距離標的物太近時，發出警示聲與警示圖案，以確保標的物安全。

題目編號 A039019

實作時間 30 分鐘

創客學習力

外形	機構	電控	程式	通訊	人工智慧
1	1	3	3	0	0

創客總數 8

綜合素養力

空間力	堅毅力	邏輯力	創造力	整合力	團隊力
1	1	3	1	1	1

素養總數 8

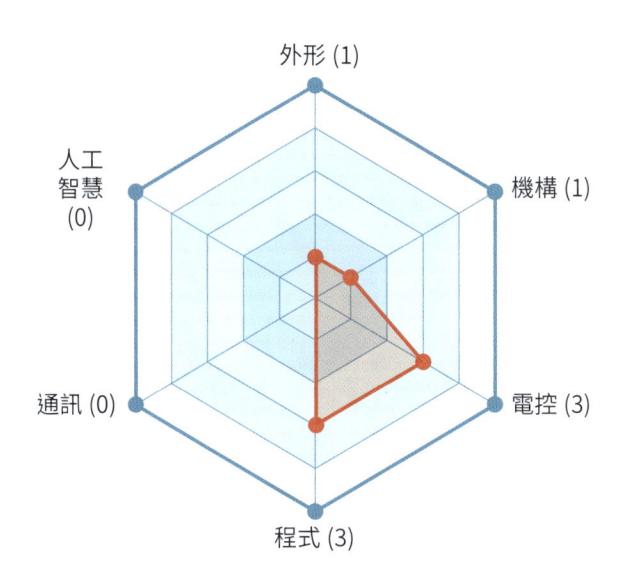

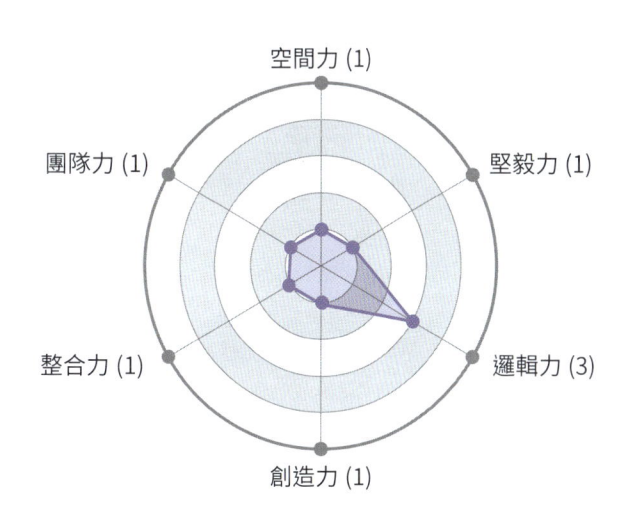

2-1 測距感測器

測距感測器（ranging sensor）主要在偵測測距感測器與物體之間的距離，偵測的距離範圍介於 0～200 公分。測距感測器偵測物體距離的方式如圖 2 所示。

LED 指示燈顯示是否連線

測距感測器

連接鋰電池擴展板的 MOUT

偵測與物體之間的距離

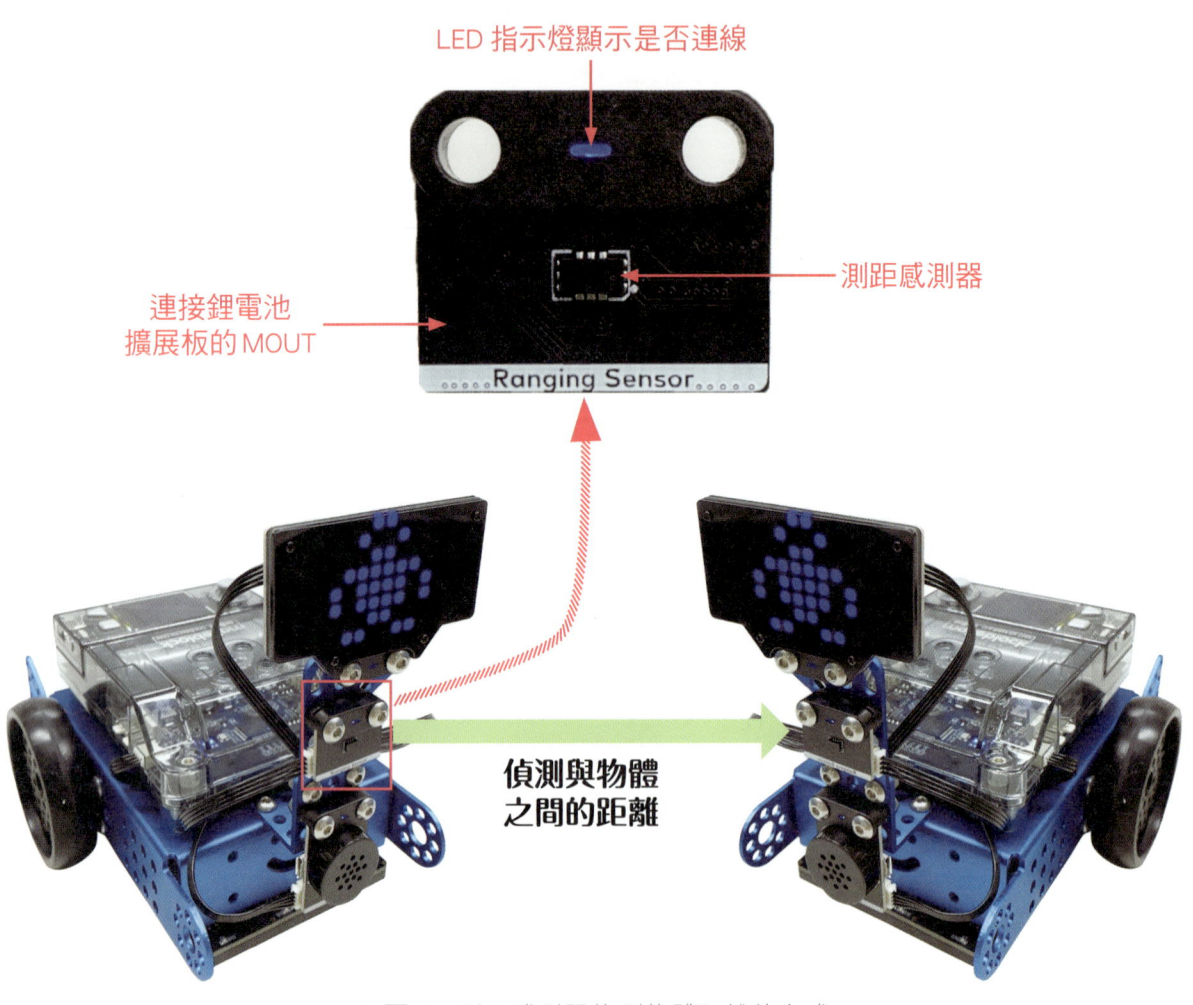

▲圖 2　測距感測器偵測物體距離的方式

在 測距感測器 類別積木中，與測距感測器相關功能如下：

功能	積木與說明
判斷距離	測距感測器　1▼　超出量測範圍？ 判斷與物體之間的距離是否超出範圍，距離的範圍為 0～200。 判斷值 true：與物體的距離在範圍內；判斷值 false：與物體的距離未在範圍內。
傳回距離	測距感測器　1▼　量測到物體的距離(cm) 傳回測距感測器與物體之間的距離。

註：數字 1～8 為外接測距感測器的個數，最多能擴充 8 個感測器，預設值為 1。

實作範例 ch2-1 測距感測器運作測試

請練習測距感測器的偵測到物體的距離,並判斷是否超出測量範圍。

1 請將測距感測器連接 mBot2。

2 連接電腦與 mBot2,並開啟 mBot2 機器人電源。

3 在 mBlock 5「設備」的 CyberPi,點按【連接 > COM 值 > 連接】,並選擇【即時】模式。

4 點選【延伸集】,在測距感測器按【+ 添加】,新增積木。

5 【勾選】測距感測器 1 測量到物體的距離,在舞台顯示距離。

6 在測距感測器前放置物體，移動物體，檢查測距感測器即時的偵測距離。

執行結果：距離偵測值：_____。

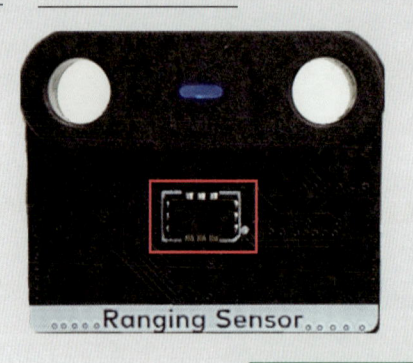

7 將物體往測距感測器移動，點擊積木 測距感測器 1 ▼ 超出量測範圍? ，請勾選感測器判斷的結果為何？

判斷結果：☐ true（真）　☐ false（假）

實作範例　ch2-2　行車安全距離偵測

請應用測距感測器，設計行車安全距離偵測。mBot2 在前進的過程中螢幕顯示測距感測器偵測的距離，如果偵測到 mBot2 與前車的距離小於 100 公分時，mBot2 播放嗶嗶聲，提醒 mBot2 保持安全車距，並降低前進的轉速。

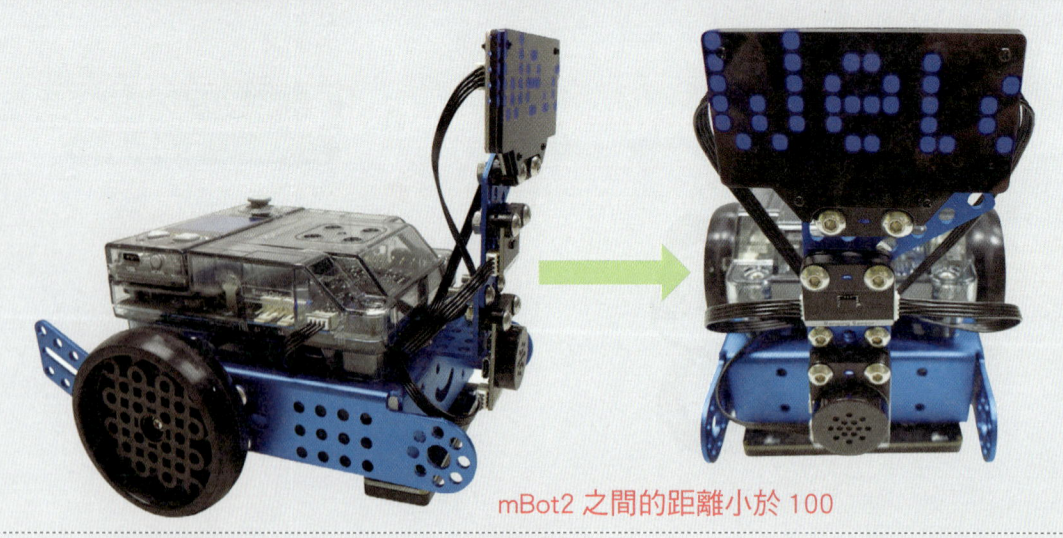

mBot2 之間的距離小於 100

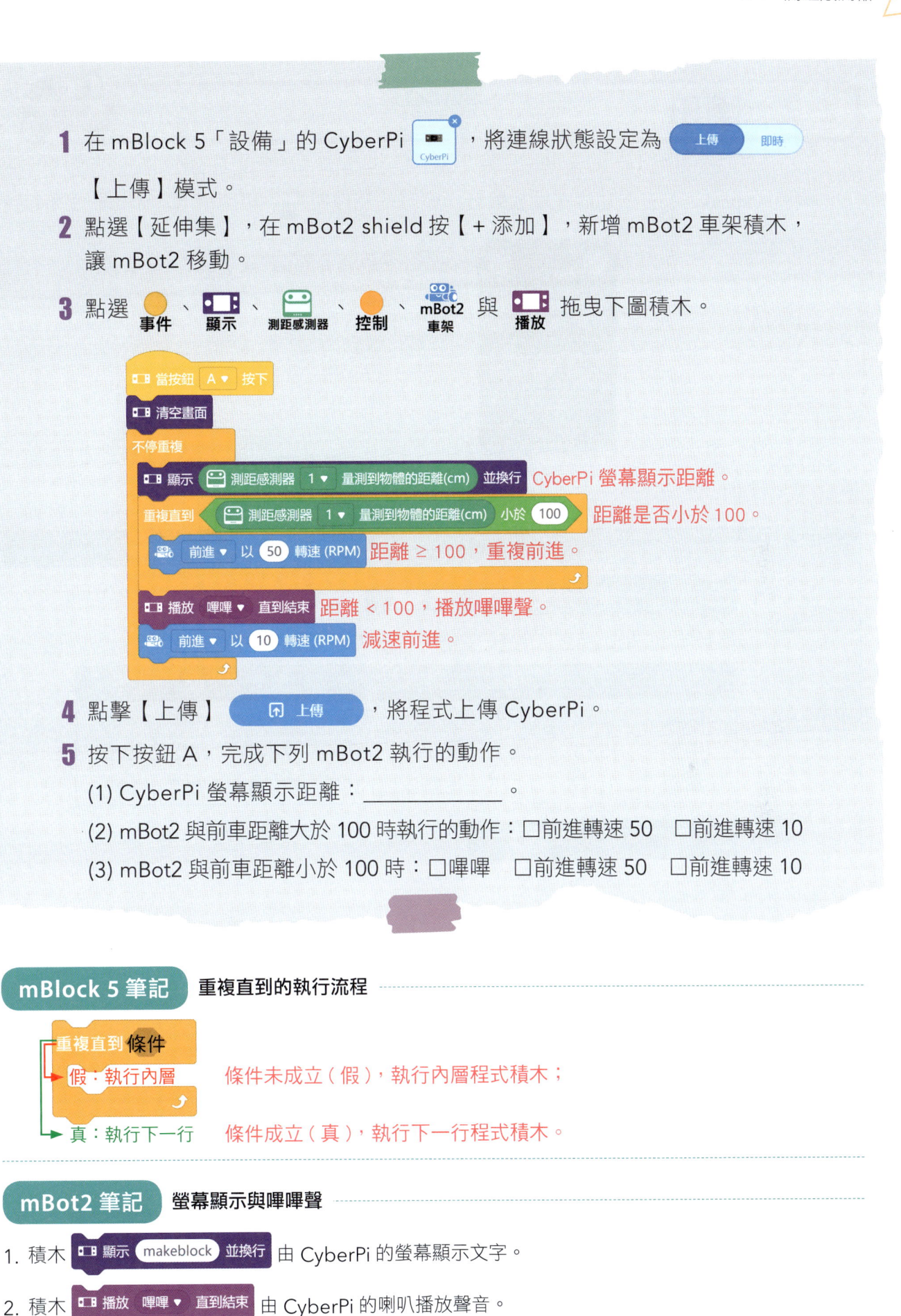

2-1 測距感測器

1 在 mBlock 5「設備」的 CyberPi，將連線狀態設定為【上傳】模式。

2 點選【延伸集】，在 mBot2 shield 按【+ 添加】，新增 mBot2 車架積木，讓 mBot2 移動。

3 點選 事件、顯示、測距感測器、控制、mBot2 車架 與 播放 拖曳下圖積木。

```
當按鈕 A 按下
清空畫面
不停重複
    顯示 測距感測器 1 量測到物體的距離(cm) 並換行    // CyberPi 螢幕顯示距離。
    重複直到 測距感測器 1 量測到物體的距離(cm) 小於 100    // 距離是否小於 100。
        前進 以 50 轉速 (RPM)    // 距離 ≥ 100，重複前進。
    播放 嗶嗶 直到結束    // 距離 < 100，播放嗶嗶聲。
    前進 以 10 轉速 (RPM)    // 減速前進。
```

4 點擊【上傳】，將程式上傳 CyberPi。

5 按下按鈕 A，完成下列 mBot2 執行的動作。

(1) CyberPi 螢幕顯示距離：_____。

(2) mBot2 與前車距離大於 100 時執行的動作：☐前進轉速 50　☐前進轉速 10

(3) mBot2 與前車距離小於 100 時：☐嗶嗶　☐前進轉速 50　☐前進轉速 10

---

mBlock 5 筆記　重複直到的執行流程

```
重複直到 條件
    假：執行內層    條件未成立（假），執行內層程式積木；
    真：執行下一行  條件成立（真），執行下一行程式積木。
```

---

mBot2 筆記　螢幕顯示與嗶嗶聲

1. 積木 `顯示 makeblock 並換行` 由 CyberPi 的螢幕顯示文字。

2. 積木 `播放 嗶嗶 直到結束` 由 CyberPi 的喇叭播放聲音。

2-2 喇叭

喇叭（speaker）主要功能在播放聲音。喇叭的元件與 🔊 類別積木功能如圖 3 所示。

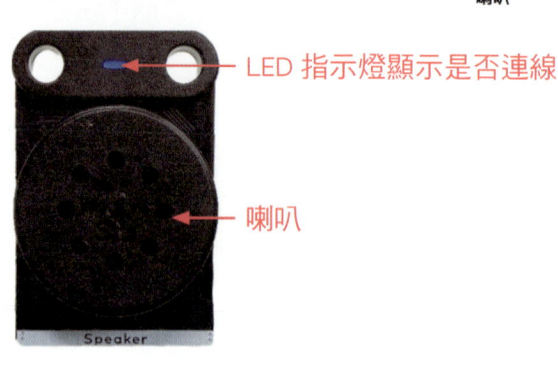

▲圖 3　喇叭

功能	積木與說明
播放聲音	1. `喇叭 1▼ 播放音頻 700 赫茲, 持續 1 秒` 播放音頻 700 赫茲 1 秒後停止。音階與音頻赫茲對照表如下。 	音階	Do	Re	Mi	Fa	Sol	La	Si
---	---	---	---	---	---	---	---
低音	262	294	330	349	392	440	494
中音	523	587	659	698	784	880	988
高音	1046	1175	1318	1397	1568	1760	1976 | 2. `喇叭 1▼ 播放音頻 700 赫茲` 連續播放音頻 700 赫茲。 3. `喇叭 1▼ 播放 ◯` 播放自訂 mp3 檔案。 4. `喇叭 1▼ 播放 ◯ 直到結束` 播放自訂 mp3 檔案，直到播放結束。 5. `喇叭 1▼ 播放音階 C4▼ , 持續 0.25 拍` A. 播放音階 Do（C4），0.25 拍之後停止。音階範圍：從 C2～D8，音符與對應的音階對照表如下，C2～C8 代表音階的高低。 | 音符	C	D	E	F	G	A	B
---	---	---	---	---	---	---	---
音階	Do	Re	Mi	Fa	Sol	La	Si	 B. 節拍：0.25 拍、0.5 拍、1 拍等。

功能	積木與說明
調整音量	1. `喇叭 1▼ 的播放速度設定為 60` 設定播放音樂速度。 2. `喇叭 1▼ 的音量設定為 100 %` 設定播放的音量。 3. `喇叭 1▼ 的播放速度更改為 20` 更改播放音樂的速度，正數：加快播放速度，負數：減緩播放速度。 4. `喇叭 1▼ 增加 20 % 的音量` 更改播放音樂的音量，正數：放大音量，負數：減小音量。 5. `喇叭 1▼ 休息 0.25 拍` 休息 0.25 拍，停止播放。
傳回聲音	1. `喇叭 1▼ 的播放速度` 傳回喇叭播放速度的數值。 2. `電子音 啟動▼` 啟動或關閉電子音。 3. `情感的聲音 你好▼` 喇叭播放情感的聲音，聲音種類包括：你好～受傷。 4. `英文單字 黑▼` 喇叭播放英文單字的聲音，英文單字包括：黑～%。 5. `數字和單字聲音 0▼` 喇叭播放數字和單字的聲音，聲音種類包括：0～9，A～Z。 6. `喇叭 1▼ 音量(%)` 傳回喇叭播放的音量值。 7. `animal sound Quack▼` 喇叭播放動物的聲音，聲音的種類包括：Quack（鴨）～Crow（公雞）。 8. `transportation sound Airplane▼` 喇叭播放交通運輸的聲音，聲音的種類包括：Airplane（飛機）～Ambulance（救護車）。
判斷播放	`喇叭 1▼ 正在播放音樂嗎?` 判斷喇叭是否正在播放音樂。 判斷值 true：正在播放音樂；判斷值 false：未播放音樂。

功能	積木與說明
停止	喇叭 1▼ 停止播放 停止播放音樂。

實作範例　ch2-3　mBot2 播音

請設計利用 mBot2 外接喇叭播放音階或音頻。

1 請將喇叭連接 mBot2。

2 連接電腦與 mBot2，並開啟 mBot2 機器人電源。

3 在 mBlock 5「設備」的 CyberPi，點按【連接 > COM 值 > 連接】，並選擇【即時】模式。

4 點選【延伸集】，在喇叭按【+ 添加】，新增喇叭積木。

5 點選 事件 與 喇叭，拖曳 3 個 喇叭 1▼ 播放音頻 700 赫茲, 持續 1 秒 積木，分別輸入「1046」、「1175」、「1318」，點擊積木聆聽喇叭播放哪些音階？

```
當 ▶ 被點一下
喇叭 1▼ 播放音頻 1046 赫茲, 持續 1 秒
喇叭 1▼ 播放音頻 1175 赫茲, 持續 1 秒
喇叭 1▼ 播放音頻 1318 赫茲, 持續 1 秒
```

執行結果：播放音階＿＿＿＿＿＿。

2-3 腳本規劃與執行流程

本節將應用測距感測器、LED 矩陣與喇叭，設計 mBot2 智能保全。當測距感測器偵測到物體距離標的物太近時，發出警示聲與警示圖案，以確保標的物安全。

一、mBot2 智能保全腳本規劃

mBot2 智能總量管制將應用的元件包括：喇叭、測距感測器與 LED 矩陣，每個元件的位置、功能與接線方式如圖 4 所示。

> **mBot2 筆記**
>
> 鋁合金支架可以依照自己的設計做組合變化。

LED 矩陣
顯示圖案或文字

測距感測器
偵測距離

喇叭
播放警示聲

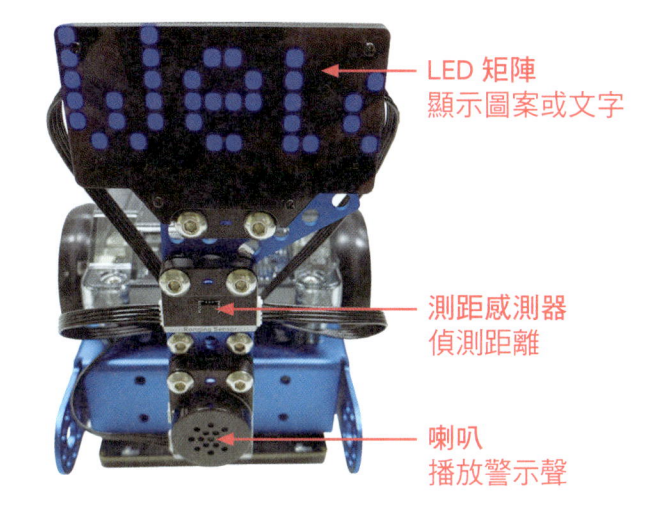

▲圖 4　智能保全元件與功能

二、mBot2 智能保全執行流程

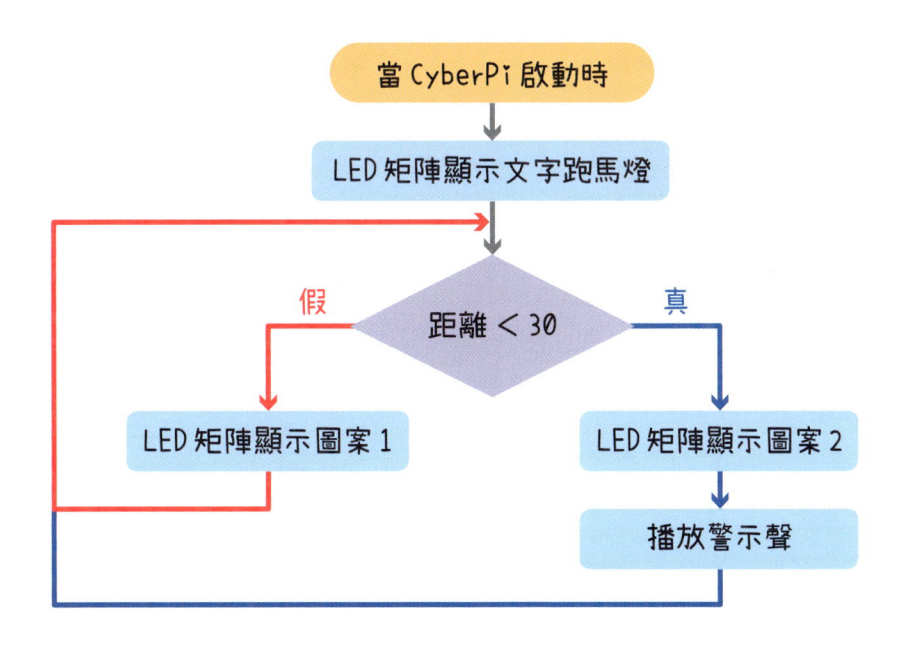

當 CyberPi 啟動時
↓
LED 矩陣顯示文字跑馬燈
↓
距離 < 30
　假 → LED 矩陣顯示圖案 1
　真 → LED 矩陣顯示圖案 2 → 播放警示聲

▲圖 5　mBot2 智能保全執行流程

2-4　LED 矩陣顯示跑馬燈

當 CyberPi 啟動時，LED 矩陣顯示「Welcome」文字跑馬燈。

1 點選 事件 與 喇叭，拖曳下圖積木，當 CyberPi 啟動時，先播放【嗨！】。

2 點選 LED矩陣，拖曳下圖積木，LED 矩陣顯示文字「Welcome」。

```
當 CyberPi 啟動時
喇叭 1▼ 播放 情感的聲音 嗨！▼
LED 矩陣 1▼ 以 x: 0 y: 0 為起點顯示 Welcome
```

3 點選 變數，建立變數，輸入「x」，再按【確認】。

4 點選 事件、控制、變數 與 LED矩陣，x 從 0 開始，由右往左移動 Welcome 文字。

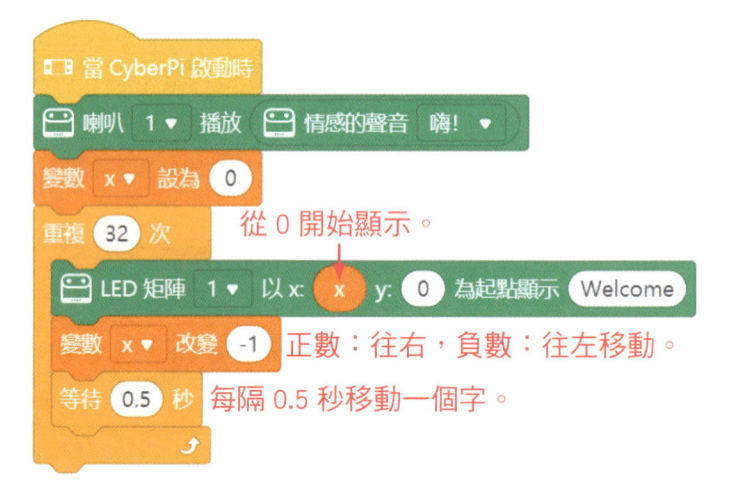

```
當 CyberPi 啟動時
喇叭 1▼ 播放 情感的聲音 嗨！▼
變數 x▼ 設為 0
重複 32 次
    LED 矩陣 1▼ 以 x: x y: 0 為起點顯示 Welcome     ← 從 0 開始顯示。
    變數 x▼ 改變 -1                                正數：往右，負數：往左移動。
    等待 0.5 秒                                    每隔 0.5 秒移動一個字。
```

mBot2 筆記

　x 從 0 開始，往左移動（x 為負數），x 總共有 16 個 LED，因此重複移動 32 次，直到最後一個字「e」移到最左邊。

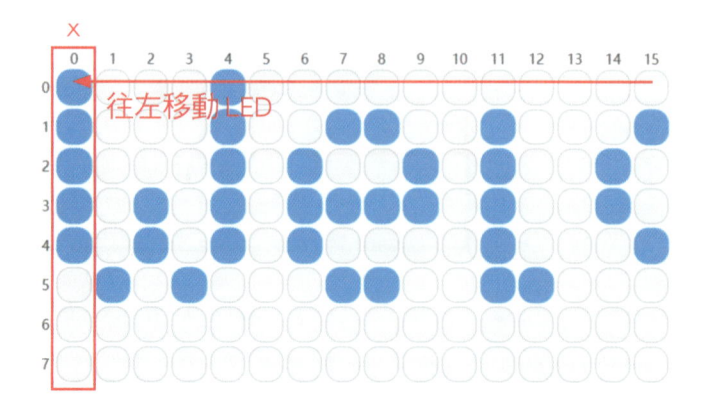

往左移動 LED

2-5　測距感測器偵測距離

　　測距感測器不停重複偵測距離。當測距感測器偵測到距離小於 30 公分，喇叭播放警示聲、LED 矩陣顯示警示圖案。

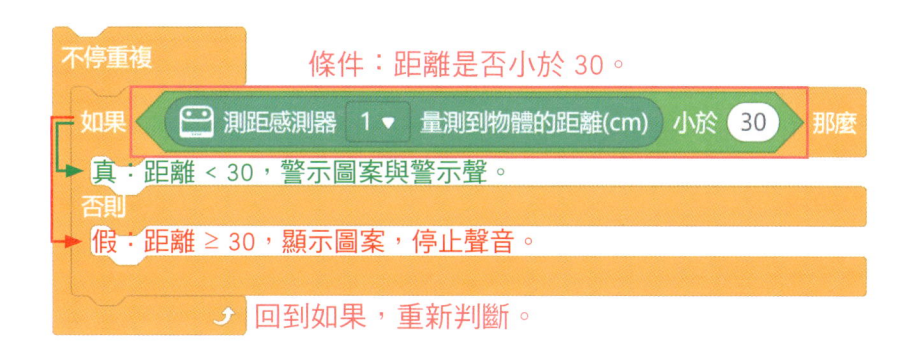

1 點選 **控制**、**運算** 與 **測距感測器**，拖曳下圖積木，測距感測器重複偵測距離是否小於 30 公分。

```
不停重複
    如果 〔測距感測器 1▼ 量測到物體的距離(cm)〕小於〔30〕那麼
        真：距離 < 30，警示圖案與警示聲。
    否則
        假：距離 ≥ 30，顯示圖案，停止聲音。
    回到如果，重新判斷。
```

條件：距離是否小於 30。

2 點選 **LED矩陣** 與 **喇叭**，拖曳下圖積木，當距離小於 30 公分，顯示警示圖案「x」與警示聲；如果距離大於等於 30 公分顯示人像圖案並停止播放聲音。

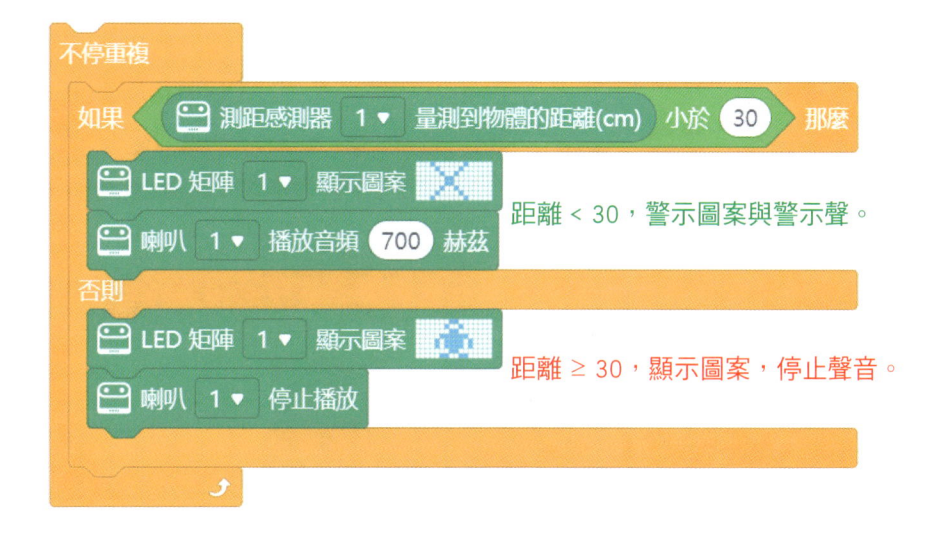

```
不停重複
    如果 〔測距感測器 1▼ 量測到物體的距離(cm)〕小於〔30〕那麼
        LED 矩陣 1▼ 顯示圖案 [x]
        喇叭 1▼ 播放音頻 700 赫茲
    否則
        LED 矩陣 1▼ 顯示圖案 [人像]
        喇叭 1▼ 停止播放
```

距離 < 30，警示圖案與警示聲。

距離 ≥ 30，顯示圖案，停止聲音。

2-6　mBot2 智能保全

　　mBlock 5 程式設計時，以即時模式，測試程式執行是否正確。程式設計完成，開啟上傳模式，將程式上傳 CyberPi 主控板，以後只要開啟電源，mBot2 開始執行智能保全程式。

1 點擊 【上傳】，設定為上傳模式。

2 點擊 上傳 ，將程式上傳到 CyberPi 主控板，再斷開電腦與 mBot2 連線。開啟電源，mBot2 開始執行智能保全程式。

實力評量 2

一、單選題

( ) 1. 如果想設計 mBot2 偵測與物體之間的距離,應該使用下列哪個感測器?
(A) 喇叭
(B) 人體紅外線感測器
(C) 測距感測器
(D) 光線感測器。

( ) 2. 如果想設計 mBot2 能夠播放音效,除了應用 CyberPi 的喇叭之外,還可以使用下列哪個元件?
(A) 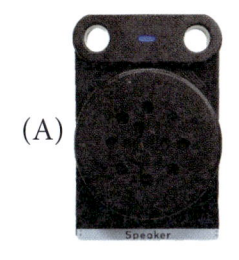 Speaker (B) 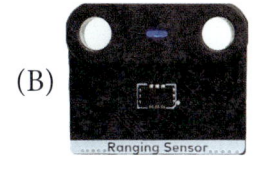 Ranging Sensor (C)  LED點陣 (D) 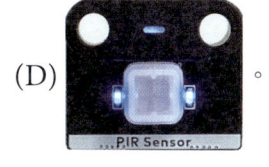 PIR Sensor。

( ) 3. 關於下列元件與功能的說明,何者錯誤?
(A) 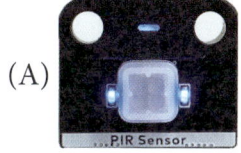 PIR Sensor 偵測人的動作
(B) 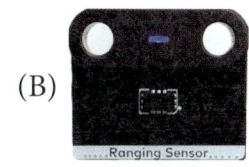 Ranging Sensor 偵測動物的動作
(C) 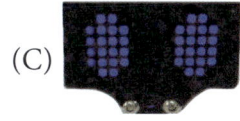 LED點陣 顯示文字
(D)  Ranging Sensor 偵測距離。

( ) 4. 關於圖一中,何者是偵測距離主要感測器元件?
(A) A
(B) B
(C) C
(D) D。

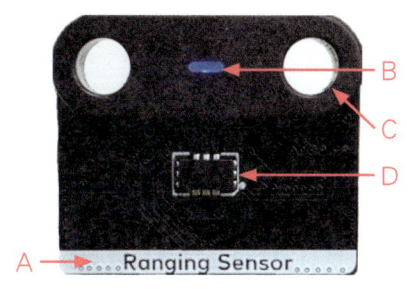

▲圖一

( ) 5. 下列哪個積木能夠判斷與物體之間的距離已超出範圍?
(A)  測距感測器 1 超出量測範圍?
(B)  測距感測器 1 量測到物體的距離(cm)
(C)  角度感測器 1 順時針 旋轉?
(D)  搖桿 1 向上 搖動?。

實力評量 2

( ) 6. 如果想利用外接喇叭播放聲音，無法使用下列哪個積木？

(A) 喇叭 1▼ 播放音頻 700 赫茲，持續 1 秒

(B) 播放音頻 700 赫茲，持續 1 秒

(C) 喇叭 1▼ 播放音階 C4▼，持續 0.25 拍

(D) 喇叭 1▼ 播放 情感的聲音 你好▼。

( ) 7. 圖二「重複直到」的程式執行結果為何？
(A) 按下按鈕 A，播放 Mi　　(B) 按下按鈕 B，播放 Do
(C) 按下按鈕 A，播放 Do　　(D) 按下按鈕 B，播放 Re。

▲圖二

( ) 8. 圖三程式中，如果測距感測器顯示的距離為「20」，則程式的執行結果為何？

(A) 顯示 ✖ 並播放音頻　　(B) 顯示 ☺ 並播放音頻
(C) 顯示 ✖ 並停止播放　　(D) 顯示 ☺ 並停止播放。

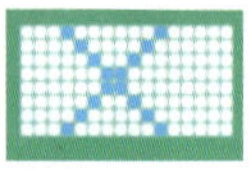

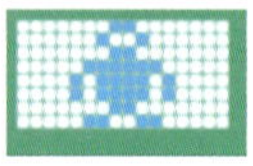

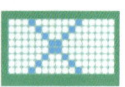

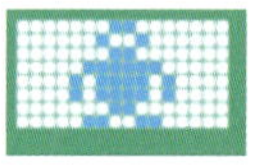

▲圖三

實力評量 ②

( ) 9. 圖四的程式中，<u>不會</u>使用下列哪個元件？
  (A) LED 矩陣   (B) 喇叭
  (C) 搖桿   (D) 按鈕。

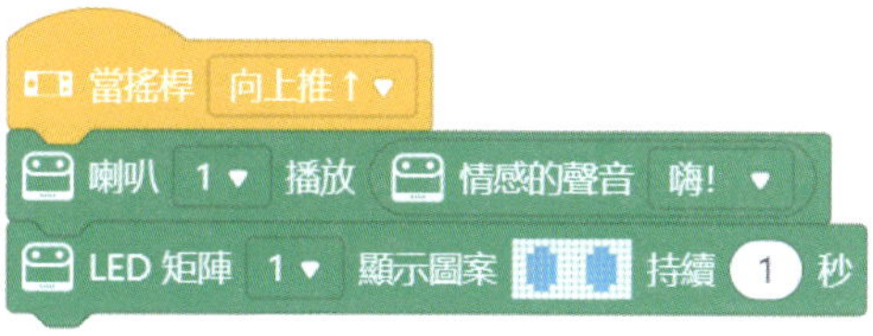

▲圖四

( ) 10. 下列關於積木功能的敘述，何者正確？
  (A) 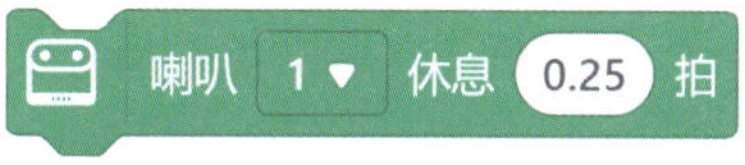 [喇叭 1▼ 休息 0.25 拍] 播放 0.25 拍
  (B) 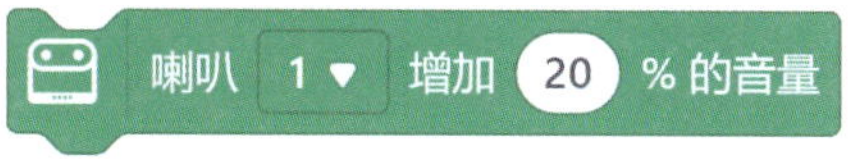 [喇叭 1▼ 增加 20 % 的音量] 增加音量
  (C) 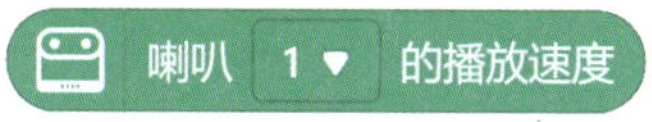 [喇叭 1▼ 的播放速度] 傳回音量值
  (D) 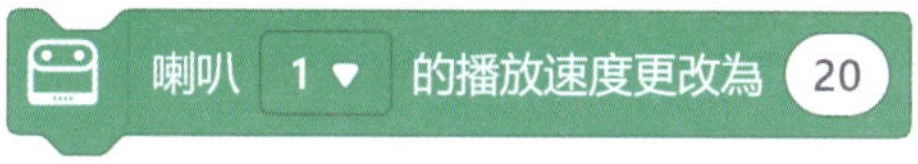 [喇叭 1▼ 的播放速度更改為 20] 減緩播放速度。

二、實作題

1. 請利用 [超音波感測器2] 新超音波感測器與物體的距離，取代測距感測器測量的距離，設計智能保全程式。

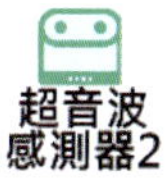

2. 請上網查詢快樂頌的音譜，再利用喇叭的 [喇叭 1▼ 播放音頻 700 赫茲] 或 [喇叭 1▼ 播放音階 C4▼，持續 0.25 拍]，設計喇叭播放快樂頌。

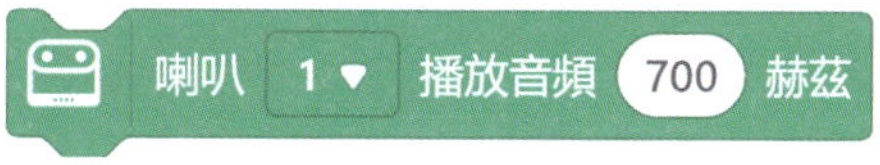

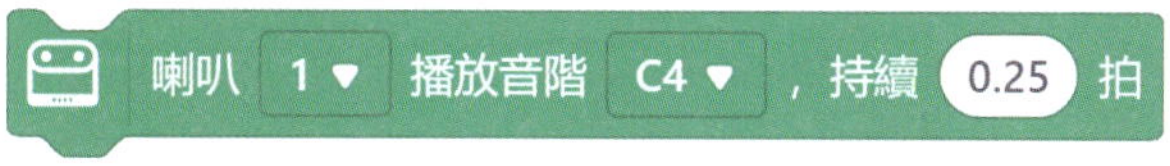

Chapter 3

mBot2 智能 LED

本章將應用多點觸摸感測器與 LED 燈條,設計 mBot2 智能 LED。智能 LED 的目的在應用觸摸感測器,設計 LED 多功能的操控方式與多元的顯示方式。當觸摸 1,關閉 LED;觸摸 2,點亮彩虹 LED;觸摸 3,點亮 LED 跑馬燈;觸摸 4,設定白光 LED;觸摸 5,閃爍 LED;觸摸 6,光控 LED;觸摸 7,聲控 LED;觸摸 8,人體感應 LED。

本章節次

3-1 多點觸摸感測器
3-2 LED 燈條
3-3 聲音感測器
3-4 光線感測器
3-5 腳本規劃與執行流程
3-6 按下按鈕 A 判斷觸摸點
3-7 點亮彩虹 LED 跑馬燈
3-8 自訂多元控制 LED 積木
3-9 mBot2 智能 LED

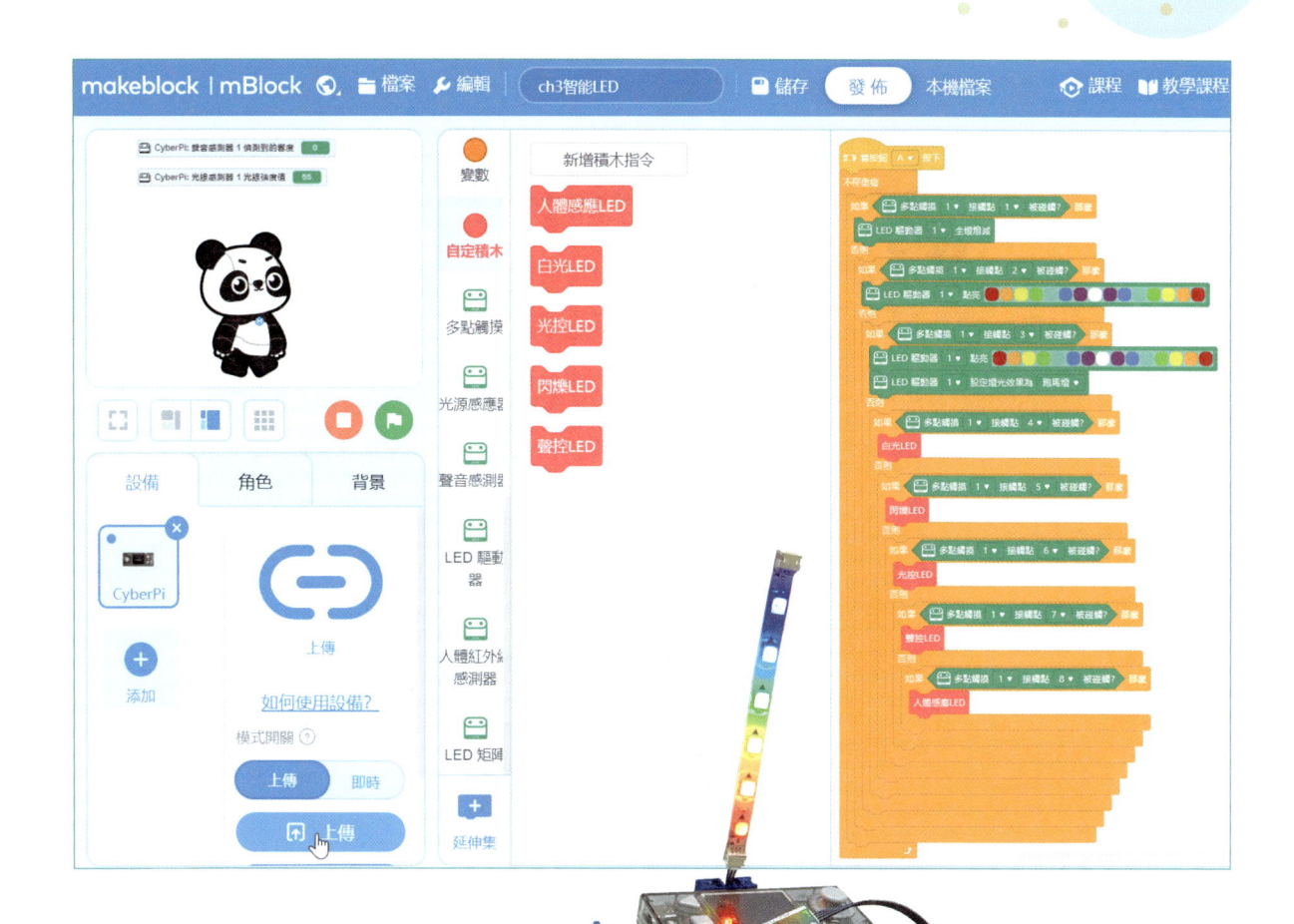

學習目標

1. 認識多點觸摸感測器運作原理。
2. 認識 LED 燈條的點亮方式。
3. 認識光線與聲音感測器運作原理。
4. 能夠應用多點觸摸感測器，設計光控、聲控與人體動作控制 LED。

本章擴充元件與功能規劃

多點觸摸感測器
》多元啟動 LED 燈條

聲音感測器
》聲音控制 LED

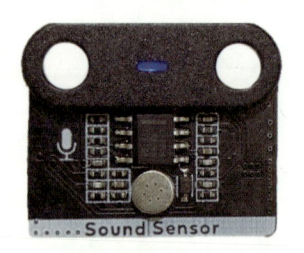

人體紅外線感測器
》人體動作控制 LED

光線感測器
》光線控制 LED

LED 驅動器與 LED 燈條
》顯示不同型態的 LED

　　本章使用的多點觸摸感測器、光線感測器、聲音感測器、人體紅外線感測器、LED 驅動、LED 燈條，各元件與 mBot2 的 MOUT 接線方式如圖 1 所示。

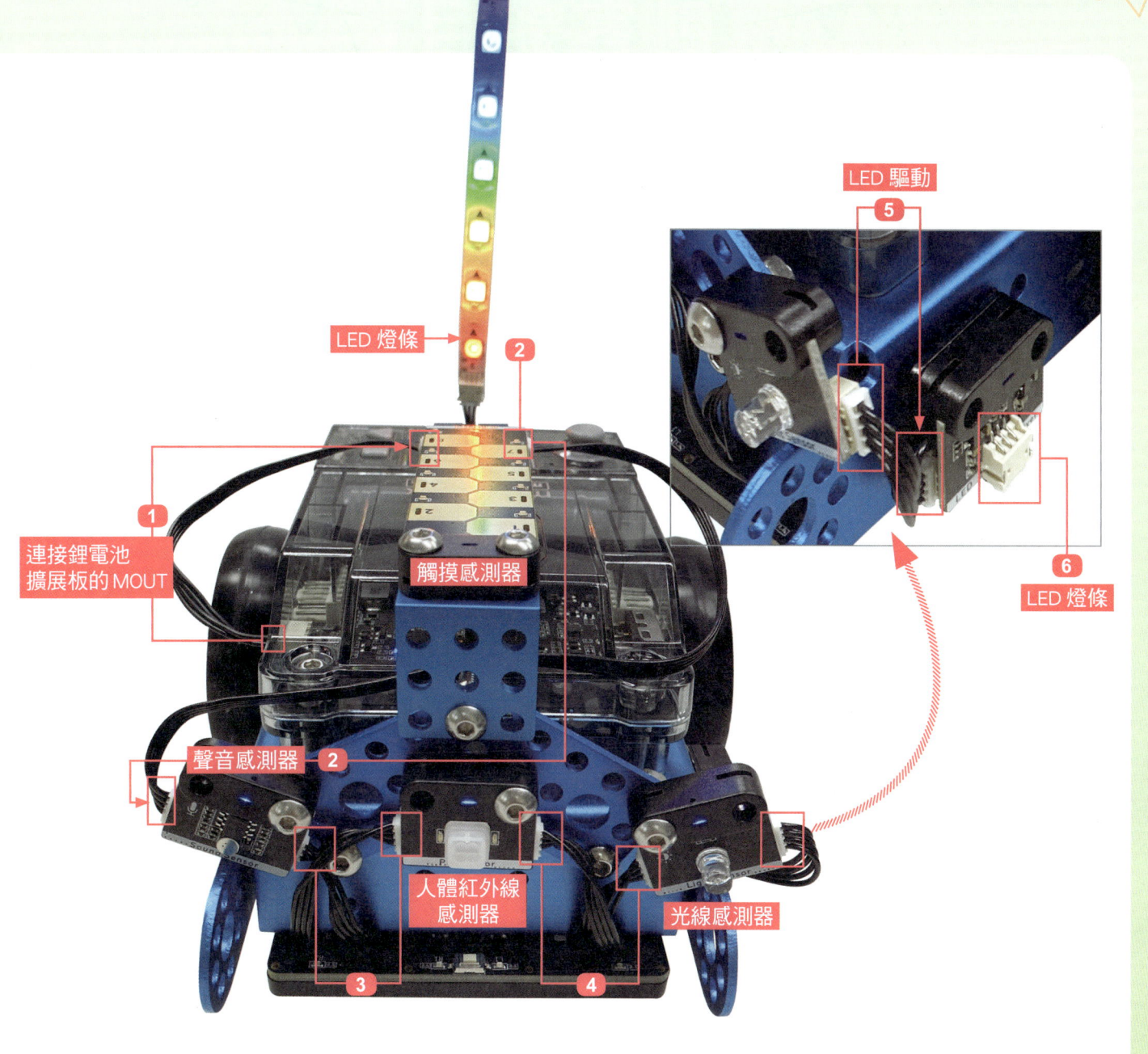

▲ 圖 1　智能 LED 接線方式

mBot2 筆記　智能 LED 接線順序如下，接線順序可以隨著支架設計變更。

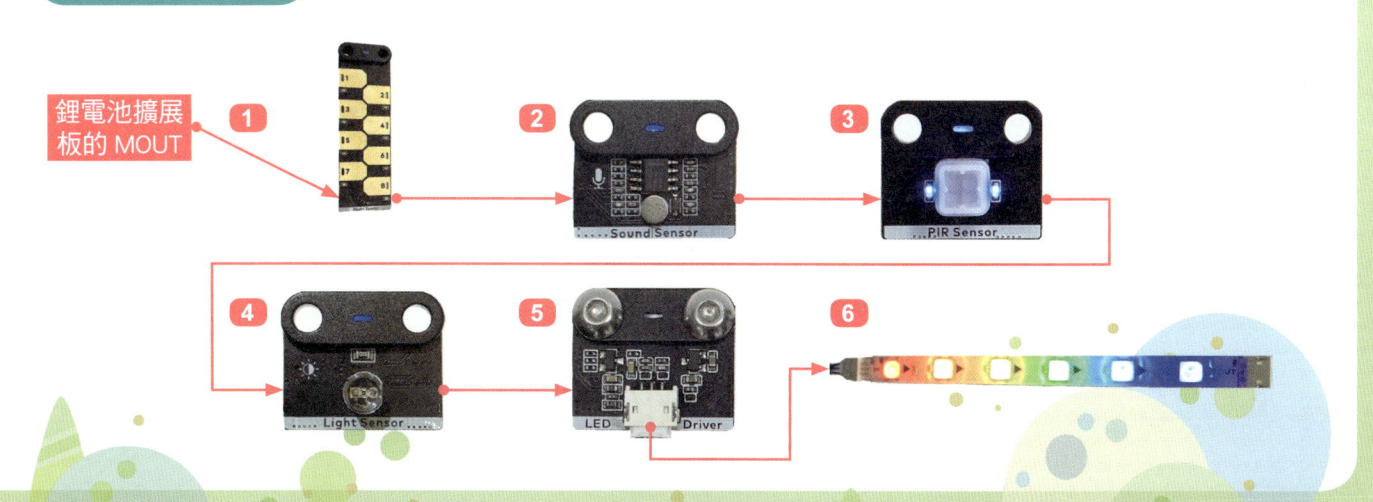

創客題目

請應用多點觸摸感測器與 LED 燈條,設計 mBot2 智能 LED。當觸摸 1,關閉 LED;觸摸 2,點亮彩虹 LED;觸摸 3,點亮 LED 跑馬燈;觸摸 4,設定白光 LED;觸摸 5,閃爍 LED;觸摸 6,光控 LED;觸摸 7,聲控 LED;觸摸 8,人體感應 LED。

題目編號 A039020

實作時間 60 分鐘

創客學習力

外形	機構	電控	程式	通訊	人工智慧
1	1	3	4	0	0

創客總數 9

綜合素養力

空間力	堅毅力	邏輯力	創造力	整合力	團隊力
1	1	3	2	1	1

素養總數 9

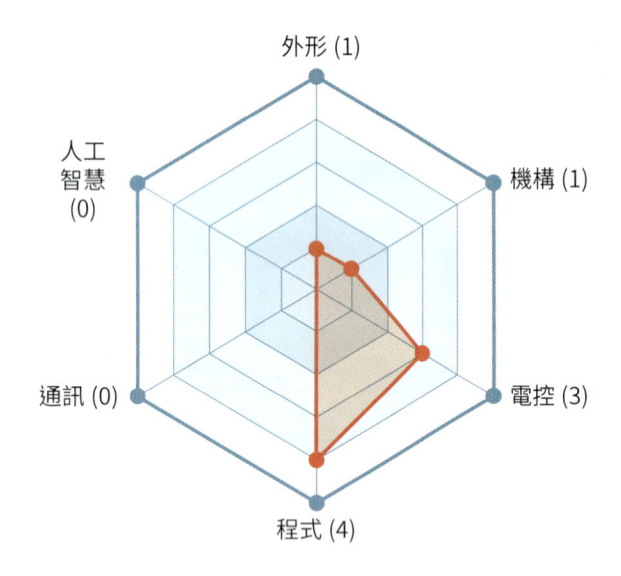

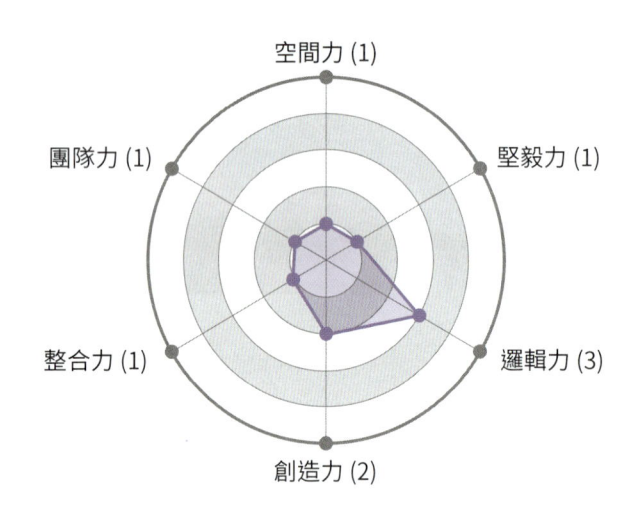

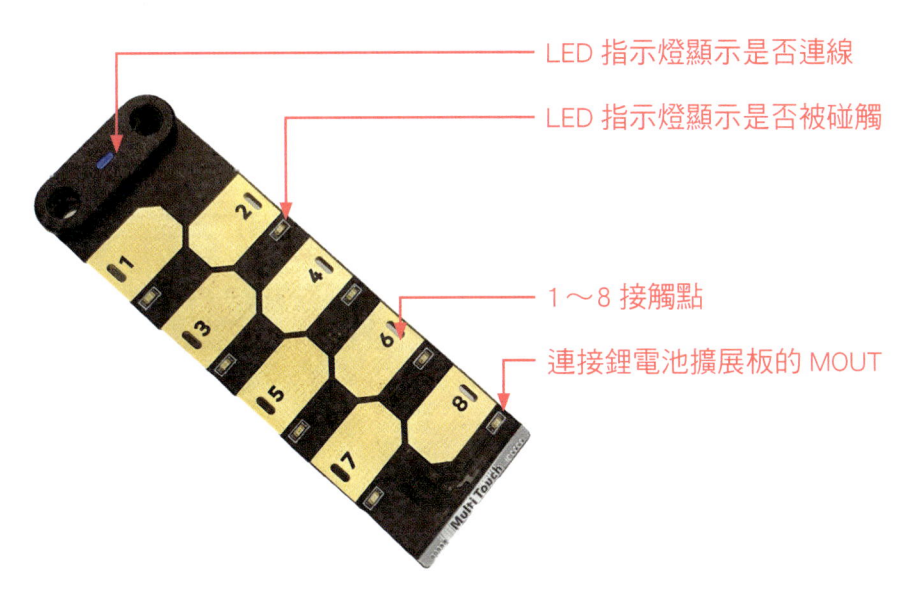

3-1　多點觸摸感測器

　　多點觸摸感測器（Multi Touch）主要功能在偵測 1～8 的接觸點是否被碰觸。如果接觸點被碰觸時，點亮感測器上的藍色 LED；如果未被碰觸，感測器上的 LED 不會點亮，如圖 1。多點觸摸感測器的 1～8 接觸點如圖 2 所示。

- LED 指示燈顯示是否連線
- LED 指示燈顯示是否被碰觸
- 1～8 接觸點
- 連接鋰電池擴展板的 MOUT

▲圖 2　多點觸摸感測器

在 **測距感測器** 類別積木中，與多點觸摸感測器相關功能如下：

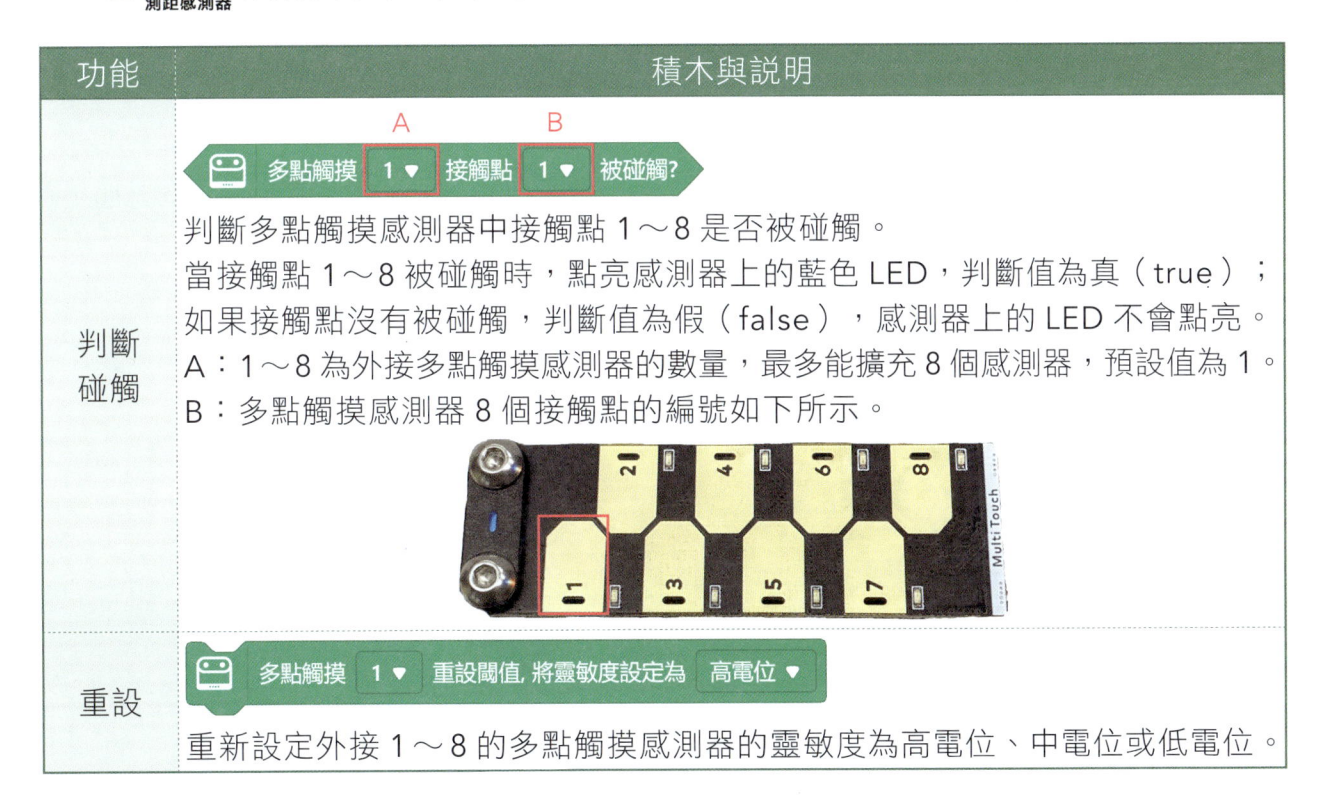

功能	積木與說明
判斷碰觸	A　　　B 〔多點觸摸　1▼　接觸點　1▼　被碰觸?〕 判斷多點觸摸感測器中接觸點 1～8 是否被碰觸。 當接觸點 1～8 被碰觸時，點亮感測器上的藍色 LED，判斷值為真（true）；如果接觸點沒有被碰觸，判斷值為假（false），感測器上的 LED 不會點亮。 A：1～8 為外接多點觸摸感測器的數量，最多能擴充 8 個感測器，預設值為 1。 B：多點觸摸感測器 8 個接觸點的編號如下所示。
重設	〔多點觸摸　1▼　重設閾值，將靈敏度設定為　高電位▼〕 重新設定外接 1～8 的多點觸摸感測器的靈敏度為高電位、中電位或低電位。

實作範例　ch3-1　多點觸摸感測器運作測試

請練習多點觸摸感測器是否被觸摸。

1 將多點觸摸感測器連接 mBot2。

2 在 mBlock 5 將 CyberPi 的連線狀態設定為【即時】。

3 點選【延伸集】，在多點觸摸感測器按【+添加】，新增多點觸摸感測器積木。

4 拖曳 `多點觸摸 1▼ 接觸點 1▼ 被碰觸?`，點擊積木，請勾選感測器判斷的結果為何？

　　判斷結果：☐ true（真）　　☐ false（假）

5 將手放在多點觸摸感測器 1 的位置，點亮藍色 LED 時，點擊積木 `多點觸摸 1▼ 接觸點 1▼ 被碰觸?`，請勾選感測器判斷的結果為何？

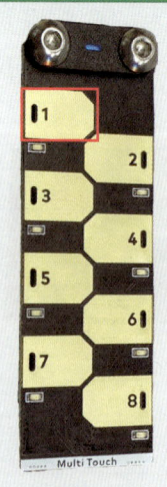

　　　　　　　　判斷結果：☐ true（真）
　　　　　　　　　　　　　☐ false（假）

實作範例　ch3-2　多點觸摸琴鍵

請應用多點觸摸感測器與喇叭，設計當觸摸 1〜8 的時候播放 Do〜高音 Do 音階，觸摸點、音階與音符對照如下表所示。

多點觸摸	1	2	3	4	5	6	7	8
音階	Do	Re	Mi	Fa	Sol	La	Si	Do
音符	C5	D5	E5	F5	G5	A5	B5	C6

1 點選【延伸集】，在喇叭按【＋添加】，新增喇叭積木。

2 點選 事件、控制、多點觸摸 與 喇叭 拖曳下圖積木。

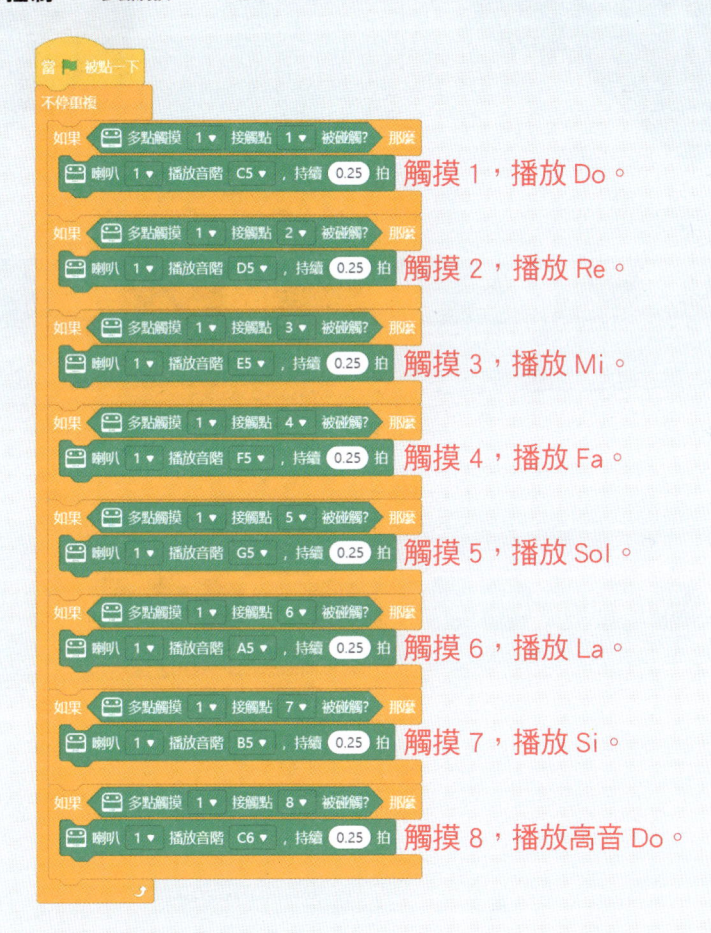

觸摸 1，播放 Do。
觸摸 2，播放 Re。
觸摸 3，播放 Mi。
觸摸 4，播放 Fa。
觸摸 5，播放 Sol。
觸摸 6，播放 La。
觸摸 7，播放 Si。
觸摸 8，播放高音 Do。

3 點擊 ▶，觸摸 1〜8 多點觸摸感測器，檢查喇叭是否播放 Do〜高音 Do。

4 觸摸「3345 5432 1123 322」、「3345 5432 1123 211」，聆聽喇叭播放哪一首歌？

執行結果：＿＿＿＿＿＿

3-2　LED 燈條

　　LED 燈條（6 RGB LED Strip）包括 6 個 LED 燈，利用 LED 驅動，控制每個 LED 燈的顏色及亮度，每個 LED 燈利用紅（R）、綠（G）、藍（B）三顏色的色值（0～255）設定 LED 燈的顏色。LED 燈條與 LED 驅動的連接方式與設定顏色的方式如圖 3 所示。

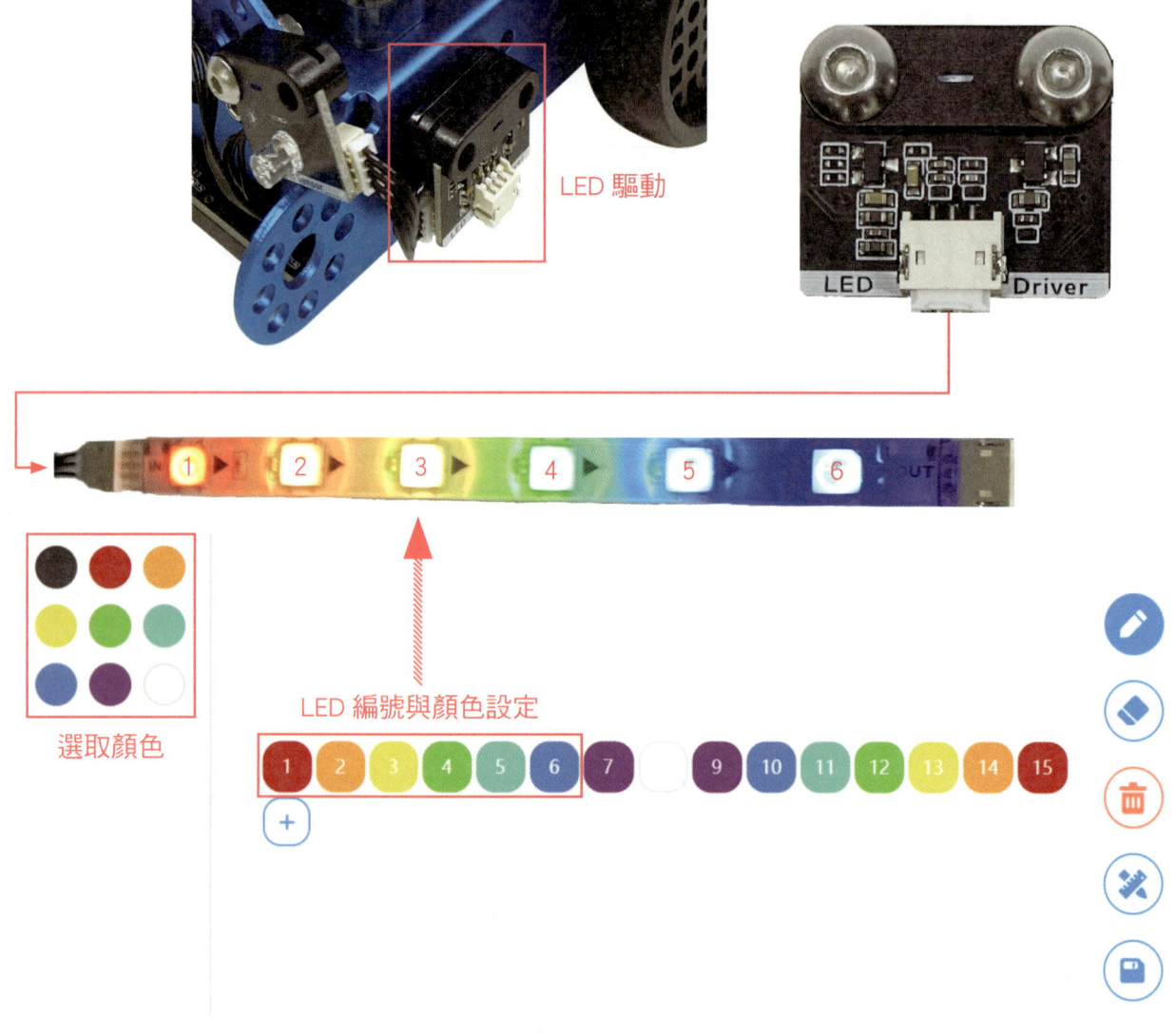

▲圖 3　LED 燈條與 LED 驅動

在 LED驅動器 類別積木中，與 LED 燈條相關功能如下：

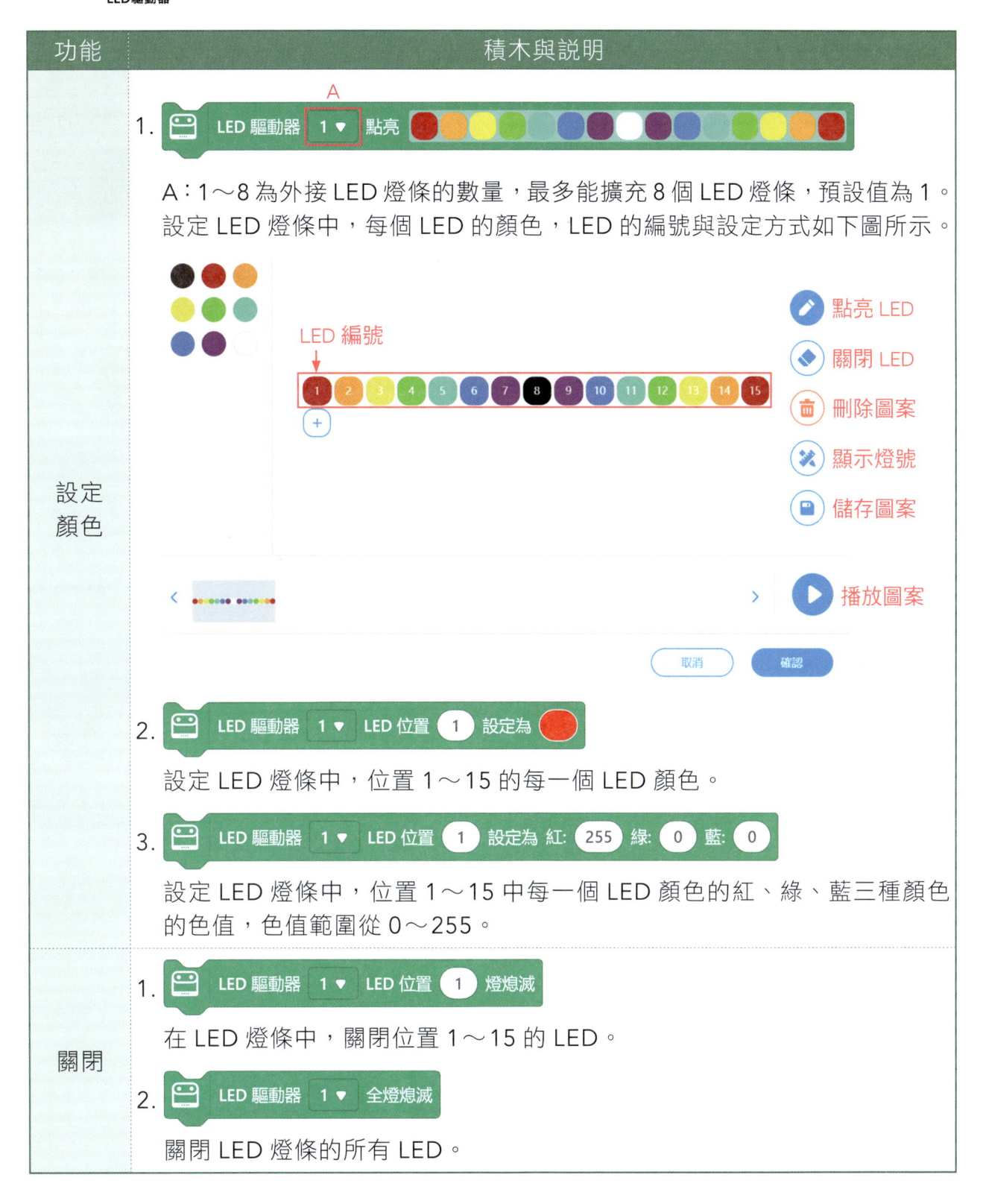

功能	積木與說明
設定顏色	1. `LED 驅動器 [1▼] 點亮 ●●●●●●●●●●●●●●●` （A 標示於數字 1 位置） A：1～8 為外接 LED 燈條的數量，最多能擴充 8 個 LED 燈條，預設值為 1。設定 LED 燈條中，每個 LED 的顏色，LED 的編號與設定方式如下圖所示。 （調色盤圖示）　LED 編號（1～15） 　　✏ 點亮 LED 　　🧽 關閉 LED 　　🗑 刪除圖案 　　✨ 顯示燈號 　　💾 儲存圖案 　　▶ 播放圖案 　　〔取消〕〔確認〕 2. `LED 驅動器 [1▼] LED 位置 [1] 設定為 ●` 設定 LED 燈條中，位置 1～15 的每一個 LED 顏色。 3. `LED 驅動器 [1▼] LED 位置 [1] 設定為 紅:[255] 綠:[0] 藍:[0]` 設定 LED 燈條中，位置 1～15 中每一個 LED 顏色的紅、綠、藍三種顏色的色值，色值範圍從 0～255。
關閉	1. `LED 驅動器 [1▼] LED 位置 [1] 燈熄滅` 在 LED 燈條中，關閉位置 1～15 的 LED。 2. `LED 驅動器 [1▼] 全燈熄滅` 關閉 LED 燈條的所有 LED。

實作範例 ch3-3 LED 彩虹

請應用 LED 的 1～6 編號，依序點亮紅、橙、黃、綠、藍、紫六種顏色，每次只點亮一顆 LED。每個顏色的紅、綠、藍色值如下表所示。

色值＼顏色	紅	橙	黃	綠	藍	紫
紅（R）	255	255	255	0	0	139
綠（G）	0	165	255	255	0	0
藍（B）	0	0	0	0	255	255

1 請將 LED 燈條連接 LED 驅動，再連接 mBot2。

2 在 mBlock 5 將 CyberPi 的連線狀態設定為【即時】。

3 點選【延伸集】，在 LED 驅動按【+ 添加】，新增 LED 驅動積木。

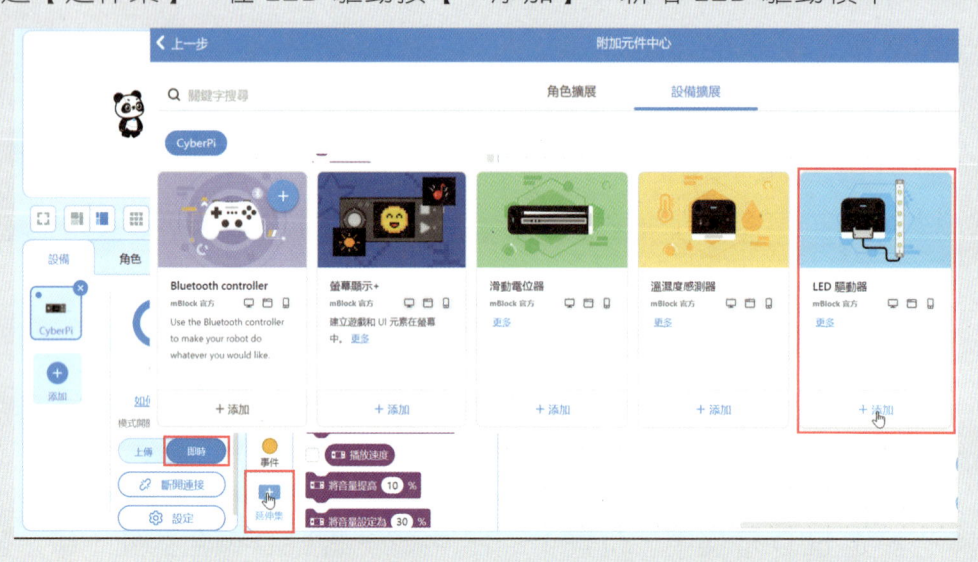

4 點選 事件、與 LED驅動器 拖曳下圖積木，設定 6 顆 LED 的六種顏色。

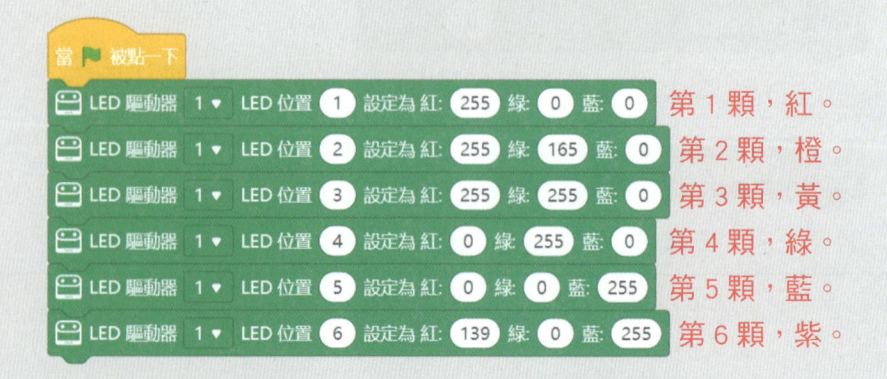

```
當 ▶ 被點一下
LED 驅動器 1 ▼ LED 位置 1 設定為 紅: 255 綠: 0   藍: 0     第 1 顆，紅。
LED 驅動器 1 ▼ LED 位置 2 設定為 紅: 255 綠: 165 藍: 0     第 2 顆，橙。
LED 驅動器 1 ▼ LED 位置 3 設定為 紅: 255 綠: 255 藍: 0     第 3 顆，黃。
LED 驅動器 1 ▼ LED 位置 4 設定為 紅: 0   綠: 255 藍: 0     第 4 顆，綠。
LED 驅動器 1 ▼ LED 位置 5 設定為 紅: 0   綠: 0   藍: 255   第 5 顆，藍。
LED 驅動器 1 ▼ LED 位置 6 設定為 紅: 139 綠: 0   藍: 255   第 6 顆，紫。
```

5 點擊 ▶，檢查 LED 燈條是否依序由 1～6，每次點亮一顆 LED。

3-3　聲音感測器

聲音感測器分成 CyberPi 內建的聲音感測器及外接擴充聲音感測器。外接聲音感測器（Sound Sensor）主要功能在偵測聲音的強度，參數值範圍在 0～100 之間。聲音感測器的連線功能如圖 4 所示。

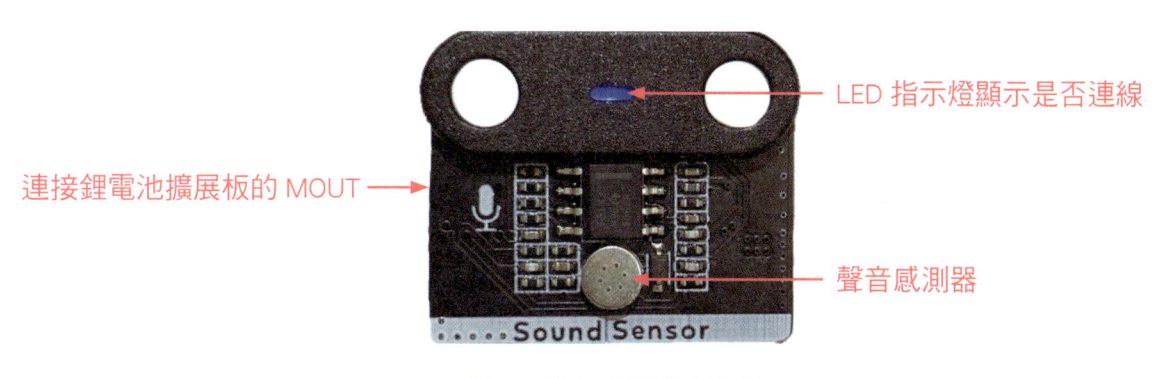

- LED 指示燈顯示是否連線
- 連接鋰電池擴展板的 MOUT
- 聲音感測器

▲圖 4　聲音感測器連線功能

在 [聲音感測器] 類別積木中，與外接聲音感測器相關積木功能如下：

功能	積木與說明
傳回聲音	[聲音感測器 1 ▼ 偵測到的響度] 傳回聲音感測器偵測到的聲音響度。

mBot2 筆記

在 [偵測] 類別積木中，[音量值] 用來傳回 CyberPi 麥克風偵測的音量值。

實作範例　ch3-4　LED 音量指標

請應用聲音感測器，設計 LED 音量指標。當聲音愈大聲，點亮的 LED 燈數量愈多；當聲音愈小聲，點亮的 LED 燈數量愈少。LED 燈的數量從 1～6，聲音感測器的偵測值從 0～100，因此，點亮 1 顆 LED 的音量值介於 0～17 之間，以此類推。

1 在 mBlock 5 將 CyberPi 的連線狀態設定為【即時】。

2 點選【延伸集】，在聲音感測器按【+ 添加】，新增聲音感測器積木。

3 點選 **事件**、**控制**、**運算** 與 **聲音感測器** 拖曳 5 個「如果～那麼～否則」，設定點亮 1～6 顆 LED 的控制條件。

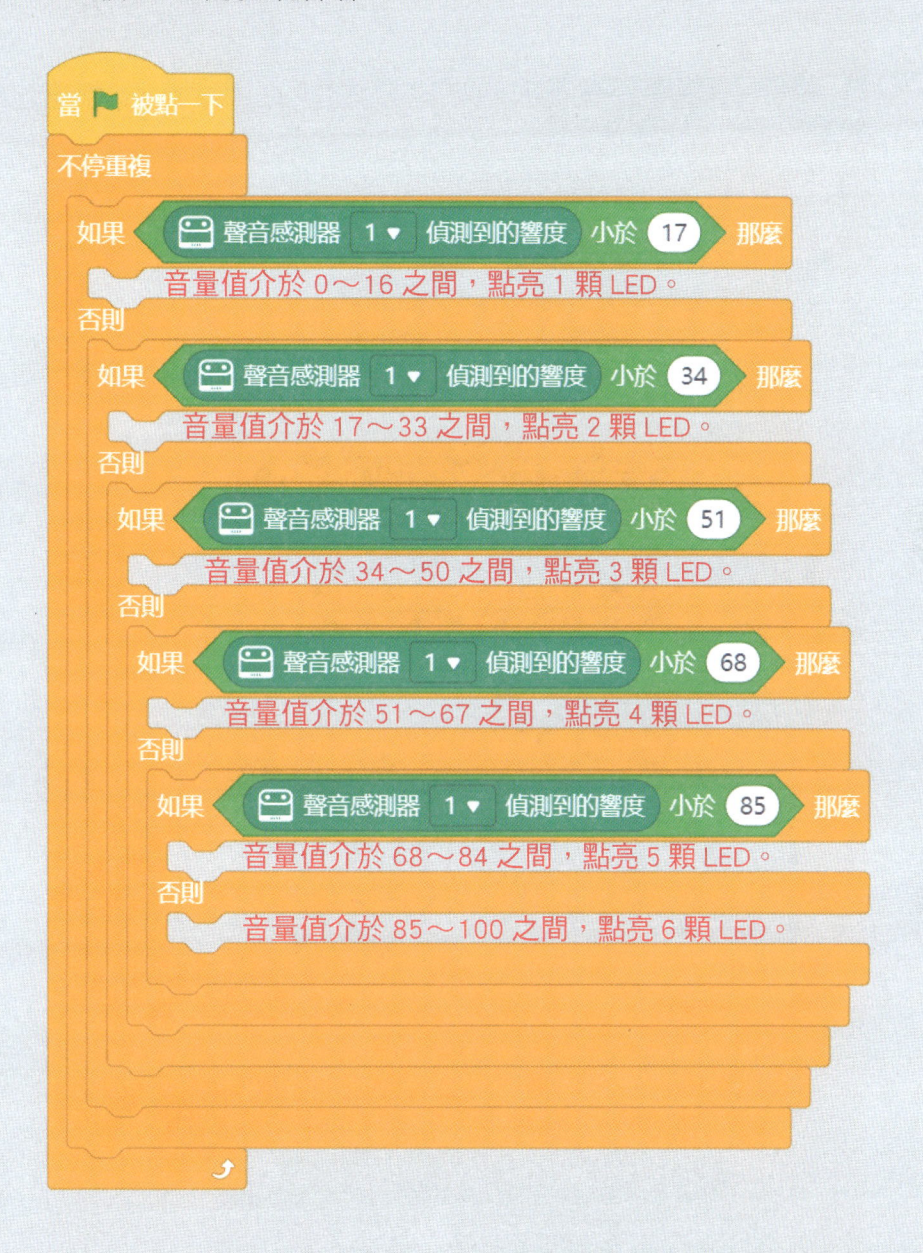

```
當 ▶ 被點一下
不停重複
    如果 〈 聲音感測器 1▼ 偵測到的響度 小於 17 〉 那麼
        音量值介於 0～16 之間，點亮 1 顆 LED。
    否則
        如果 〈 聲音感測器 1▼ 偵測到的響度 小於 34 〉 那麼
            音量值介於 17～33 之間，點亮 2 顆 LED。
        否則
            如果 〈 聲音感測器 1▼ 偵測到的響度 小於 51 〉 那麼
                音量值介於 34～50 之間，點亮 3 顆 LED。
            否則
                如果 〈 聲音感測器 1▼ 偵測到的響度 小於 68 〉 那麼
                    音量值介於 51～67 之間，點亮 4 顆 LED。
                否則
                    如果 〈 聲音感測器 1▼ 偵測到的響度 小於 85 〉 那麼
                        音量值介於 68～84 之間，點亮 5 顆 LED。
                    否則
                        音量值介於 85～100 之間，點亮 6 顆 LED。
```

4 點選 LED驅動器 ，拖曳下圖積木，依據音量值分別點亮 1～6 顆 LED。

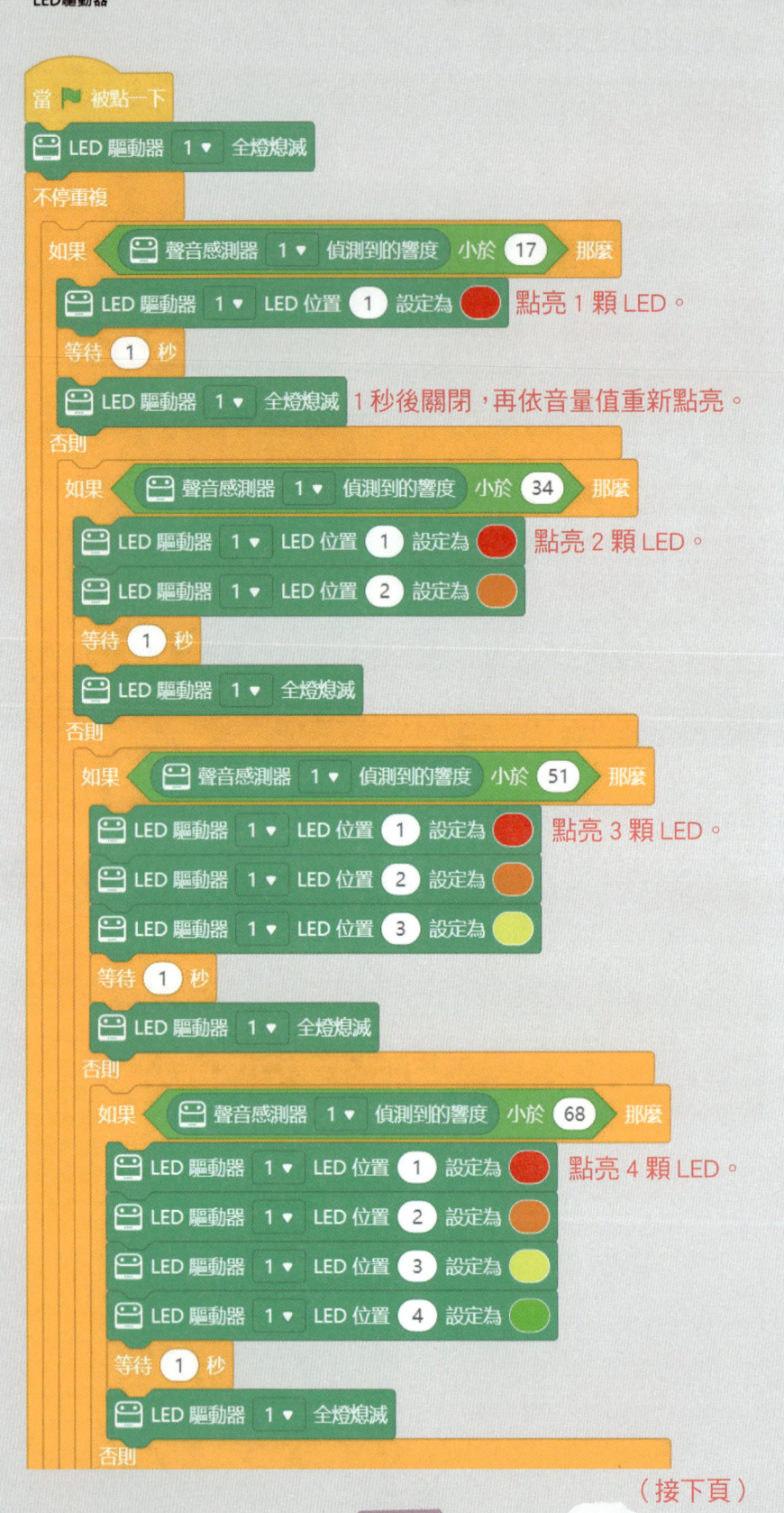

當 ▶ 被點一下
LED 驅動器 1▼ 全燈熄滅
不停重複
　如果 聲音感測器 1▼ 偵測到的響度 小於 17 那麼
　　LED 驅動器 1▼ LED 位置 1 設定為 ●　點亮 1 顆 LED。
　　等待 1 秒
　　LED 驅動器 1▼ 全燈熄滅　1 秒後關閉，再依音量值重新點亮。
　否則
　　如果 聲音感測器 1▼ 偵測到的響度 小於 34 那麼
　　　LED 驅動器 1▼ LED 位置 1 設定為 ●　點亮 2 顆 LED。
　　　LED 驅動器 1▼ LED 位置 2 設定為 ●
　　　等待 1 秒
　　　LED 驅動器 1▼ 全燈熄滅
　　否則
　　　如果 聲音感測器 1▼ 偵測到的響度 小於 51 那麼
　　　　LED 驅動器 1▼ LED 位置 1 設定為 ●　點亮 3 顆 LED。
　　　　LED 驅動器 1▼ LED 位置 2 設定為 ●
　　　　LED 驅動器 1▼ LED 位置 3 設定為 ●
　　　　等待 1 秒
　　　　LED 驅動器 1▼ 全燈熄滅
　　　否則
　　　　如果 聲音感測器 1▼ 偵測到的響度 小於 68 那麼
　　　　　LED 驅動器 1▼ LED 位置 1 設定為 ●　點亮 4 顆 LED。
　　　　　LED 驅動器 1▼ LED 位置 2 設定為 ●
　　　　　LED 驅動器 1▼ LED 位置 3 設定為 ●
　　　　　LED 驅動器 1▼ LED 位置 4 設定為 ●
　　　　　等待 1 秒
　　　　　LED 驅動器 1▼ 全燈熄滅
　　　　否則

（接下頁）

3-3 聲音感測器

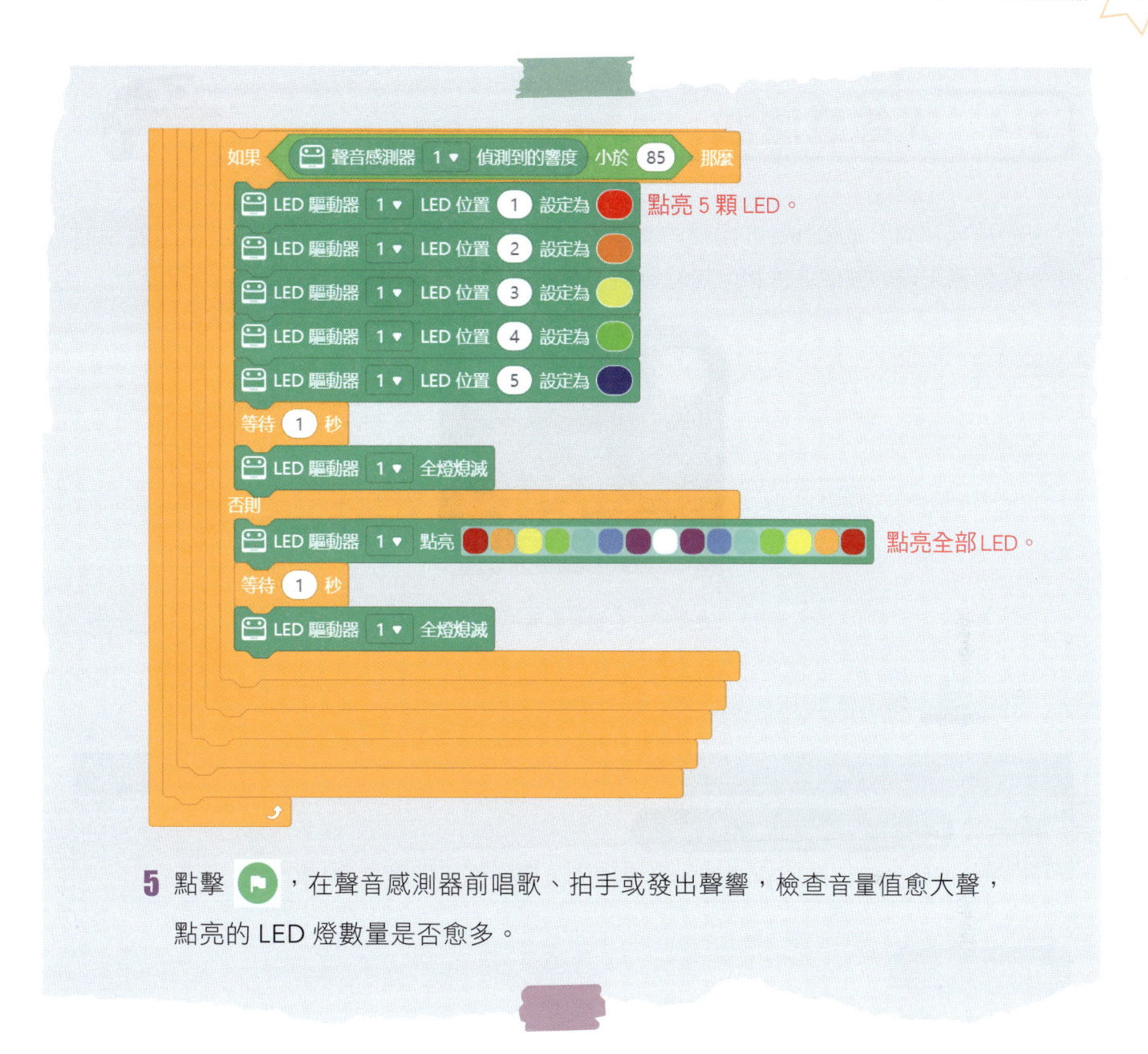

```
如果 〔聲音感測器 1▼ 偵測到的響度〕小於 85 那麼
    LED 驅動器 1▼ LED 位置 1 設定為 ●        點亮 5 顆 LED。
    LED 驅動器 1▼ LED 位置 2 設定為 ●
    LED 驅動器 1▼ LED 位置 3 設定為 ●
    LED 驅動器 1▼ LED 位置 4 設定為 ●
    LED 驅動器 1▼ LED 位置 5 設定為 ●
    等待 1 秒
    LED 驅動器 1▼ 全燈熄滅
否則
    LED 驅動器 1▼ 點亮 ●●●●●●●●●●●●   點亮全部 LED。
    等待 1 秒
    LED 驅動器 1▼ 全燈熄滅
```

5 點擊 🚩，在聲音感測器前唱歌、拍手或發出聲響，檢查音量值愈大聲，點亮的 LED 燈數量是否愈多。

mBot2 筆記

　　LED 燈的數量從 1～6，聲音感測器的偵測值從 0～100，因此，點亮 1 顆 LED 的音量值介於 0～16 之間；點亮 2 顆 LED 的音量值介於 17～33 之間；點亮 3 顆 LED 的音量值介於 34～50 之間；點亮 4 顆 LED 的音量值介於 51～67 之間；點亮 5 顆 LED 的音量值介於 68～84 之間；點亮 6 顆全部 LED 的音量值介於 85～100 之間。

3-4 光線感測器

光線感測器分成 CyberPi 內建的光線感測器與外接擴充光線感測器。兩者功能相同主要在偵測光線的強度。外接光線感測器連線功能如圖 5 所示。

LED 指示燈顯示是否連線

連接鋰電池擴展板的 MOUT

光線感測器

▲圖 5 光線感測器連線功能

在 光源感應器 類別積木中，與光線感測器相關積木功能如下：

功能	積木與說明
傳回光線值	光線感測器 1▼ 光線強度值 傳回光線感測器偵測到的光線強度，傳回值範圍從 0～100。

mBot2 筆記

在 偵測 類別積木中， 環境的光線強度 用來傳回 CyberPi 光線感測器偵測到環境的光線強度。

實作範例 ch3-5 光控 LED 路燈

請應用光線感測器與 LED 燈條，設計光控 LED 路燈。當天黑，光線愈暗時，LED 燈條亮度愈亮；天亮，光線愈亮時，LED 燈條亮度愈暗。

1 在 mBlock 5 將 CyberPi 的連線狀態設定為【即時】。

2 點選【延伸集】，在光源感應器按【+ 添加】，新增光線感測器積木。

3 點選 變數，建立一個變數，輸入「燈號」，再按【確認】，點亮 LED 燈條的 1～6 個 LED 燈。

4 點選 事件、控制、變數、運算、LED驅動器 與 光源感應器，拖曳下圖積木，依序點亮 6 顆 LED，並依光線值變化紅色 LED 亮度。

從第1顆LED，開始。
執行 6 次。
光線值愈大，LED 紅色數值愈小。
依序點亮第 2, 3, 4, 5, 6 顆LED燈。

5 點擊 ▶，遮住光線感測器，LED 燈條的紅色 LED 執行結果為何？
執行結果：□愈亮　□愈暗

6 點擊 ▶，將光線感測器放在燈光下，LED 燈條的紅色 LED 執行結果為何？
執行結果：□愈亮　□愈暗

mBot2 筆記

LED 燈條的亮度從 0～255，光線感測器的偵測值從 0～100，因此，光線愈亮（愈接近 100），LED 燈條的亮度愈暗（愈接近 0）。

1. 將光線值乘以 2.55，以積木 `光線感測器 1 ▼ 光線強度值 * 2.55` 調整光線值參數。
2. LED 燈條的亮度設為 `255 - 光線感測器 1 ▼ 光線強度值 * 2.55`，讓光線值愈大，例如光線值 100 時，LED 燈條亮度為 0。

3-5 腳本規劃與執行流程

本節將應用多點觸摸感測器、光線感測器、聲音感測器、人體紅外線感測器與 LED 燈條，設計 mBot2 智能 LED。當觸摸 1，關閉 LED；觸摸 2，點亮彩虹 LED；觸摸 3，點亮 LED 跑馬燈；觸摸 4，設定白光 LED；觸摸 5，閃爍 LED；觸摸 6，光控 LED；觸摸 7，聲控 LED；觸摸 8，人體感應 LED。

一、mBot2 智能 LED 腳本規劃

mBot2 智能 LED 將應用的元件包括：多點觸摸感測器、光線感測器、聲音感測器、人體紅外線感測器與 LED 燈條，每個元件的位置與功能如圖 6 所示。

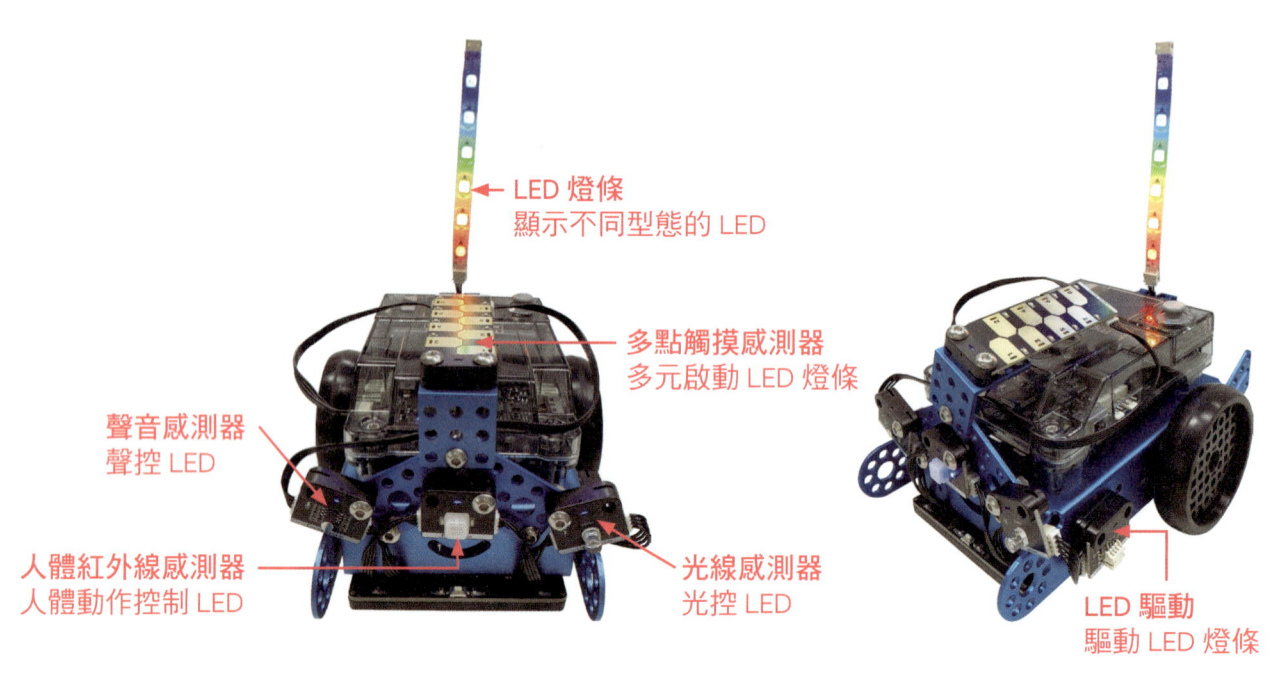

▲圖6　智能 LED 元件與功能

> **mBot2 筆記**
>
> 鋁合金支架可以依照自己的設計做組合變化。

二、mBot2 智能 LED 執行流程

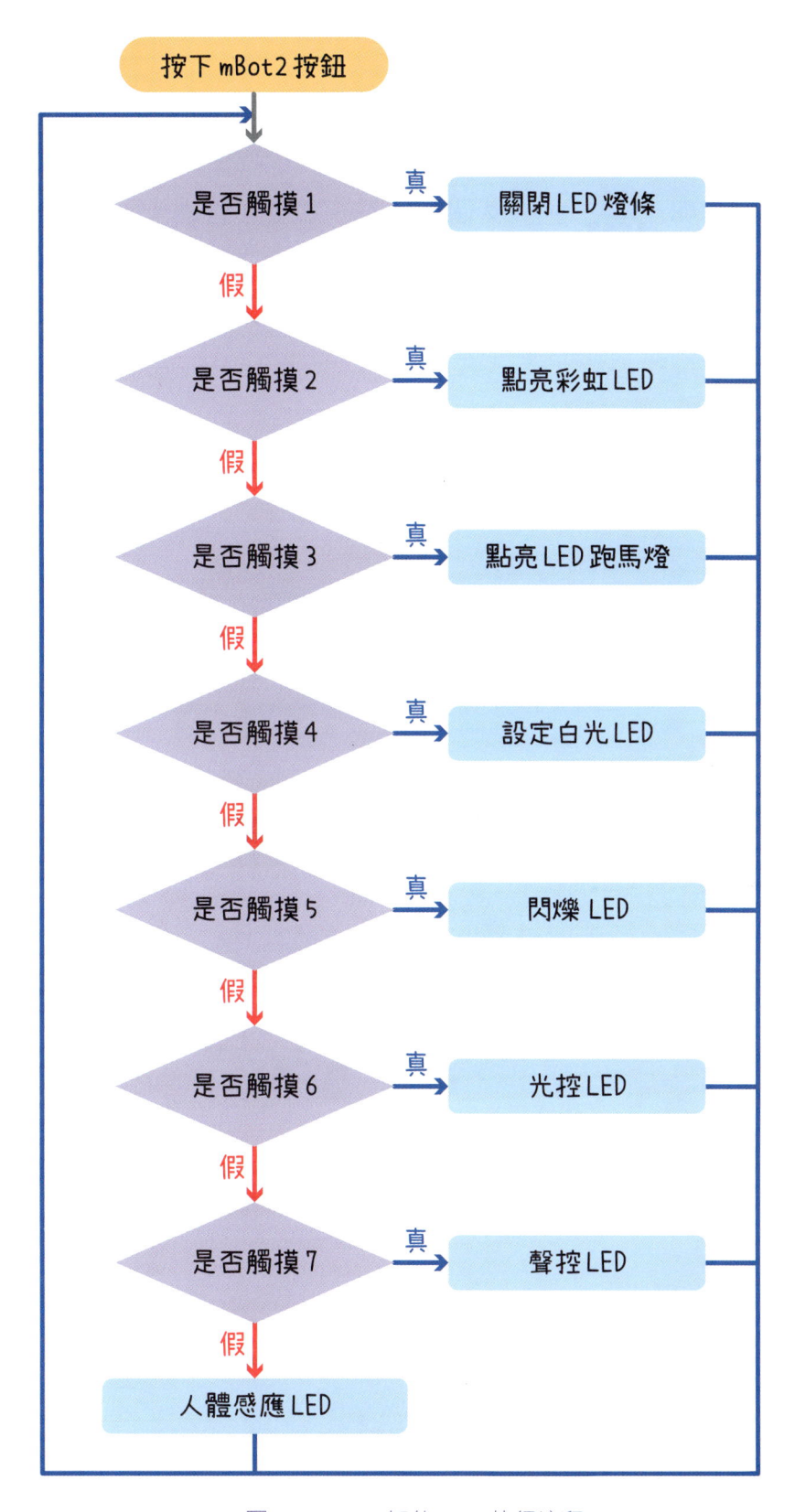

▲ 圖 7　mBot2 智能 LED 執行流程

3-6 按下按鈕 A 判斷觸摸點

當按下按鈕 A，重複判斷多點觸摸感測器 1～8 觸摸點是否被觸摸。

點選 **事件**、**控制** 與 **多點觸摸** 拖曳 7 個「如果～那麼～否則」，判斷觸摸感測器 1～8 是否被觸摸。

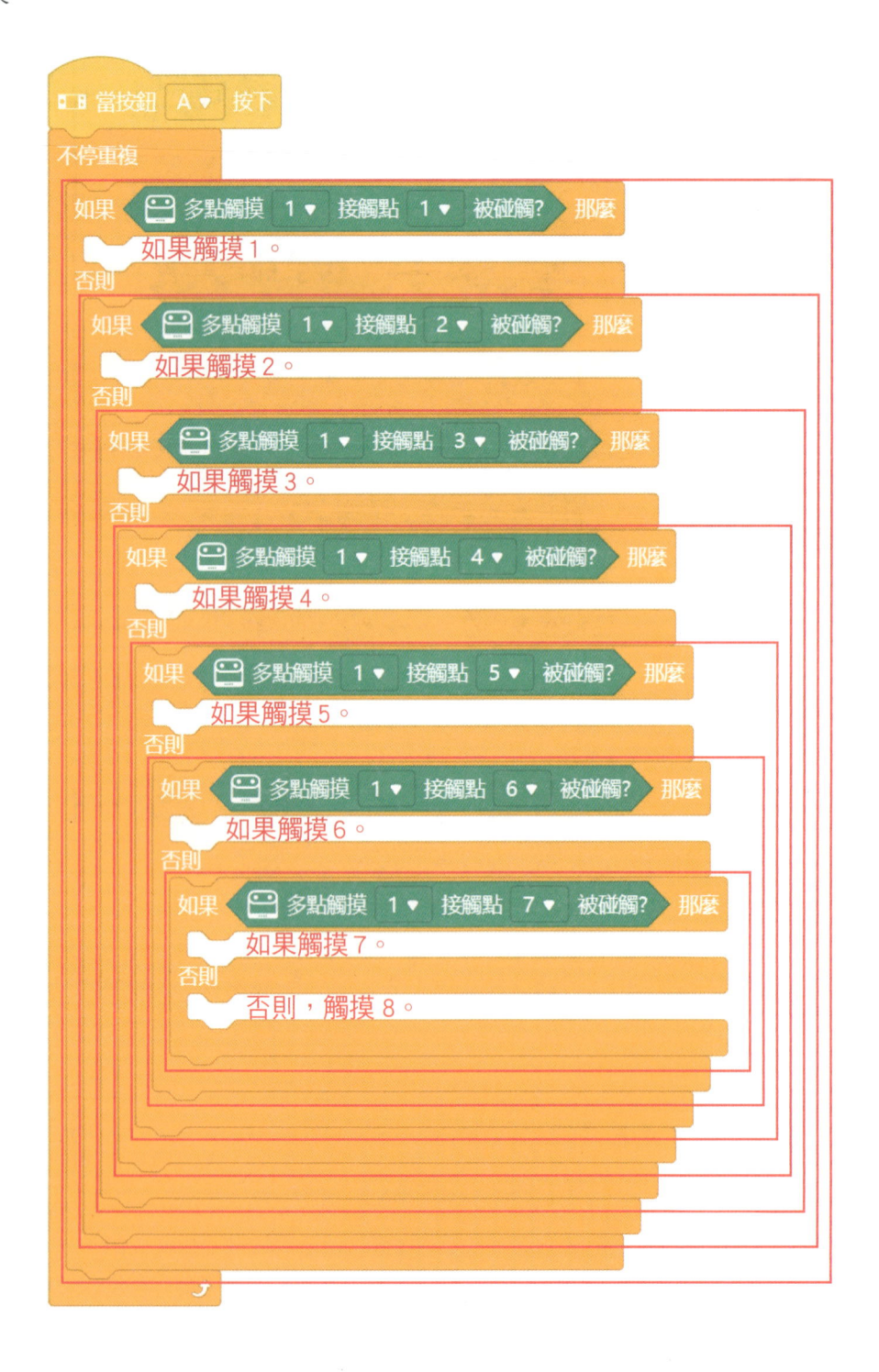

```
當按鈕 A▼ 按下
不停重複
  如果 <多點觸摸 1▼ 接觸點 1▼ 被碰觸?> 那麼
    如果觸摸 1。
  否則
    如果 <多點觸摸 1▼ 接觸點 2▼ 被碰觸?> 那麼
      如果觸摸 2。
    否則
      如果 <多點觸摸 1▼ 接觸點 3▼ 被碰觸?> 那麼
        如果觸摸 3。
      否則
        如果 <多點觸摸 1▼ 接觸點 4▼ 被碰觸?> 那麼
          如果觸摸 4。
        否則
          如果 <多點觸摸 1▼ 接觸點 5▼ 被碰觸?> 那麼
            如果觸摸 5。
          否則
            如果 <多點觸摸 1▼ 接觸點 6▼ 被碰觸?> 那麼
              如果觸摸 6。
            否則
              如果 <多點觸摸 1▼ 接觸點 7▼ 被碰觸?> 那麼
                如果觸摸 7。
              否則
                否則，觸摸 8。
```

3-7 點亮彩虹 LED 跑馬燈

多點觸摸感測器重複偵測觸摸點 1～8 是否被觸摸。當觸摸 1，關閉 LED；觸摸 2，點亮彩虹 LED；觸摸 3，點亮 LED 跑馬燈。

點選 LED驅動器，拖曳下圖積木先關閉 LED，再點亮虹彩 LED 及 LED 彩虹跑馬燈。

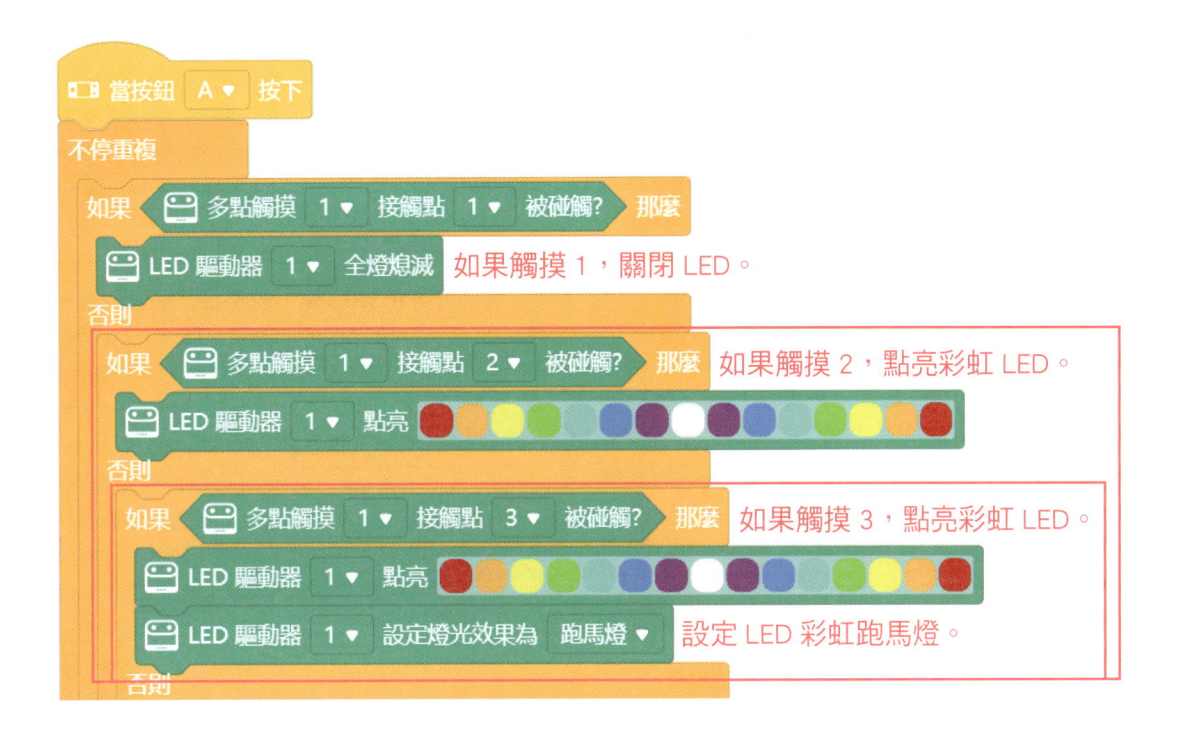

- 如果觸摸 1，關閉 LED。
- 如果觸摸 2，點亮彩虹 LED。
- 如果觸摸 3，點亮彩虹 LED。
- 設定 LED 彩虹跑馬燈。

3-8 自訂多元控制 LED 積木

觸摸 4，設定白光 LED；觸摸 5，閃爍 LED；觸摸 6，光控 LED；觸摸 7，聲控 LED；觸摸 8，人體感應 LED。

一、自訂積木

自訂白光 LED、閃爍 LED、光控 LED、聲控 LED 與人體感應 LED 五組自訂積木。

1 點選 自定積木，新增積木指令，輸入「白光 LED」，再按【確認】。

2 重複上述步驟，自訂「閃爍 LED」、「光控 LED」、「聲控 LED」與「人體感應 LED」4 個自訂積木。

二、自訂白光 LED 積木

當觸摸 4，依序點亮 6 顆白色 LED 燈條。

1 點選 **變數**，建立一個變數，輸入「LED」，再按【確認】，點亮 LED 燈條的 1～6 個 LED 燈。

2 點選 **變數**、**控制** 與 **LED驅動器**，拖曳下圖積木，重複執行 6 次依序點亮 6 顆 LED，並將 LED 顏色設定為白色。

mBot2 筆記

白色 LED 的紅、綠、藍三色色值皆為 255。

三、自訂閃爍 LED 積木

當觸摸 5，在 LED 燈條的 1～6 個 LED 燈中，隨機點亮一顆 LED、亮度顏色隨機。

點選 **控制**、**多點觸摸**、**變數**、**運算** 與 **LED驅動器**，拖曳下圖積木，重複隨機點亮 LED 燈、顏色隨機，直到觸摸 1，關閉 LED。

四、自訂光控 LED 積木

當觸摸 6，在 LED 燈條的 1～6 個 LED 燈中，隨機點亮一顆 LED、同時 LED 顏色隨著光線值變化。

點選 **自定積木**、**控制**、**多點觸摸**、**變數**、**運算** 與 **LED驅動器**，拖曳下圖積木，重複隨機點亮 LED 燈、顏色隨光線值變化，直到觸摸 1，關閉 LED。

五、自訂聲控 LED 積木

當觸摸 7，在 LED 燈條的 1～6 個 LED 燈中，隨機點亮一顆 LED、同時 LED 顏色隨著音量大小變化。

點選 自定積木、控制、多點觸摸、變數、運算 與 LED驅動器，拖曳下圖積木，重複隨機點亮 LED 燈、顏色隨聲音值變化，直到觸摸 1，關閉 LED。

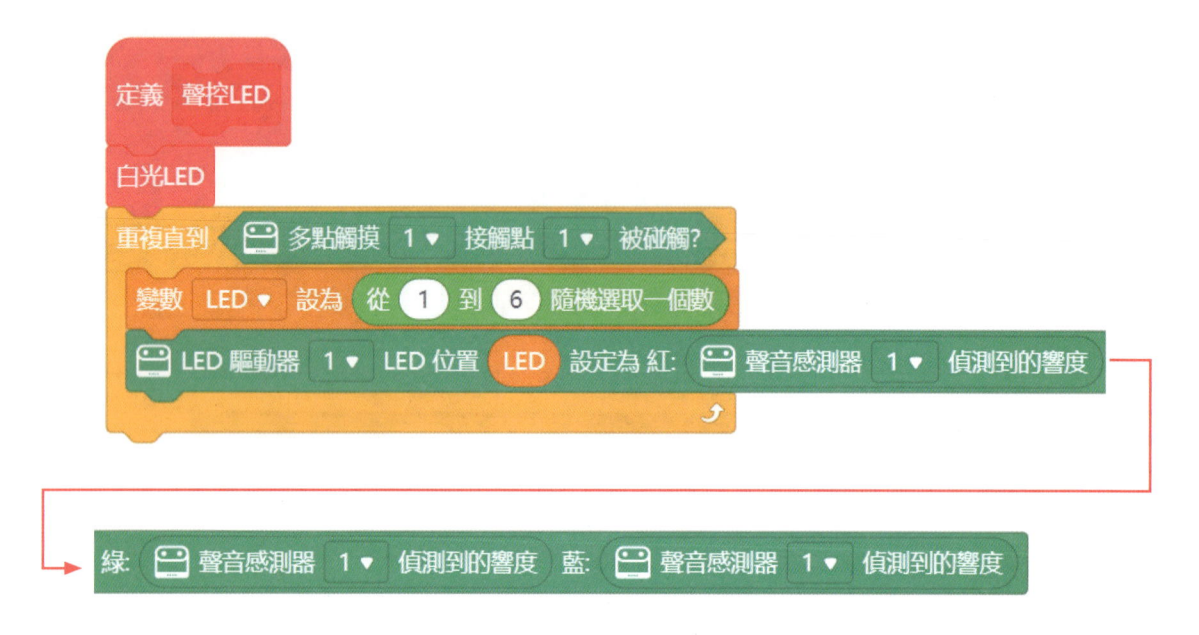

```
定義 聲控LED
白光LED
重複直到 〈多點觸摸 1 ▼ 接觸點 1 ▼ 被碰觸?〉
    變數 LED ▼ 設為 從 1 到 6 隨機選取一個數
    LED 驅動器 1 ▼ LED 位置 LED 設定為 紅: 聲音感測器 1 ▼ 偵測到的響度
    綠: 聲音感測器 1 ▼ 偵測到的響度 藍: 聲音感測器 1 ▼ 偵測到的響度
```

六、自訂人體感應 LED 積木

當觸摸 8，在人體紅外線感測器偵測到人的動作時，點亮彩虹 LED，直到觸摸 1，關閉所有 LED。

點選 控制、人體紅外線感測器、LED驅動器 與 多點觸摸 拖曳下圖積木。

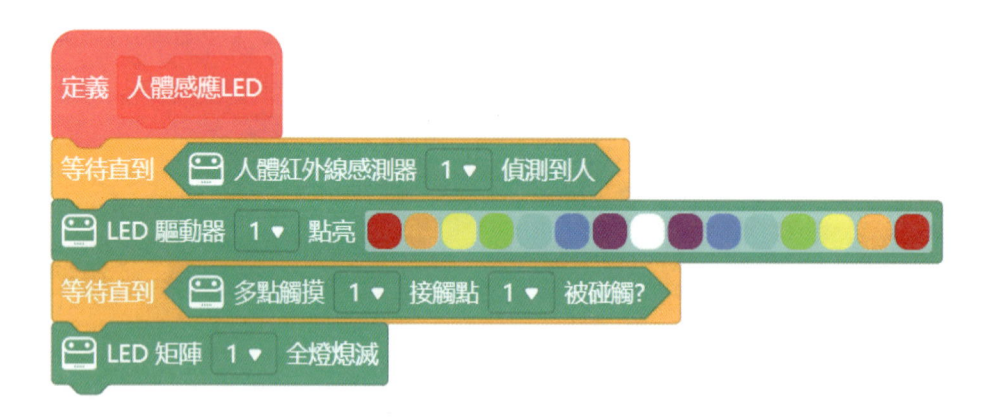

```
定義 人體感應LED
等待直到 〈人體紅外線感測器 1 ▼ 偵測到人〉
LED 驅動器 1 ▼ 點亮 🌈
等待直到 〈多點觸摸 1 ▼ 接觸點 1 ▼ 被碰觸?〉
LED 矩陣 1 ▼ 全燈熄滅
```

3-9　mBot2 智能 LED

拖曳定義的五組程式，執行定義的程式功能。再開啟上傳模式，將程式上傳 CyberPi 主控板，以後只要開啟電源，按下按鈕 A，mBot2 開始執行智能 LED 程式。

1 點選 **自定積木**，將定義的五組積木拖曳到主程式，如下圖，開始執行定義的程式功能。

2 點擊 【上傳】，設定為上傳模式。

3 點擊 上傳 ，將程式上傳到 CyberPi 主控板，再斷開電腦與 mBot2 連線。開啟電源，按下按鈕 A，分別觸摸 2〜8，再觸摸 1 關閉 LED，檢查點亮 LED 的方式是否正確。

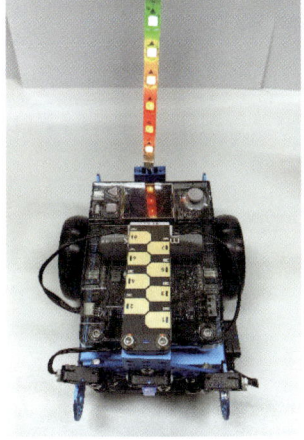

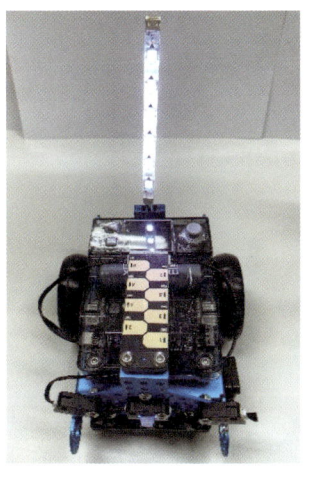

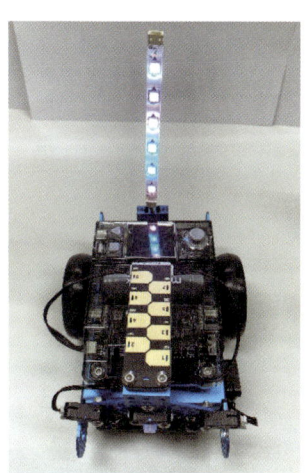

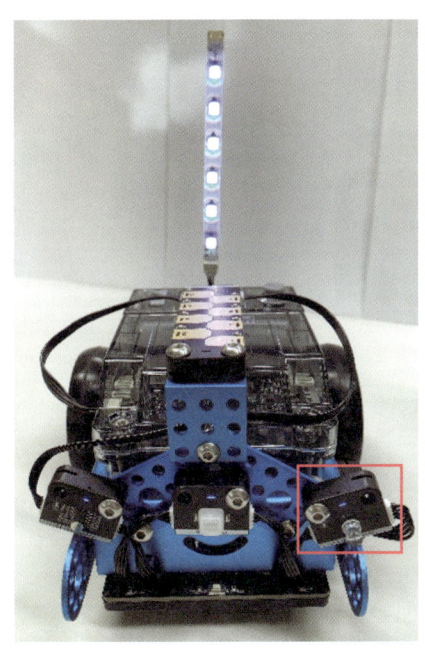

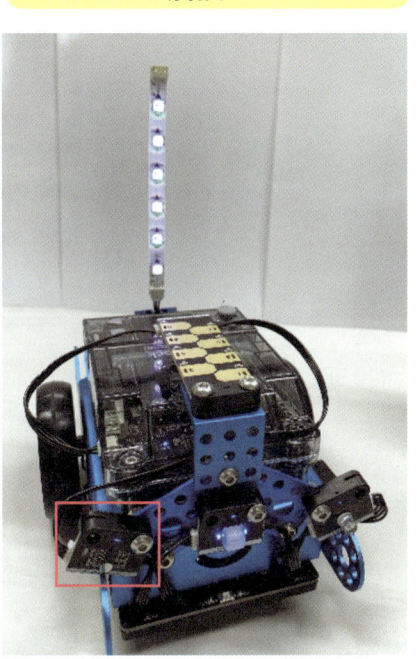

3-9 mBot2 智能 LED

觸摸 2	觸摸 3	觸摸 4	觸摸 5
彩虹 LED	LED 跑馬燈	白光 LED	閃爍 LED

觸摸 6	觸摸 7	觸摸 8
光控 LED	聲控 LED	人體感應 LED

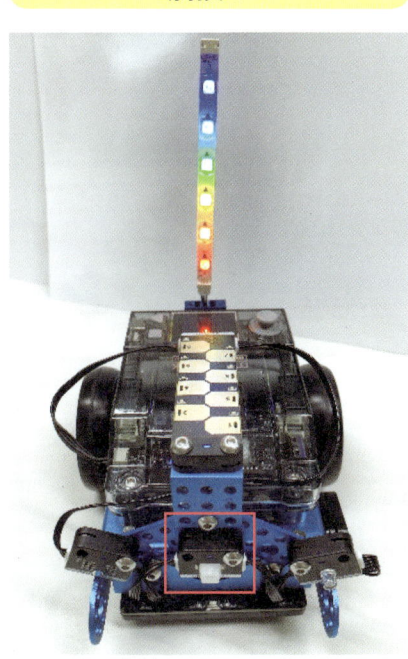

▲圖 8　智能 LED

實力評量 3

一、單選題

( ) 1. 如果想設計 mBot2 偵測到人的動作時，就自動開啟 LED，應該使用下列哪個感測器？

(A) 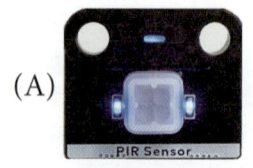 PIR Sensor　(B) 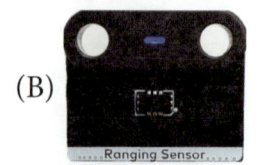 Ranging Sensor　(C)  Sound Sensor　(D)  Light Sensor

( ) 2. 如果想設計觸摸 IC 就可以控制 mBot2 唱歌，可以使用下列哪個元件？

(A)  Light Sensor　(B) 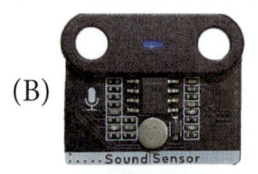 Sound Sensor　(C) 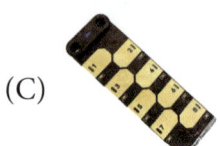 觸摸IC　(D) 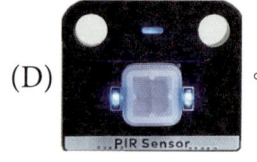 PIR Sensor

( ) 3. 關於下列元件與功能的說明，何者錯誤？

(A) 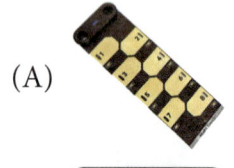 觸摸IC　偵測是否被觸摸　(B)  Sound Sensor　偵測聲音
(C) 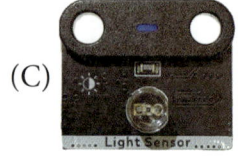 Light Sensor　偵測光線　(D) 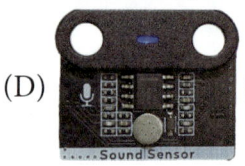 Sound Sensor　播放聲音。

( ) 4. 如果想要設計利用光線控制 LED 燈條，應該使用下列哪個積木偵測光線？

(A)  光線感測器 1▼ 光線強度值
(B)  聲音感測器 1▼ 偵測到的響度
(C)  多點觸摸 1▼ 接觸點 1▼ 被碰觸?
(D)  LED 亮度(%)。

實力評量 3

( ) 5. 下列哪個積木能夠判斷多點觸摸感測器已被觸摸？
(A) 測距感測器 1▼ 超出量測範圍?
(B) 多點觸摸 1▼ 接觸點 1▼ 被碰觸?
(C) 超音波感測器 2 1▼ 超過測量距離?
(D) 多點觸摸 1▼ 重設閾值, 將靈敏度設定為 高電位▼。

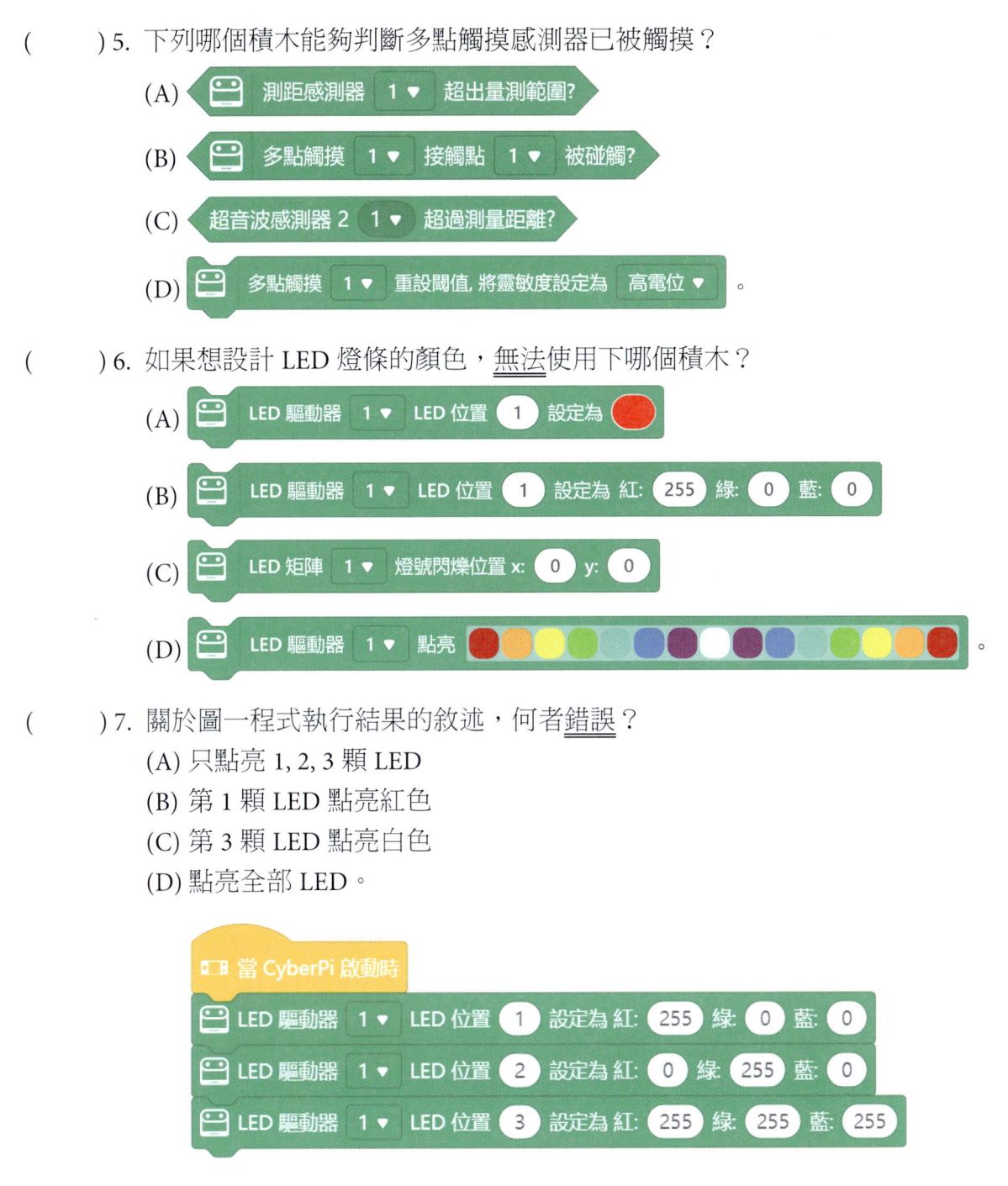

( ) 6. 如果想設計 LED 燈條的顏色，無法使用下哪個積木？
(A) LED 驅動器 1▼ LED 位置 1 設定為 ●
(B) LED 驅動器 1▼ LED 位置 1 設定為 紅: 255 綠: 0 藍: 0
(C) LED 矩陣 1▼ 燈號閃爍位置 x: 0 y: 0
(D) LED 驅動器 1▼ 點亮 ●●●●●●●●●●●●●。

( ) 7. 關於圖一程式執行結果的敘述，何者錯誤？
(A) 只點亮 1, 2, 3 顆 LED
(B) 第 1 顆 LED 點亮紅色
(C) 第 3 顆 LED 點亮白色
(D) 點亮全部 LED。

當 CyberPi 啟動時
LED 驅動器 1▼ LED 位置 1 設定為 紅: 255 綠: 0 藍: 0
LED 驅動器 1▼ LED 位置 2 設定為 紅: 0 綠: 255 藍: 0
LED 驅動器 1▼ LED 位置 3 設定為 紅: 255 綠: 255 藍: 255

▲圖一

實力評量 3

( ) 8. 關於圖二程式執行結果的敘述，何者錯誤？

(A) [定義 閃爍LED] 為使用者自訂積木

(B) 依序點亮編號 1～6 的 LED
(C) 觸摸 1 時關閉全部 LED
(D) [閃爍LED] 積木會執行「定義閃爍 LED」的程式。

▲圖二

( ) 9. 關於圖三，如果聲音感測器偵測的響度為 90，點亮 LED 數量為何？
(A) 點亮第 1 顆　　　　　　　　(B) 點亮第 1，2 顆
(C) 點亮全部　　　　　　　　　(D) 未點亮任何 LED。

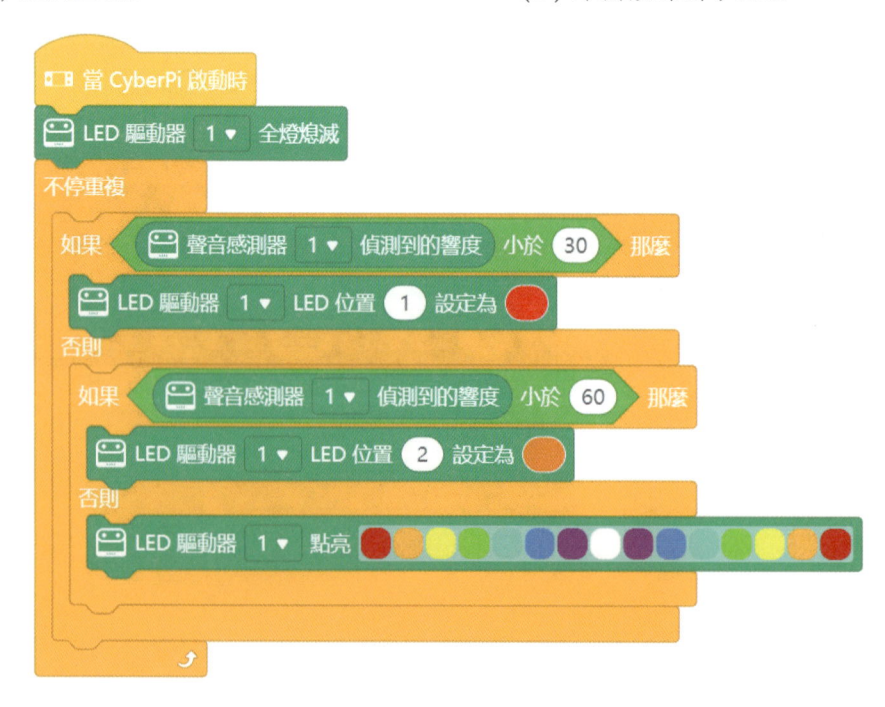

▲圖三

實力評量 3

(　　)10. 下列關於 [光線感測器 1 ▼ 光線強度值 * 2.55] 積木功能的敘述，何者正確？
　　(A) 光線感測器的強度值介於 0～100 之間
　　(B) LED 燈條的亮度介於 0～100 之間
　　(C)「乘以 2.55」屬於 光源感應器 類別積木
　　(D) 音量值介於 0～255 之間。

二、實作題

1. 請利用 CyberPi 的麥克風做為聲控 LED 的感測器，並將麥克風音量值的參數調整為 LED 參數的 0～255 之間。

2. 請利用 CyberPi 的光線感測器做為光控 LED 的感測器，將光線感測器的環境光線強度參數調整為 LED 參數的 0～255 之間。

Chapter 4

mBot2 智能恆溫

　　本章將應用溫溼度感測器、溫度感測器、直流馬達驅動與風扇、角度感測器與 LED 矩陣，設計 mBot2 智能恆溫。首先利用溫溼度感測器及溫度感測器偵測空氣的溫度、溼度及人體溫度，將數據寫入圖表。同時當溫度或溼度超過正常標準值，驅動馬達風扇運轉，再以角度感測器控制馬達動力。最後利用 LED 矩陣同步顯示溫度與溼度的資訊。

本章節次

4-1 溫溼度感測器
4-2 溫度感測器
4-3 直流馬達驅動器與馬達風扇
4-4 角度感測器
4-5 腳本規劃與執行流程
4-6 數據圖表
4-7 mBot2 智能恆溫
4-8 溫溼度跑馬燈

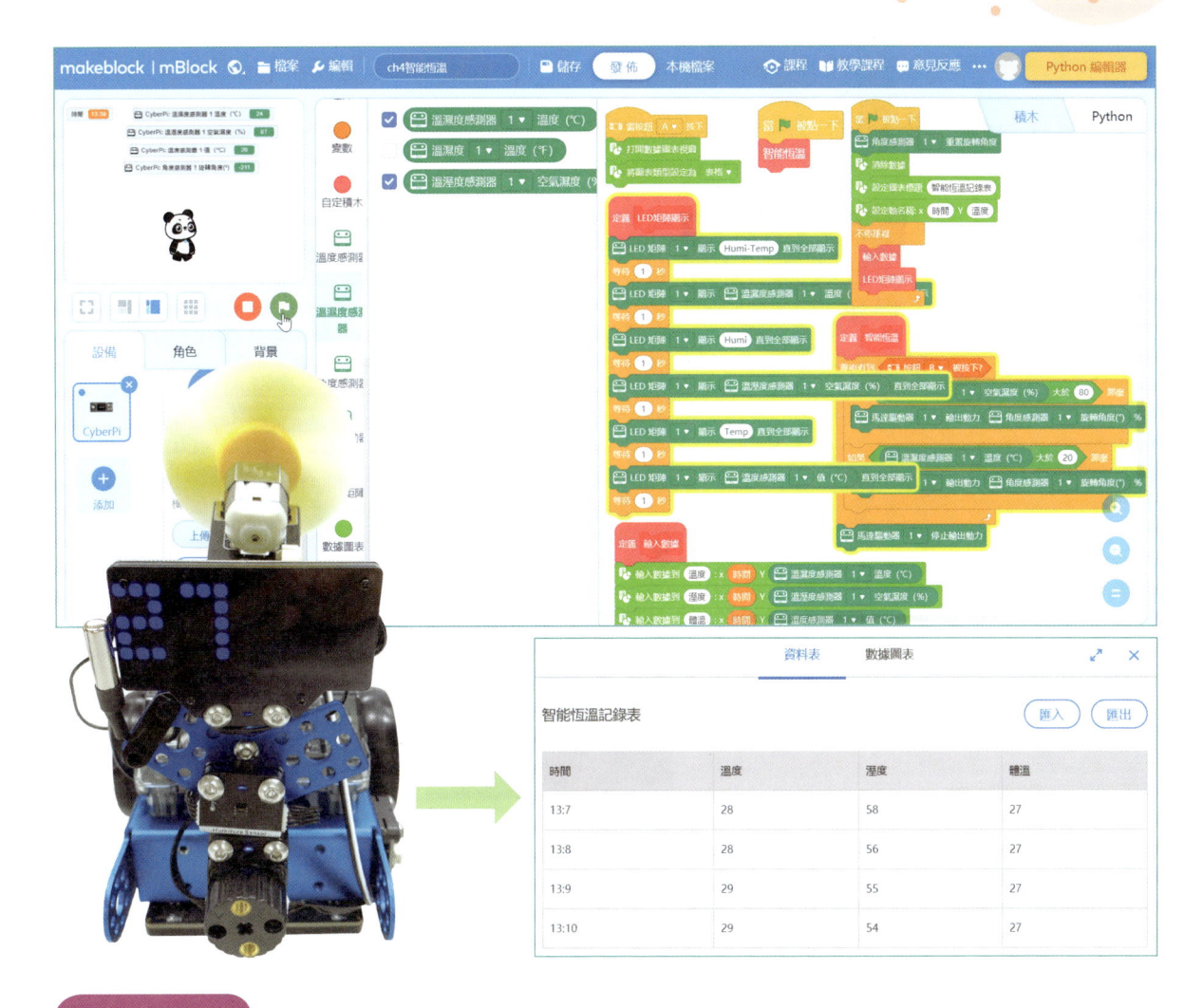

學習目標

1. 認識溫溼度與溫度感測器運作原理。
2. 認識直流馬達驅動與風扇運作原理。
3. 認識角度感測器的運作原理並控制馬達動力。
4. 能夠應用溫溼度感測器與直流馬達，設計智能恆溫。

本章擴充元件與功能規劃

LED 矩陣
》顯示溫溼度資訊

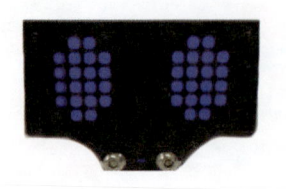

溫度感測器
》偵測人體溫度

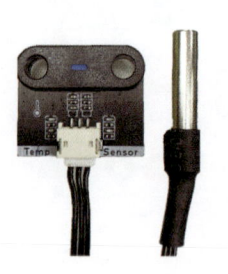

溫溼度感測器
》偵測空氣中的溫度與溼度

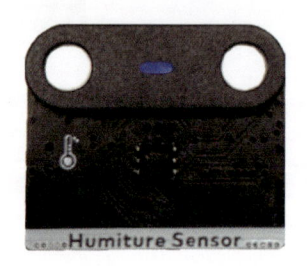

角度感測器
》控制馬達動力

直流馬達驅動與風扇
》啟動馬達風扇運轉

本章溫溼度感測器、溫度感測器、直流馬達驅動與風扇、角度感測器、LED 矩陣與 mBot2 的 MOUT 接線方式如圖 1 所示。

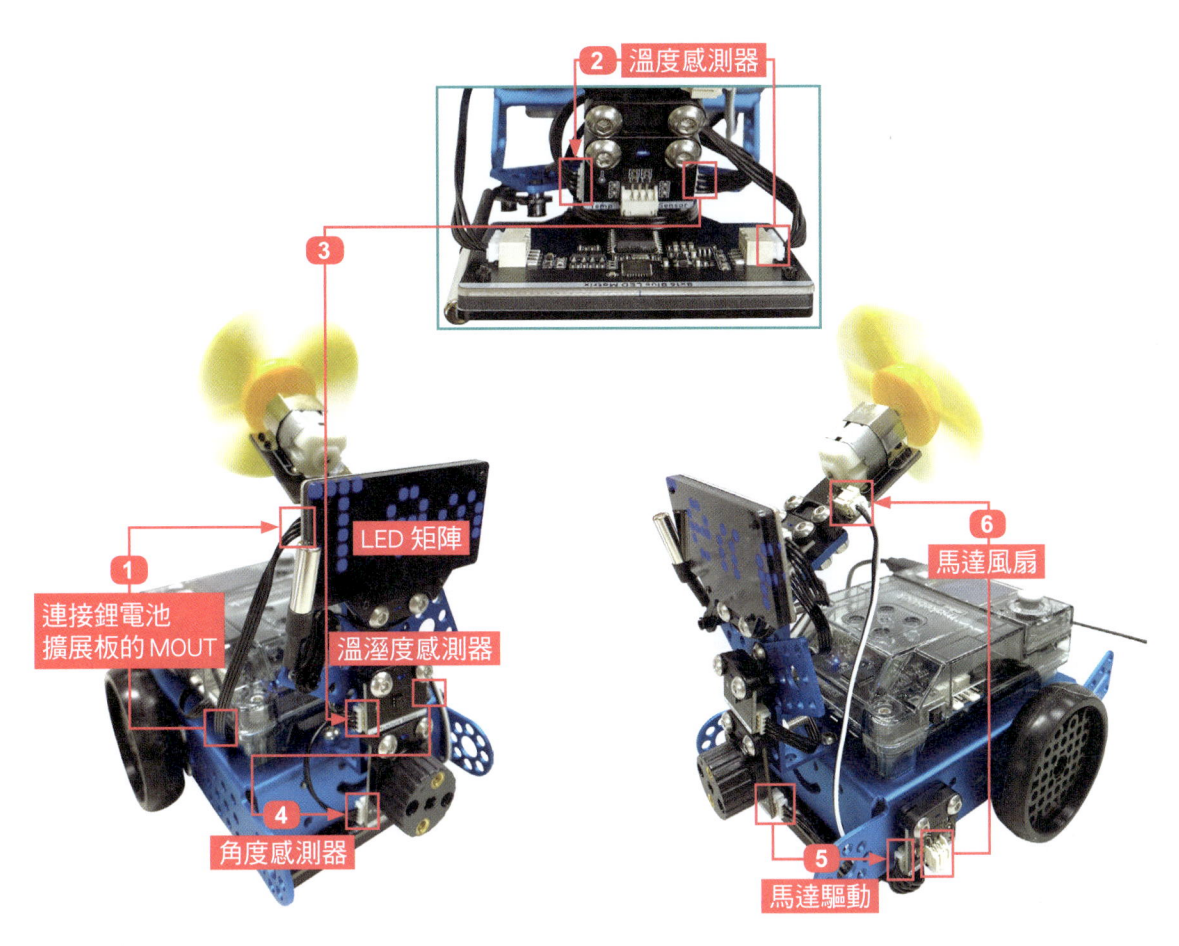

▲ 圖 1　智能恆溫接線方式

mBot2 筆記　智能恆溫接線順序如下，接線順序可以隨著支架設計變更。

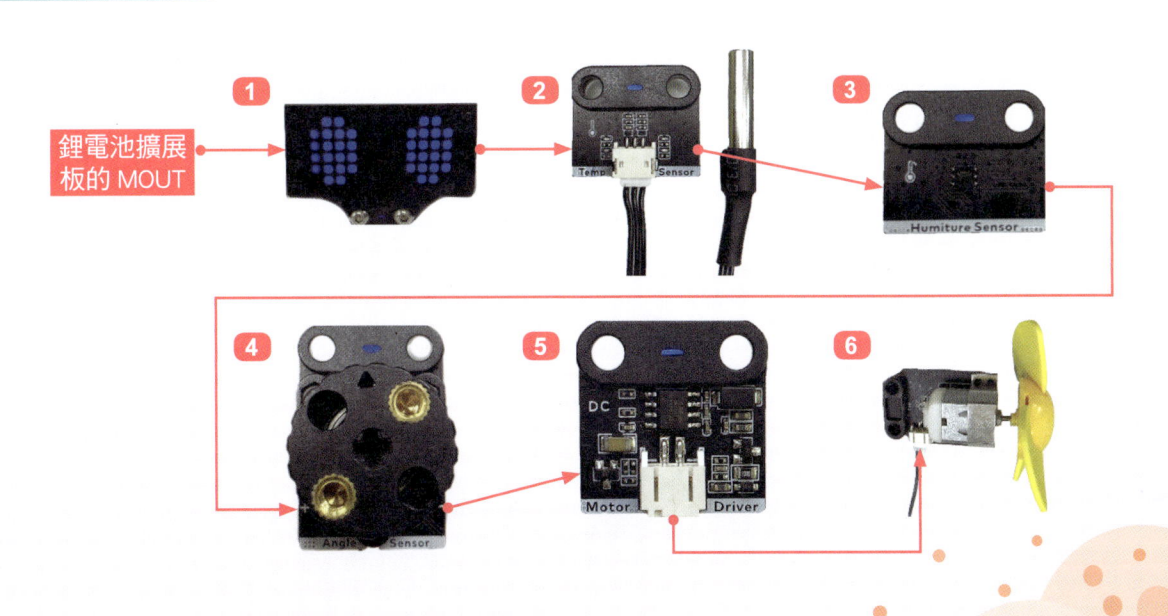

創客題目

請應用溫溼度感測器、溫度感測器、直流馬達驅動與風扇、角度感測器與 LED 矩陣，設計 mBot2 智能恆溫。首先利用溫溼度感測器及溫度感測器偵測空氣的溫度、溼度及人體溫度，將數據寫入圖表。同時當溫度或溼度超過正常標準值，驅動馬達風扇運轉，再以角度感測器控制馬達動力。最後利用 LED 矩陣同步顯示溫度與溼度的資訊。

題目編號 A039021

實作時間 30 分鐘

創客學習力

外形	機構	電控	程式	通訊	人工智慧
1	1	3	4	0	0

創客總數 9

綜合素養力

空間力	堅毅力	邏輯力	創造力	整合力	團隊力
1	1	3	1	1	1

素養總數 8

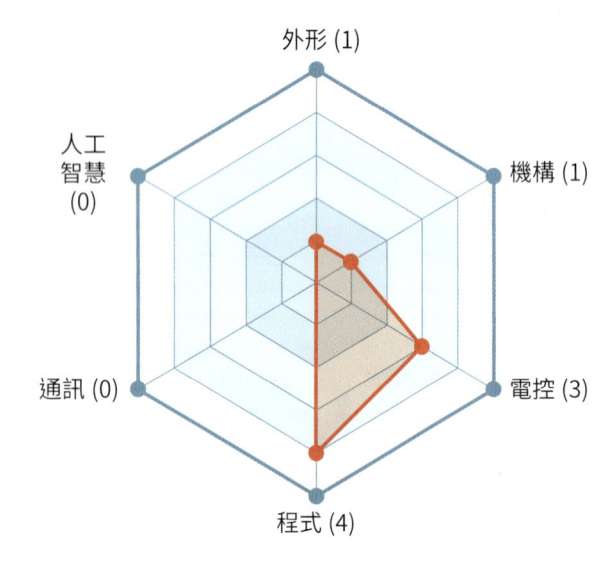

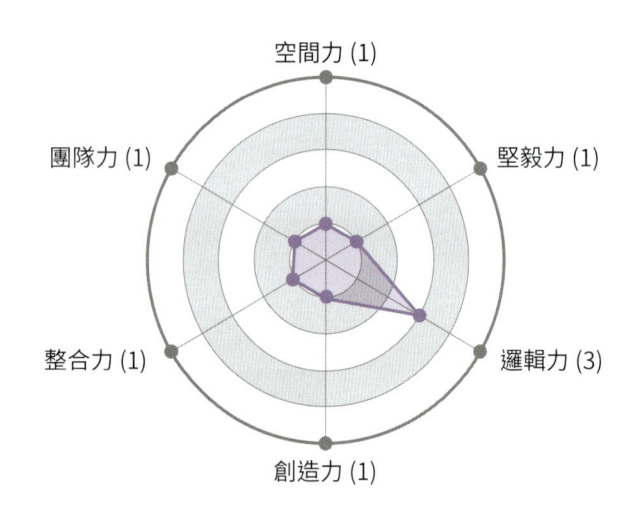

4-1　溫溼度感測器

溫溼度感測器（Humiture Sensor）主要功能在偵測環境的溫度及溼度。溫度的偵測範圍介於 –40°C～+125°C，溼度的偵測範圍介於 20～90%。溫溼度感測器如圖 2 所示。

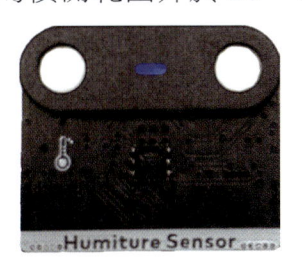

▲圖 2　溫溼度感測器

在 溫溼度感測器 類別積木中，與環境溫度及溼度相關功能如下：

功能	積木與說明
傳回溫度或溼度	1. `溫溼度感測器 1▼ 溫度 (°C)` （A 標示在 1▼） 傳回溫溼度感測器的攝氏溫度值。 A：數字 1～8 為溫溼度感測器的數量，最多能擴充 8 個感測器，預設值為 1。 2. `溫溼度 1▼ 溫度 (°F)` 傳回溫溼度感測器的華氏溫度值。 3. `溫溼度感測器 1▼ 空氣溼度 (%)` 傳回溫溼度感測器的空氣溼度值。

實作範例　ch4-1　偵測環境溫度與溼度

請應用溫溼度感測器偵測環境的溫度與溼度，並在 LED 矩陣以跑馬燈重複顯示。

1 將溫溼度感測器連接 LED 矩陣，再連接 mBot2。

2 在 mBlock 5 將 CyberPi 的連線狀態設定為【即時】。

Chapter 4 mBot2 智能恆溫

3. 點選【延伸集】，在溫溼度感測器按【+添加】，新增溫溼度感測器積木。

4. 重複上述步驟，添加 LED 矩陣積木。

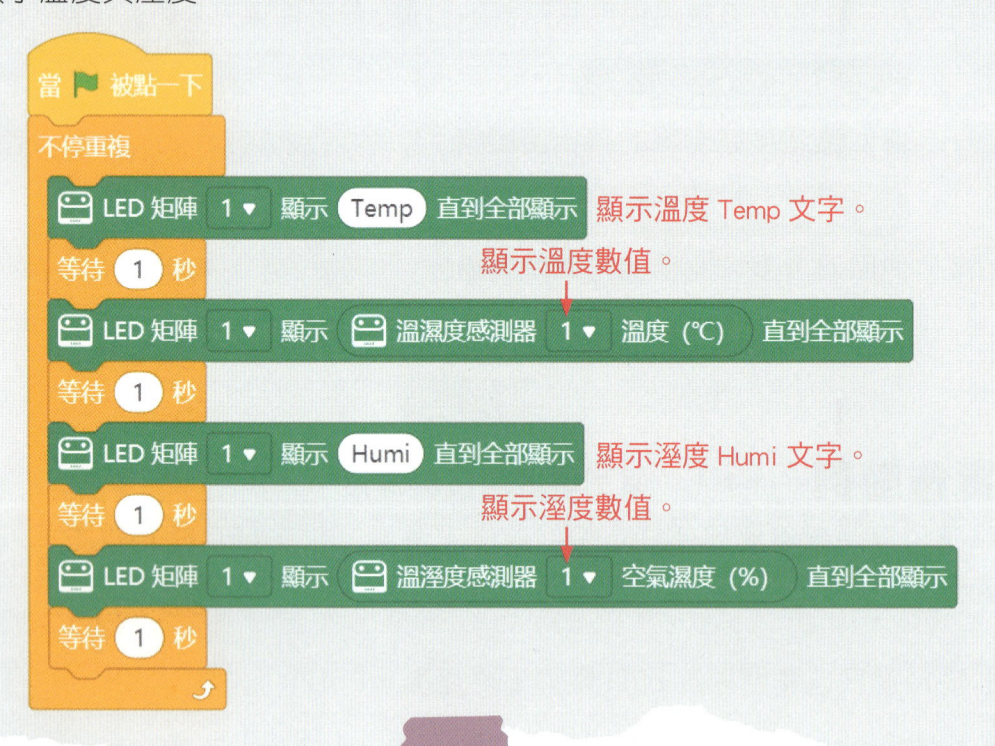

5. 點選 事件、控制、LED矩陣 與 溫溼度感測器，拖曳下圖積木，LED 矩陣每隔 1 秒重複顯示溫度與溼度。

```
當 ▶ 被點一下
不停重複
    LED 矩陣 1▼ 顯示 Temp 直到全部顯示      顯示溫度 Temp 文字。
    等待 1 秒                              顯示溫度數值。
    LED 矩陣 1▼ 顯示 溫濕度感測器 1▼ 溫度 (°C) 直到全部顯示
    等待 1 秒
    LED 矩陣 1▼ 顯示 Humi 直到全部顯示     顯示溼度 Humi 文字。
    等待 1 秒                             顯示溼度數值。
    LED 矩陣 1▼ 顯示 溫溼度感測器 1▼ 空氣濕度 (%) 直到全部顯示
    等待 1 秒
```

mBot2 筆記

「濕度」同「溼度」。

4-2 溫度感測器

溫度感測器（Temperature Sensor）的主要功能在偵測接觸物體的溫度。將防水探頭放入溫水中，可以偵測的溫度值範圍在 –55°C ～ +125°C 之間。溫度感測器的連接方式如圖 3 所示。

溫度感測器　防水探頭

▲圖 3　溫度感測器

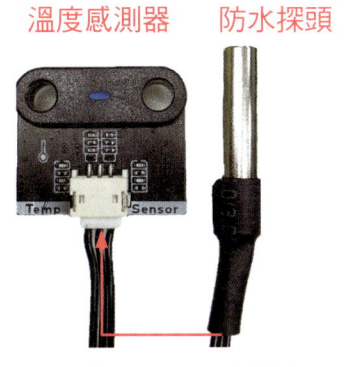

在 [溫度感測器] 類別積木中，與溫度相關功能如下：

功能	積木與說明
傳回溫度	1. [溫度感測器 1▼ 值（°C）] 傳回溫度感測器偵測的攝氏溫度。 2. [溫度感測器 1▼ （°F）] 傳回溫度感測器偵測的華氏溫度。

實作範例　ch4-2　體溫小幫手

請應用溫度感測器設計體溫小幫手。當按壓搖桿時開始量測體溫，並在 LED 矩陣顯示溫度，如果溫度小於 38 度顯示「ok」，並播放「耶！」，否則溫度大於等於 38 度，顯示「No」，並播放「歎氣」。

1 將溫度感測器連接 mBot2。

2 在 mBlock 5 將 CyberPi 的連線狀態設定為【即時】。

3 點選【延伸集】，在溫度感測器按【+ 添加】，新增溫度感測器積木。

4 點選 事件、運算、播放、控制、LED矩陣 與 溫度感測器，拖曳下圖積木，顯示溫度並判斷溫度是否大於 38 度。

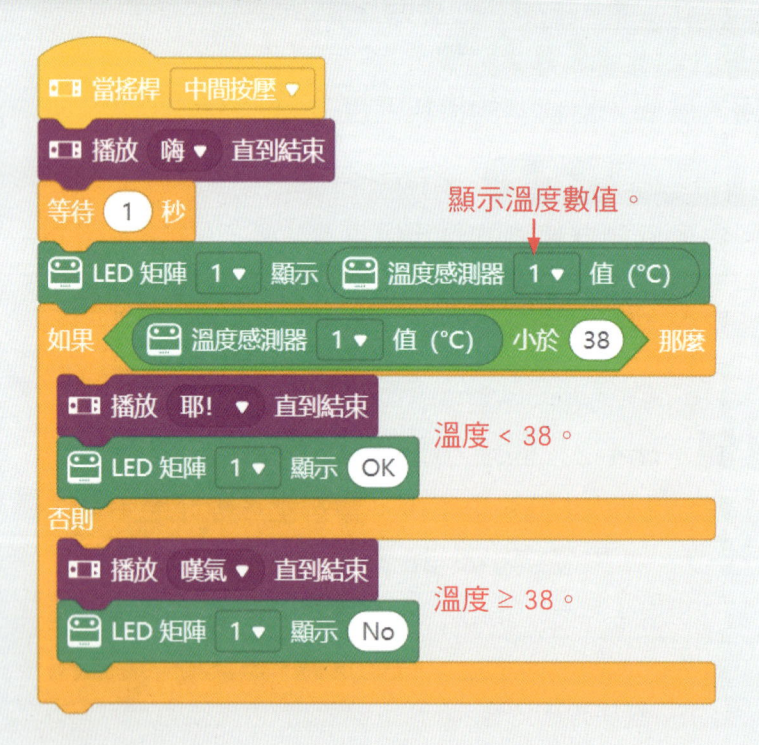

顯示溫度數值。

溫度 < 38。

溫度 ≥ 38。

5 按壓搖桿，檢查 LED 矩陣是否顯示溫度，並判斷溫度是否小於 38 度。

4-3　直流馬達驅動器與馬達風扇

　　直流馬達驅動器（DC motor driver）用來輸出動力，提供直流馬達（DC motor）運轉。動力值範圍從 –100～100。直流馬達驅動器與馬達風扇的連接方式如圖 4 所示。

直流馬達（DC）驅動　　　　馬達風扇

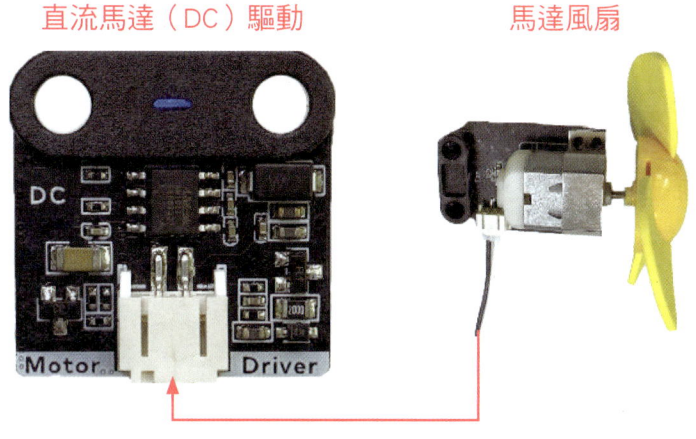

▲圖 4　直流馬達驅動器與馬達風扇

　　在 馬達驅動器 類別積木中，與馬達相關功能如下：

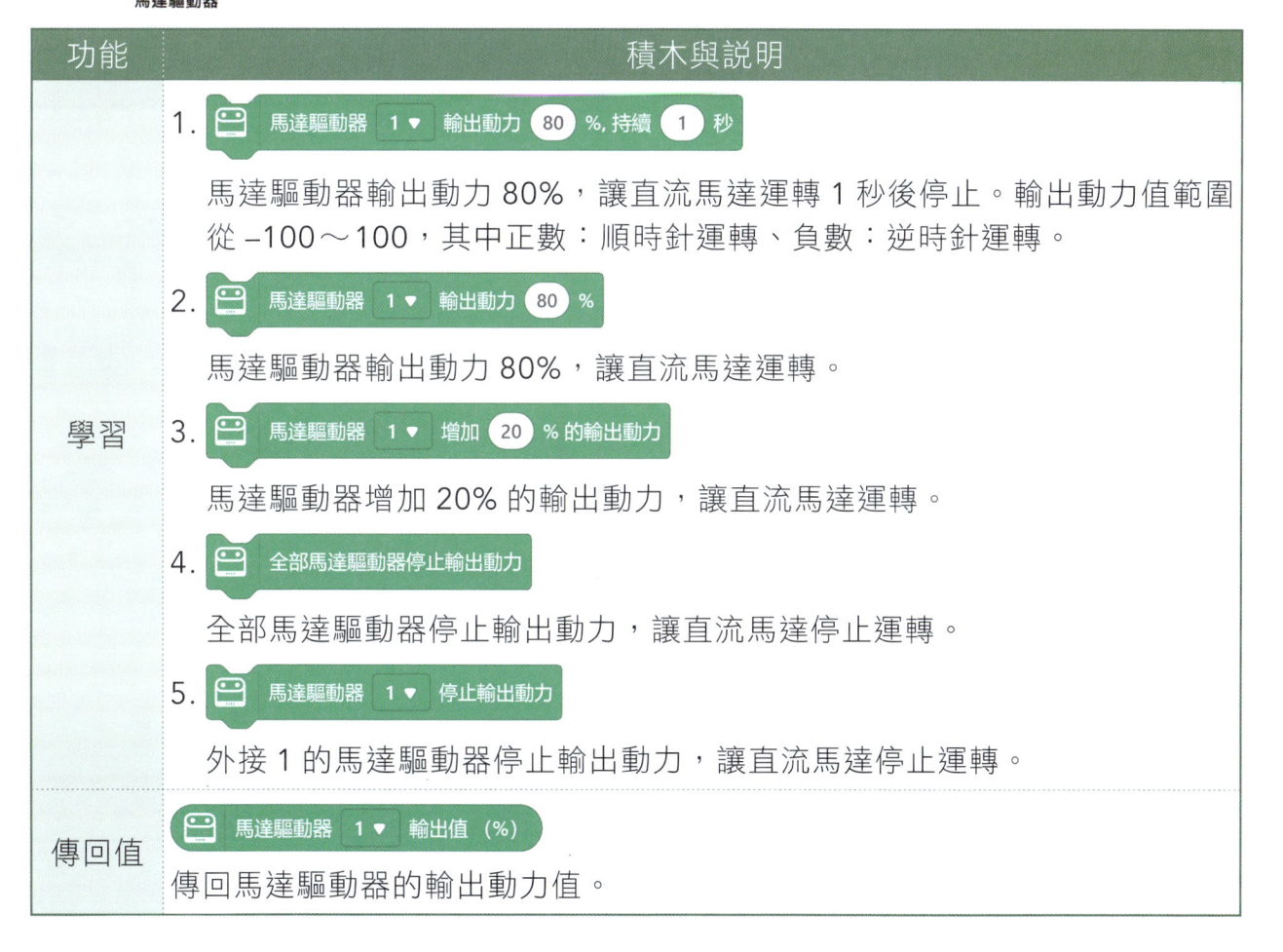

功能	積木與說明
學習	1. `馬達驅動器 1▼ 輸出動力 80 %, 持續 1 秒` 馬達驅動器輸出動力 80%，讓直流馬達運轉 1 秒後停止。輸出動力值範圍從 –100～100，其中正數：順時針運轉、負數：逆時針運轉。 2. `馬達驅動器 1▼ 輸出動力 80 %` 馬達驅動器輸出動力 80%，讓直流馬達運轉。 3. `馬達驅動器 1▼ 增加 20 % 的輸出動力` 馬達驅動器增加 20% 的輸出動力，讓直流馬達運轉。 4. `全部馬達驅動器停止輸出動力` 全部馬達驅動器停止輸出動力，讓直流馬達停止運轉。 5. `馬達驅動器 1▼ 停止輸出動力` 外接 1 的馬達驅動器停止輸出動力，讓直流馬達停止運轉。
傳回值	`馬達驅動器 1▼ 輸出值 (%)` 傳回馬達驅動器的輸出動力值。

實作範例　ch4-3　直流馬達轉轉轉

請應用馬達驅動器輸出動力，讓直流馬達順時針、逆時針運轉、加速或減速運轉。

1 將馬達驅動器連接直流馬達，再連接 mBot2。

2 在 mBlock 5 將 CyberPi 的連線狀態設定為【即時】。

3 點選【延伸集】，在馬達驅動器按【+添加】，新增馬達驅動器積木。

4 拖曳下圖積木，當搖桿向左推，直流馬達順時針運轉；搖桿向右推，直流馬達逆時針運轉；搖桿向上推，馬達驅動器增加 10% 動力；搖桿向下推，馬達驅動器減少 10% 動力；按壓搖桿時，馬達驅動器停止輸出動力，直流馬達停止運轉；按下按鈕 A，顯示目前輸出值。

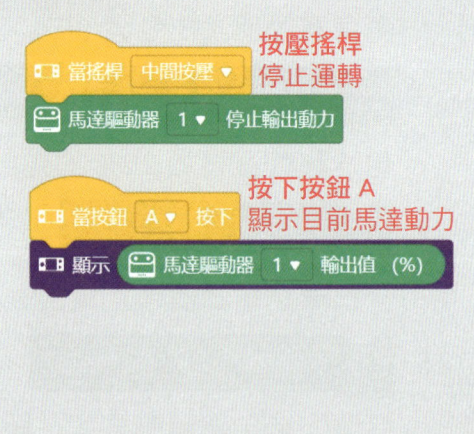

搖桿向左推　順時針運轉
當搖桿 向左推← 馬達驅動器 1 輸出動力 70 %

搖桿向右推　逆時針運轉
當搖桿 向右推→ 馬達驅動器 1 輸出動力 -70 %

搖桿向上推　增加動力 10
當搖桿 向上推↑ 馬達驅動器 1 增加 10 % 的輸出動力

搖桿向下推　減少動力 10
當搖桿 向下推↓ 馬達驅動器 1 增加 -10 % 的輸出動力

按壓搖桿　停止運轉
當搖桿 中間按壓 馬達驅動器 1 停止輸出動力

按下按鈕 A　顯示目前馬達動力
當按鈕 A 按下 顯示 馬達驅動器 1 輸出值 (%)

5 請將搖桿「向左推」，再「向上推」2 次，再按下按鈕 A，檢查 CyberPi 螢幕顯示馬達驅動器的輸出值為何？

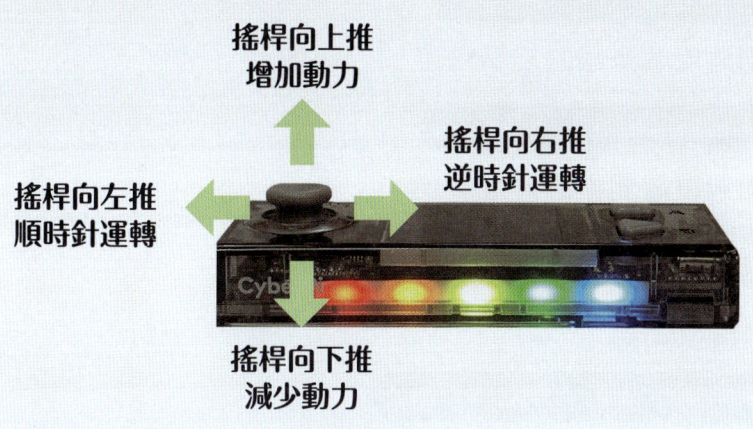

搖桿向上推
增加動力

搖桿向右推
逆時針運轉

搖桿向左推
順時針運轉

搖桿向下推
減少動力

傳回值：_____。

4-4　角度感測器

　　角度感測器（Angle Sensor）用來偵測角度值，當角度感測器往右順時針方向旋轉時，角度值為正數、當角度感測器往左逆時針方向旋轉時，角度值為負數。角度感測器如圖 5 所示。

重置角度

向左旋轉
角度減少

向右旋轉
角度增加

▲圖 5　角度感測器

在 角度感測器 類別積木中，與角度感測器相關功能如下：

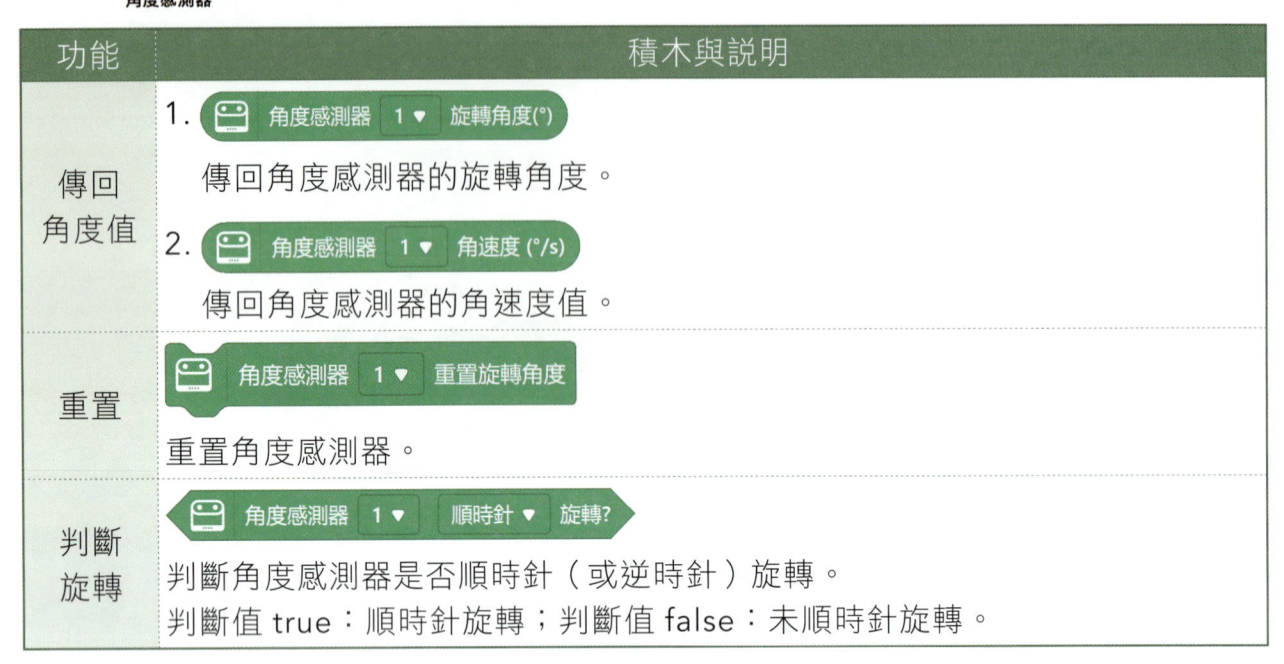

功能	積木與說明
傳回角度值	1. `角度感測器 1▼ 旋轉角度(°)` 傳回角度感測器的旋轉角度。 2. `角度感測器 1▼ 角速度(°/s)` 傳回角度感測器的角速度值。
重置	`角度感測器 1▼ 重置旋轉角度` 重置角度感測器。
判斷旋轉	`角度感測器 1▼ 順時針▼ 旋轉?` 判斷角度感測器是否順時針（或逆時針）旋轉。 判斷值 true：順時針旋轉；判斷值 false：未順時針旋轉。

實作範例　ch4-4　角度控制馬達動力

請應用角度感測器控制馬達驅動器輸出動力。當角度感測器旋轉角度愈大，直流馬達動力愈大。

1 將角度感測器連接 mBot2。

2 在 mBlock 5 將 CyberPi 的連線狀態設定為【即時】。

3 點選【延伸集】，在角度感測器按【+添加】，新增角度感測器積木。

4-4 角度感測器

4 點選 ![角度感測器]，拖曳下圖積木。當按下按鈕 A，先將角度感測器指標所在位置定位為 0。

指標所在位置定位為 0

```
當按鈕 A▼ 按下       角度歸 0。
角度感測器 1▼ 重置旋轉角度
```

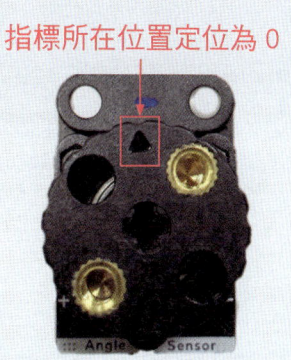

勾選角度感測器旋轉角度，在舞台顯示角度的數值。再將角度感測器順時針方向旋轉，檢查角度值是否為正數。

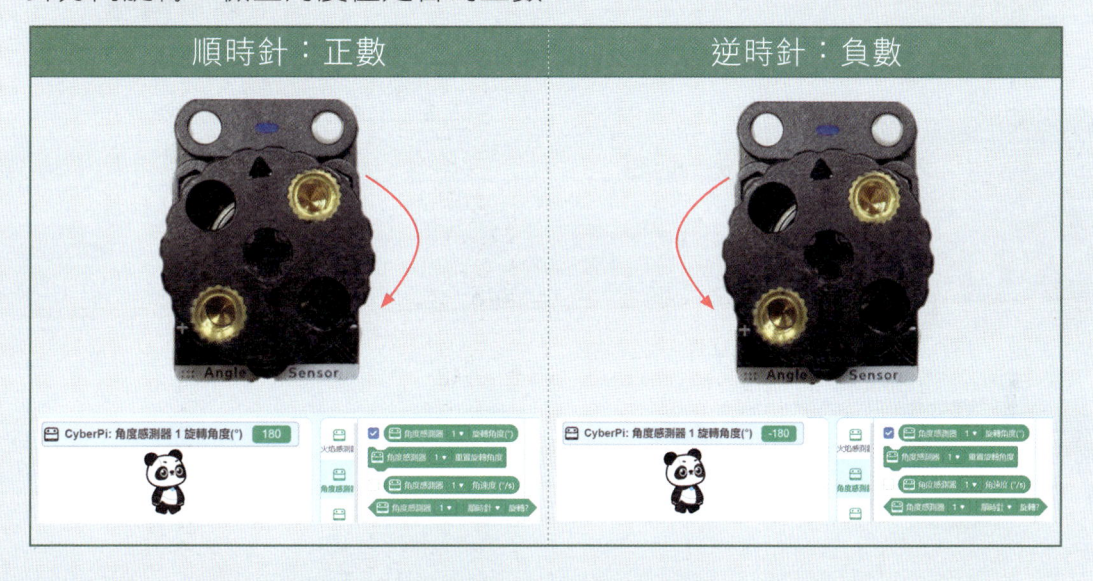

順時針：正數	逆時針：負數
CyberPi: 角度感測器 1 旋轉角度(°) 180	CyberPi: 角度感測器 1 旋轉角度(°) -180

5 點選 ![事件]、![控制]、![馬達驅動器] 與 ![角度感測器]，拖曳下圖積木，當順時針旋轉角度感測器時，馬達輸出動力隨著變大。

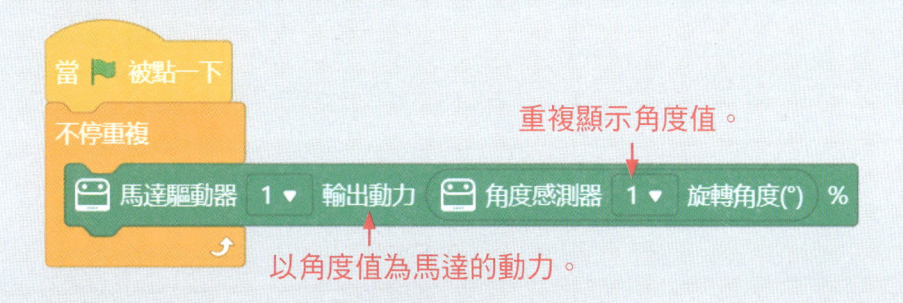

```
當 ▶ 被點一下
不停重複
    馬達驅動器 1▼ 輸出動力   角度感測器 1▼ 旋轉角度(°) %
```

重複顯示角度值。

以角度值為馬達的動力。

4-5 腳本規劃與執行流程

　　本節將應用溫溼度感測器、溫度感測器、直流馬達驅動與風扇、角度感測器與 LED 矩陣，設計 mBot2 智能恆溫。首先利用溫溼度感測器及溫度感測器偵測空氣的溫度、溼度及人體溫度，將數據寫入圖表。同時當溫度或溼度超過正常標準值，驅動馬達風扇運轉，再以角度感測器控制馬達動力。最後利用 LED 矩陣同步顯示溫度與溼度的資訊。

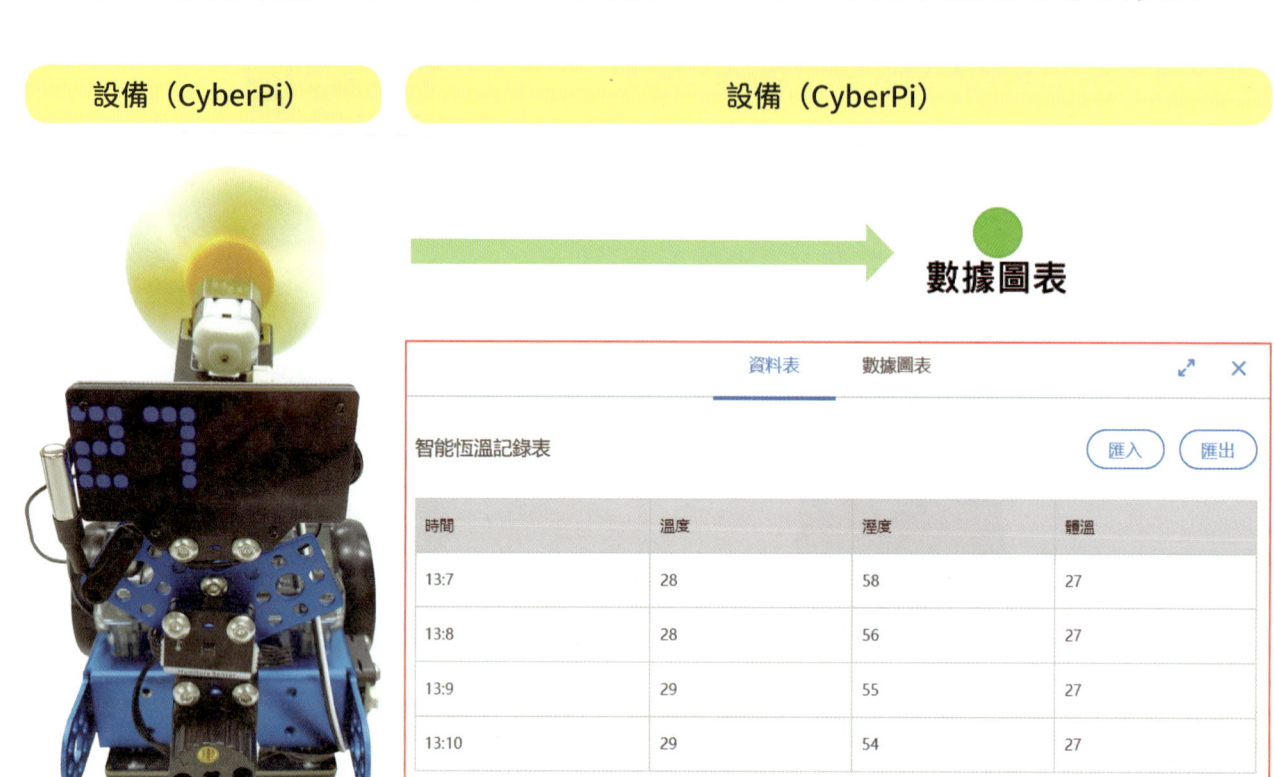

設備（CyberPi） → **設備（CyberPi）** → **數據圖表**

智能恆溫記錄表

時間	溫度	溼度	體溫
13:7	28	58	27
13:8	28	56	27
13:9	29	55	27
13:10	29	54	27

一、mBot2 智能恆溫腳本規劃

　　mBot2 智能恆溫將應用的元件包括：溫溼度感測器、溫度感測器、直流馬達驅動與風扇、角度感測器與 LED 矩陣，每個元件的位置、功能與接線方式如圖 6 所示。

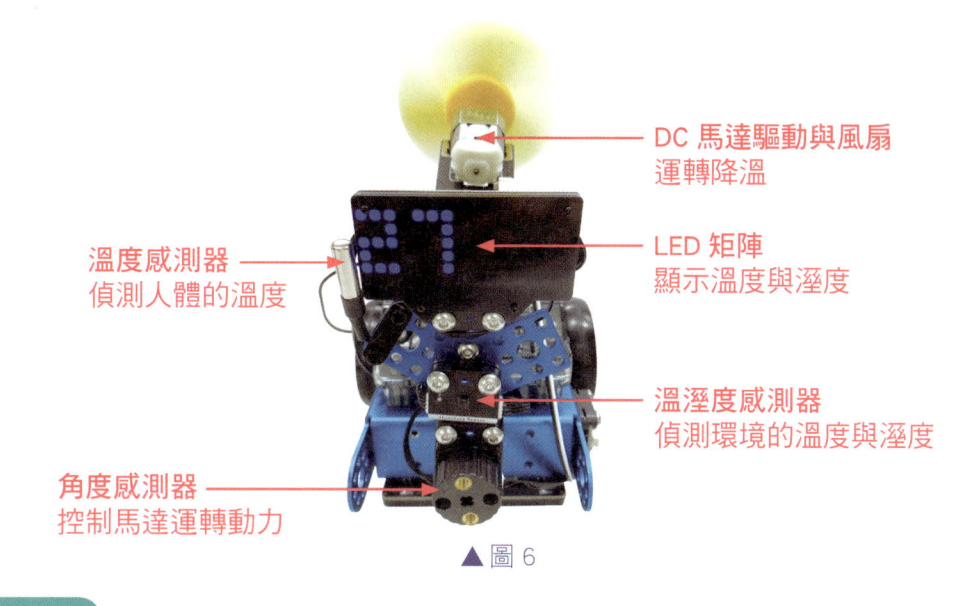

- DC 馬達驅動與風扇
  運轉降溫
- LED 矩陣
  顯示溫度與溼度
- 溫度感測器
  偵測人體的溫度
- 溫溼度感測器
  偵測環境的溫度與溼度
- 角度感測器
  控制馬達運轉動力

▲圖 6

mBot2 筆記

鋁合金支架可以依照自己的設計做組合變化。

二、mBot2 智能恆溫執行流程

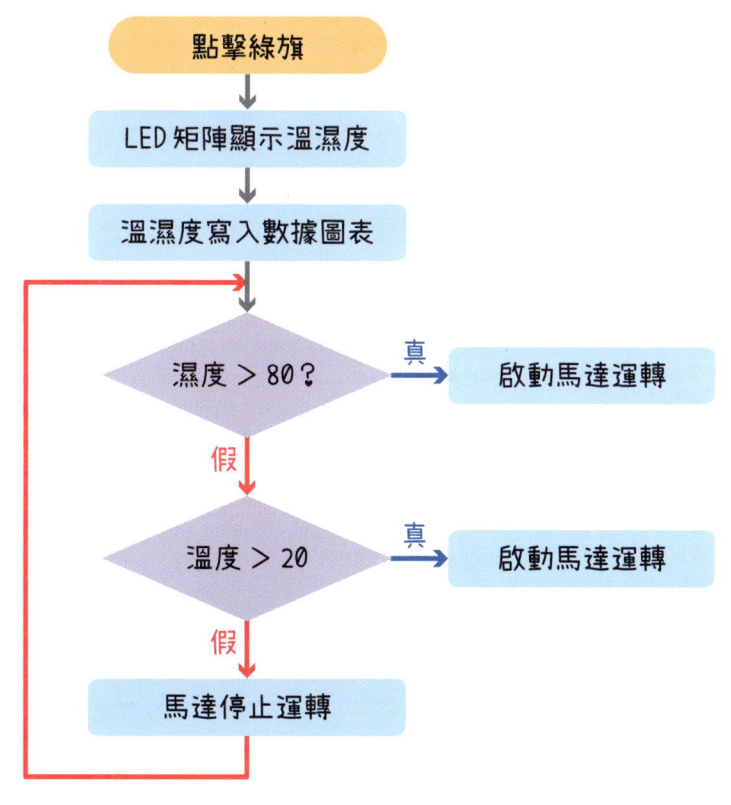

點擊綠旗
↓
LED 矩陣顯示溫濕度
↓
溫濕度寫入數據圖表
↓
濕度 > 80 ？ —真→ 啟動馬達運轉
↓假
溫度 > 20 —真→ 啟動馬達運轉
↓假
馬達停止運轉

▲圖 7　mBot2 智能恆溫執行流程

4-6 數據圖表

在設備「CyberPi」或「角色」的延伸集中,「數據圖表」能夠將資料寫入雲端表格、畫出折線圖或將資料下載成試算表格式。 相關積木功能如下:

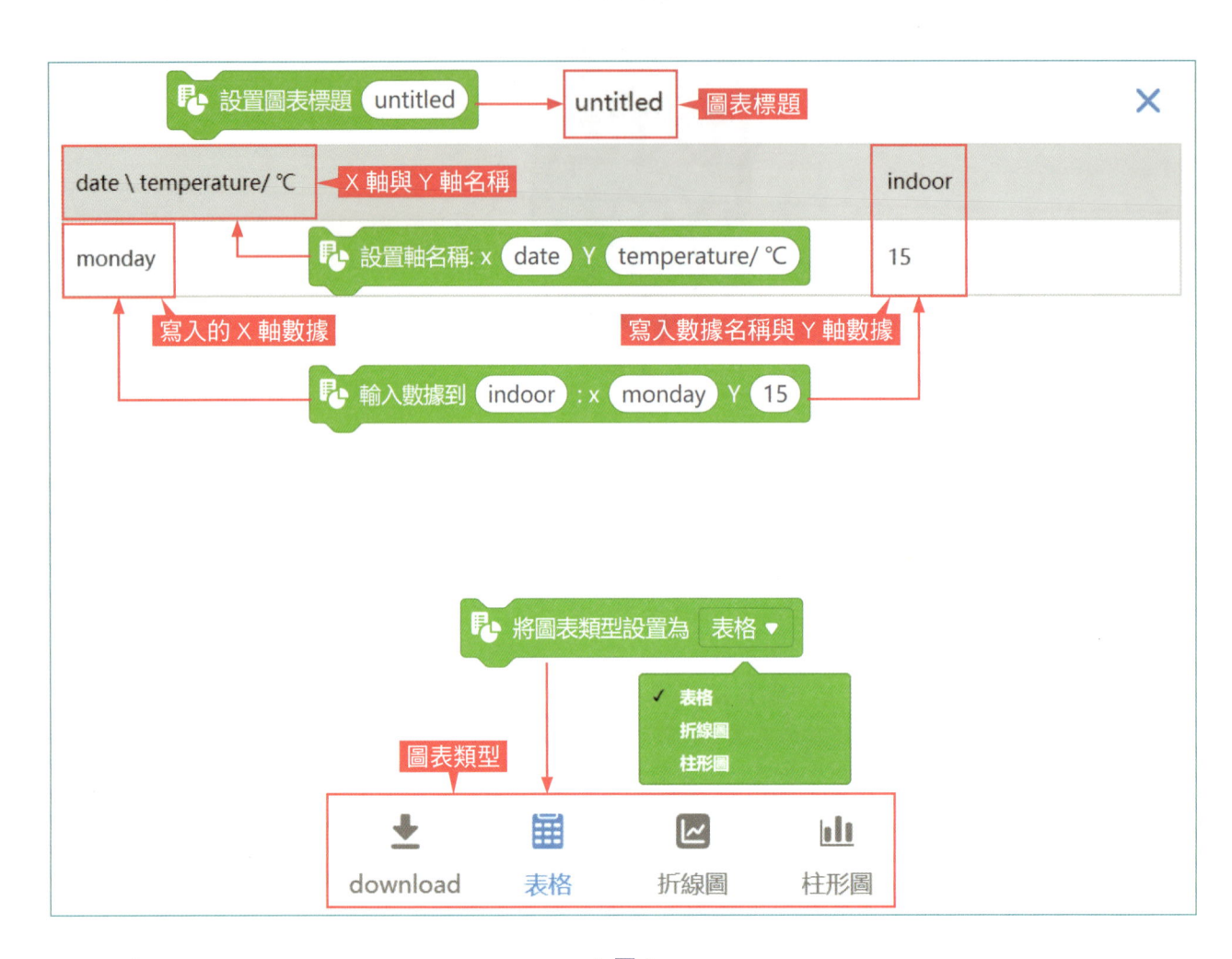

▲ 圖 8

一、將溫度與溼度寫入數據圖表

應用溫溼度感測器及溫度感測器偵測空氣的溫度、溼度及人體溫度,將數據寫入圖表。

1 點選【延伸集】，在數據圖表按【+ 添加】，新增數據圖表積木。

2 點選 事件 與 數據圖表，拖曳下圖積木，當按下按鈕 A，開啟數據圖表，並設定為表格。

3 點選 自定積木，**新增積木指令**，輸入「輸入數據」，再按【確認】，定義輸入數據積木。

4 點選 事件 與 數據圖表，拖曳下圖積木，將溫度、空氣溼度與人體溫度，寫入數據圖表。

5 點選【角色】，點選 變數，【建立變數】，建立【時間】變數，在角色以變數讀取電腦的時間給設備 CyberPi 寫入數據圖表。

6 點選 事件、控制、變數、運算 與 偵測，拖曳下圖積木，重複讀取電腦的時間。

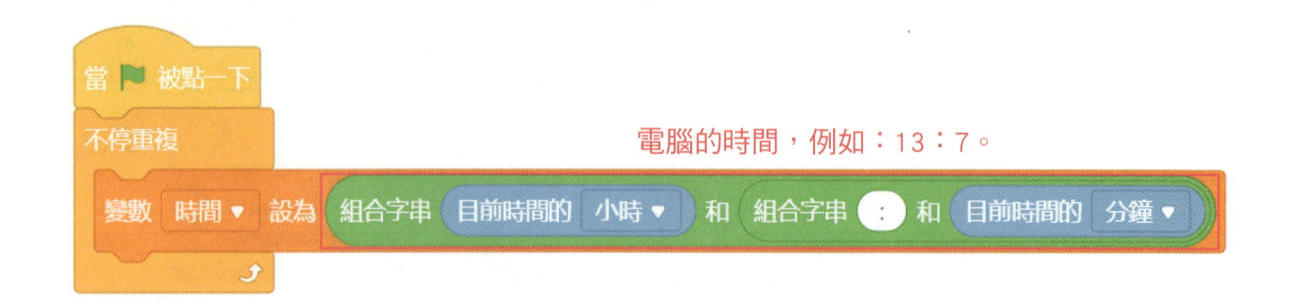

電腦的時間，例如：13：7。

7 點選【設備】，在 變數，拖曳 時間 到寫入數據的「X」欄位，當溫度寫入數據圖表時，同步記錄時間。

智能恆溫記錄表

時間	溫度	溼度	體溫
13:7	28	58	27
13:8	28	56	27
13:9	29	55	27
13:10	29	54	27

8. 點選 事件、控制、數據圖表 與 自定積木，設定圖表標題為【智能恆溫記錄表】，X 軸名稱為【時間】、Y 軸名稱為【溫度】。

時間	溫度	溼度	體溫
13:7	28	58	27
13:8	28	56	27
	29	55	27
	29	54	27

9. 按下 CyberPi 的按鈕 A，再點擊 🚩，檢查環境溫度、溼度與人體溫度及時間是否寫入數據圖表。

4-7　mBot2 智能恆溫

　　同時當溫度或溼度超過正常標準值，驅動馬達風扇運轉，再以角度感測器控制馬達動力。

1. 點選 自定積木，**新增積木指令**，輸入「智能恆溫」，再按【確認】，定義以溫溼度的值啟動馬達風扇。

2 點選 **事件**、**控制**、**運算** 與 **馬達驅動器**，拖曳下圖積木，空氣溼度大於 80、溫度大於 20 啟動馬達運轉。

```
定義 智能恆溫
重複直到
    如果 〔溫溼度感測器 1▼ 空氣濕度(%)〕大於 80 那麼
        馬達驅動器 1▼ 輸出動力 80 %     溼度 > 80，啟動馬達運轉。
    如果 〔溫溼度感測器 1▼ 溫度(°C)〕大於 20 那麼
        馬達驅動器 1▼ 輸出動力 80 %     溫度 > 20，啟動馬達運轉。
```

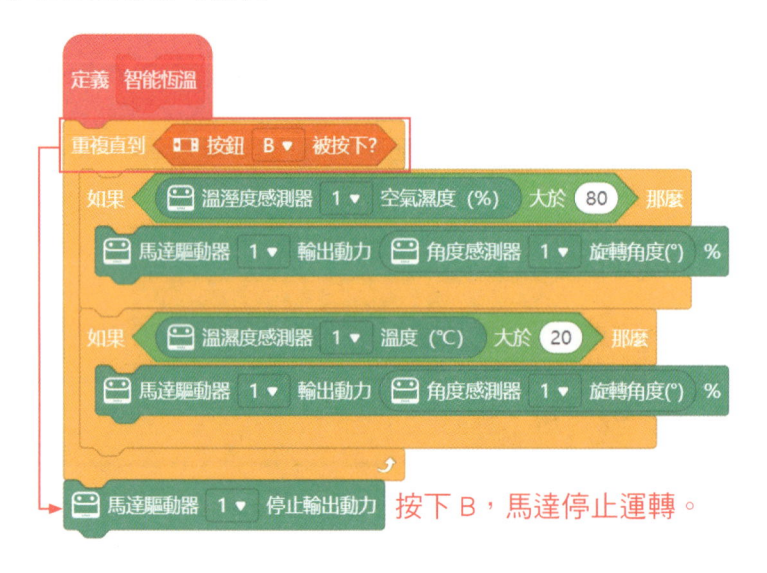

3 點選 **偵測** 與 **角度感測器**，當按下按鈕 B 停止馬達運轉、當馬達啟動時，以角度感測器旋轉角度控制馬達驅動器的動力。

```
定義 智能恆溫
重複直到 〔按鈕 B▼ 被按下?〕
    如果 〔溫溼度感測器 1▼ 空氣濕度(%)〕大於 80 那麼
        馬達驅動器 1▼ 輸出動力 〔角度感測器 1▼ 旋轉角度(°)〕 %
    如果 〔溫溼度感測器 1▼ 溫度(°C)〕大於 20 那麼
        馬達驅動器 1▼ 輸出動力 〔角度感測器 1▼ 旋轉角度(°)〕 %
馬達驅動器 1▼ 停止輸出動力     按下 B，馬達停止運轉。
```

4 點選 **事件**、**控制** 與 **自定積木**，拖曳下圖積木，重複執行智能恆溫的程式。

```
當 ▶ 被點一下
智能恆溫
```

4-8　溫溼度跑馬燈

應用 LED 矩陣同步顯示溫度與溼度的資訊。

1. 點選 **自定積木**，**新增積木指令**，輸入「LED 矩陣顯示」，再按【確認】，定義 LED 矩陣重複顯示溫度與溼度資訊。

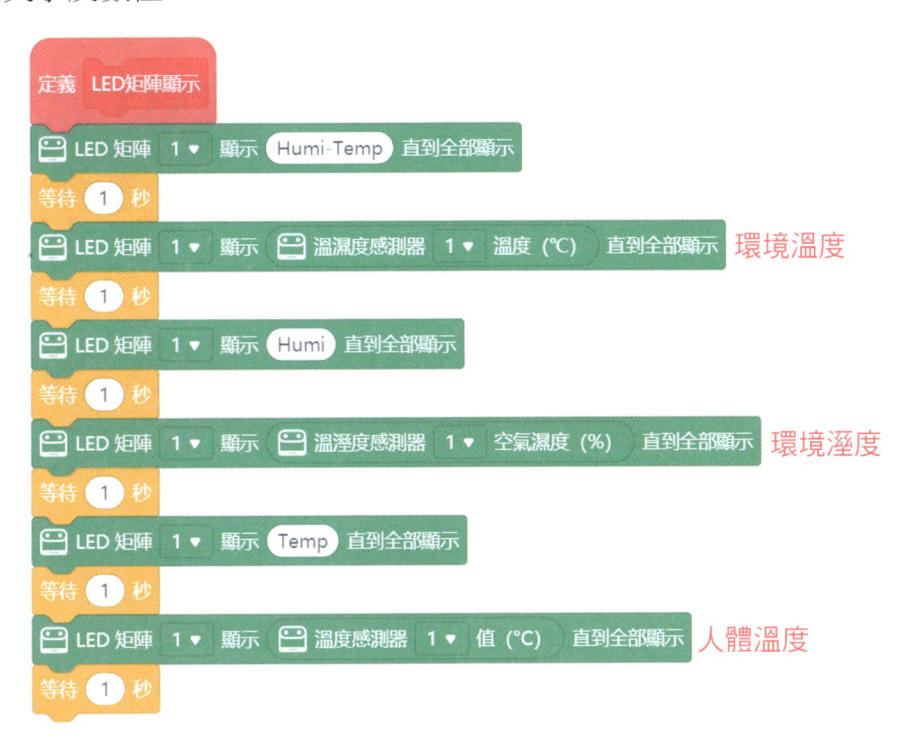

2. 點選 **控制**、**LED矩陣**、**溫溼度感測器** 與 **溫度感測器**，拖曳下圖積木，當 LED 矩陣每隔 1 秒顯示溫度與溼度的文字及數值。

```
定義 LED矩陣顯示
    LED 矩陣 1▼ 顯示 Humi-Temp 直到全部顯示
    等待 1 秒
    LED 矩陣 1▼ 顯示 溫溼度感測器 1▼ 溫度 (°C) 直到全部顯示    環境溫度
    等待 1 秒
    LED 矩陣 1▼ 顯示 Humi 直到全部顯示
    等待 1 秒
    LED 矩陣 1▼ 顯示 溫溼度感測器 1▼ 空氣濕度 (%) 直到全部顯示    環境溼度
    等待 1 秒
    LED 矩陣 1▼ 顯示 Temp 直到全部顯示
    等待 1 秒
    LED 矩陣 1▼ 顯示 溫度感測器 1▼ 值 (°C) 直到全部顯示    人體溫度
    等待 1 秒
```

Chapter 4 mBot2 智能恆溫

3. 點選 自定積木 與 角度感測器 ，拖曳下圖積木，先重置角度感測器、再重複執行寫入數據之後，以跑馬燈顯示溫度與溼度相關資訊。

4. 以手握住溫度計的防水探頭，檢查顯示的人體溫度與環境溫溼度是否正確。

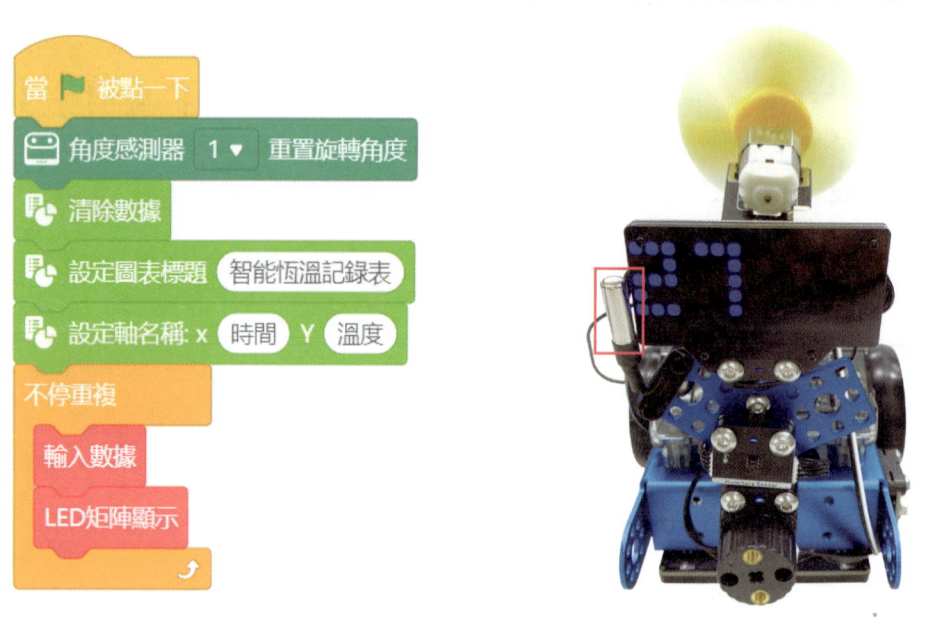

實力評量 ４

一、單選題

(　　) 1. 如果想設計 mBot2 偵測環境的溫度與溼度，應該使用下列哪個感測器？
(A) 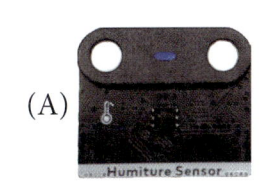 (B) 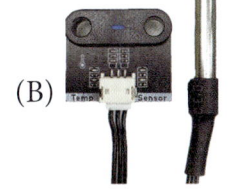 (C) 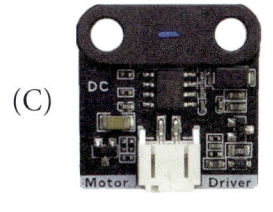 (D)。

(　　) 2. 如果想設計 mBot2 測量人體溫度，可以使用下列哪個感測器？
(A) 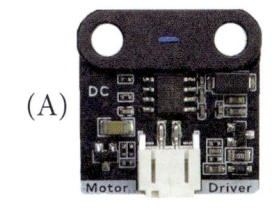 (B) 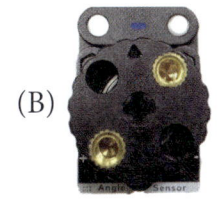 (C) 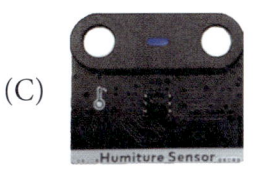 (D)。

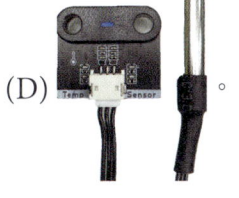

(　　) 3. 關於下列元件與功能的說明，何者錯誤？
(A) 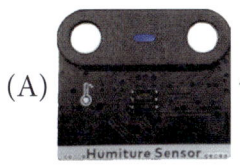 偵測環境溫溼度
(B) 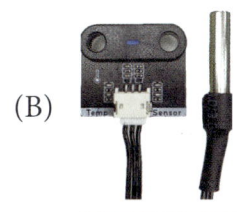 偵測溫度
(C)  偵測角度值
(D) 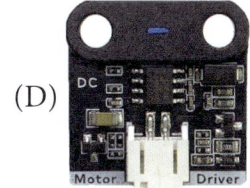 驅動 LED。

(　　) 4. 如果想要設計利用角度控制馬達風扇運轉，應該使用下列哪個積木？
(A) 角度感測器 1 旋轉角度(°)
(B) 角度感測器 1 重置旋轉角度
(C) 角度感測器 1 順時針 旋轉?
(D) 馬達驅動器 1 輸出值 (%)

(　　) 5. 下列哪個積木能夠傳回環境中的溼度值？
(A) 溫濕度 1 溫度 (°F)
(B) 溫溼度感測器 1 空氣濕度 (%)
(C) 溫濕度感測器 1 溫度 (°C)
(D) 溫度感測器 1 值 (°C)

實力評量 4

( ) 6. 下列關於圖一的程式敘述，何者錯誤？
(A) 溫度值範圍在 -55°C ～ +125°C 之間
(B) 利用 LED 矩陣顯示溫度值
(C) 利用溫溼度感測器偵測
(D) 當 CyberPi 向左傾斜開始顯示溫度值。

▲ 圖一

( ) 7. 下列關於程式積木的敘述，何者錯誤？
(A) [馬達驅動器 1 停止輸出動力] 直流馬達停止運轉
(B) [馬達驅動器 1 輸出動力 80 %, 持續 1 秒] 直流馬達運轉 1 秒後停止
(C) [角度感測器 1 順時針 旋轉?] 傳回角度感測器的旋轉角度值
(D) [溫度感測器 1 (°F)] 傳回溫度感測器的華氏溫度值。

( ) 8. 圖二的程式中，如果 LED 矩陣顯示的數值為「40」，則程式的執行結果為何？
(A) LED 矩陣顯示「OK」
(B) LED 矩陣顯示「No」
(C) 外接喇叭播放「歎氣」聲音
(D) CyberPi 播放「耶！」聲音。

▲ 圖二

實力評量 4

( ) 9. 下列關於圖三程式的敘述，何者正確？
(A) 搖桿向左推馬達風扇逆時針運轉
(B) 搖桿向左推馬達風扇順時針運轉
(C) 搖桿向右推馬達風扇順時針運轉
(D) 搖桿向右推馬達動力減少 70。

▲圖三

( ) 10. 下列關於圖四程式的敘述，何者錯誤？
(A) 屬於 Google 表格功能
(B) 將資料寫入數據圖表
(C) 寫入溫度、溼度、體溫與時間四個欄位的數據
(D) 以即時連線方式寫入數據。

▲圖四

二、實作題

1. 請將 LED 矩陣顯示的溫溼度感測器數值，改寫成 CyberPi 螢幕顯示。

2. 請將數據圖表的資料，改寫成清單。先新增四個清單，分別為「時間」、「溫度」、「溼度」與「體溫」，將感測器資料寫入清單中。

Chapter 5

mBot2 智能居家

　　本章將應用氣體感測器與火焰感測器，設計 mBot2 智能居家。智能居家的目的在利用感測器，設計安全又安心的智慧家庭偵測系統。當按下按鈕 A，設定無線網路。按下按鈕 B，設定火災偵測，同時 CyberPi 的螢幕顯示氣體及火焰的偵測值。按下搖桿，設定火災警報，當氣體感測器或火焰感測器偵測到可燃性氣體或火焰時，播放警報聲，並利用網路發送廣播訊息記錄火災發生的時間。

本章節次

5-1 MQ2 氣體感測器
5-2 火焰感測器
5-3 物聯網與無線網路
5-4 腳本規劃與執行流程
5-5 按下按鈕 A 設定網路
5-6 按下按鈕 B 設定火災偵測
5-7 按壓搖桿設定火災警報
5-8 記錄火災警報
5-9 mBot2 智能居家

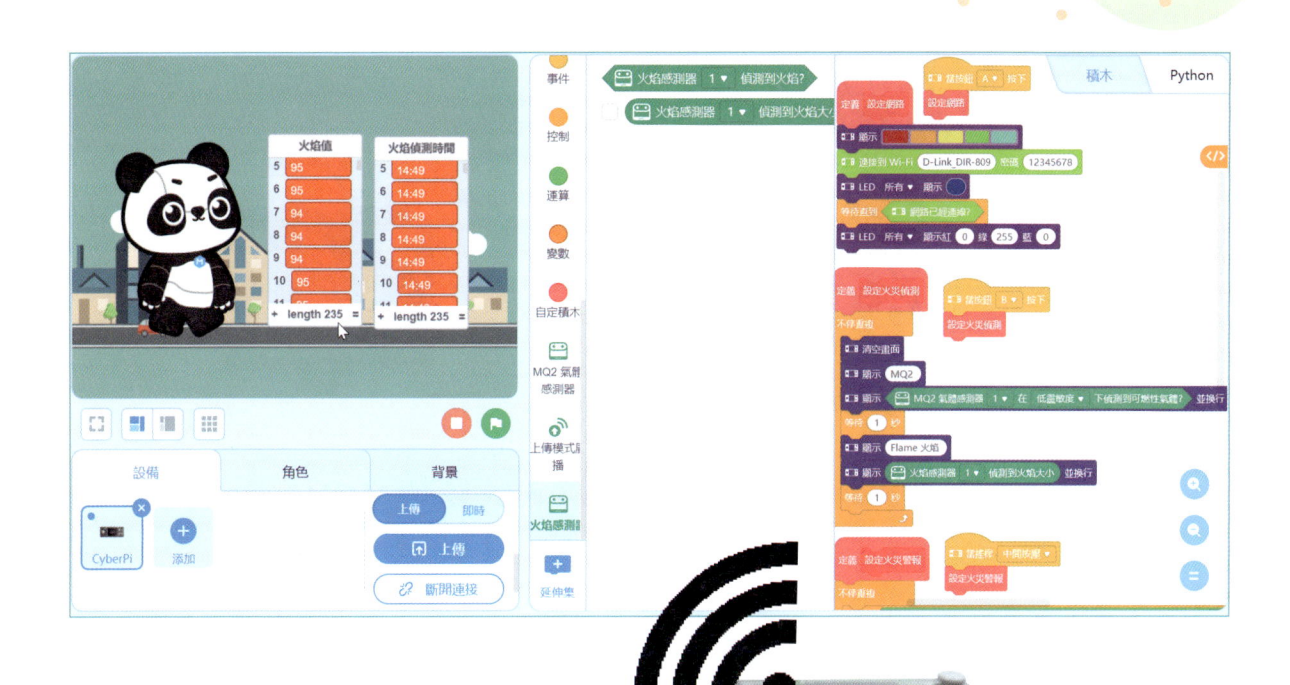

學習目標

1. 能夠利用 mBot2 連接無線網路。
2. 認識氣體感測器與火焰感測器運作原理。
3. 能夠應用氣體感測器與火焰感測器設計 mBot2 智能居家。

本章擴充元件與功能規劃

氣體感測器
》偵測瓦斯等氣體

火焰感測器
》偵測火焰的大小

本章氣體感測器、火焰感測器與 mBot2 的 MOUT 接線方式如圖 1 所示。

▲ 圖 1　智能居家接線方式

mBot2 筆記　智能居家接線順序如下，接線順序可以隨著支架設計變更。

創客題目

請應用氣體感測器與火焰感測器，設計 mBot2 智能居家。當按下按鈕 A，設定無線網路。按下按鈕 B，設定火災偵測，CyberPi 的螢幕顯示氣體及火焰的偵測值。按下搖桿，設定火災警報。當氣體感測器或火焰感測器偵測到可燃性氣體或火焰時，播放警報聲，並利用網路發送廣播訊息給角色，記錄火災發生的時間。

題目編號 A039022

實作時間 30 分鐘

創客學習力

外形	機構	電控	程式	通訊	人工智慧
1	1	3	4	1	0

創客總數 10

綜合素養力

空間力	堅毅力	邏輯力	創造力	整合力	團隊力
1	1	3	1	1	1

素養總數 8

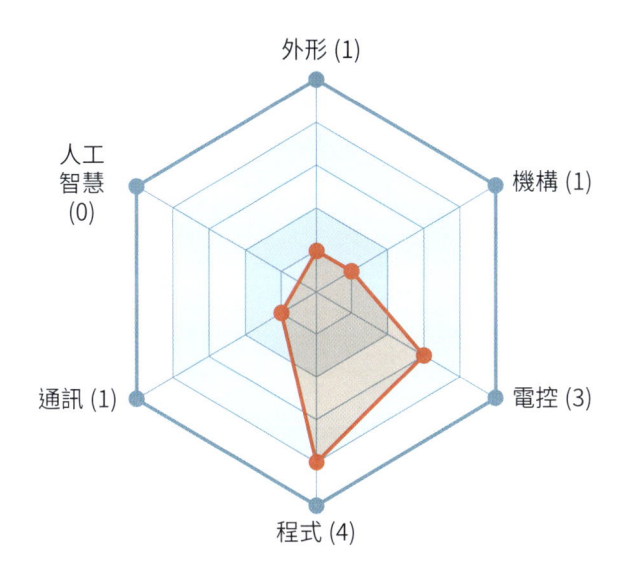

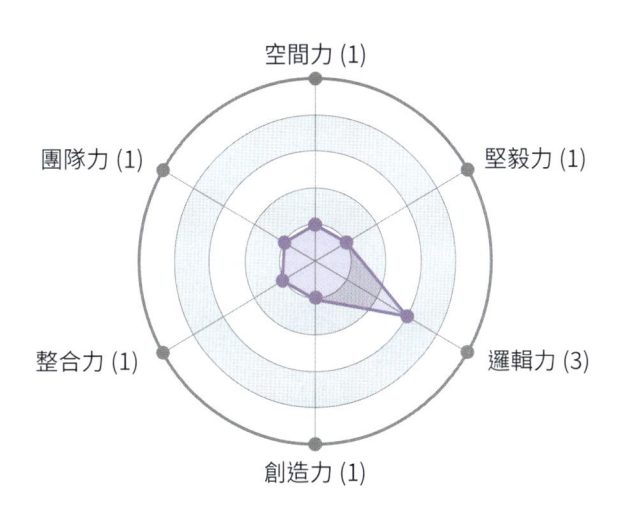

5-1　MQ2 氣體感測器

　　MQ2 氣體感測器（MQ2 Gas Sensor）主要功能在偵測的空氣中的氣體，包括：液化天然氣（LNG）、丁烷（butane）、丙烷（Propane）、甲烷（methane）、酒精（alcohol）、氫（hydrogen）及煙（smoke）等。使用氣體感測器前，感測器會先加熱一段時間，預熱之後氣體感測器會保持發熱。當偵測到氣體時，感測器點亮藍色的 LED。MQ2 氣體感測器如圖 2 所示。

LED 指示燈顯示是否連線

連接鋰電池擴展板的 MOUT

MQ2 氣體感測器

未偵測到氣體

偵測到氣體

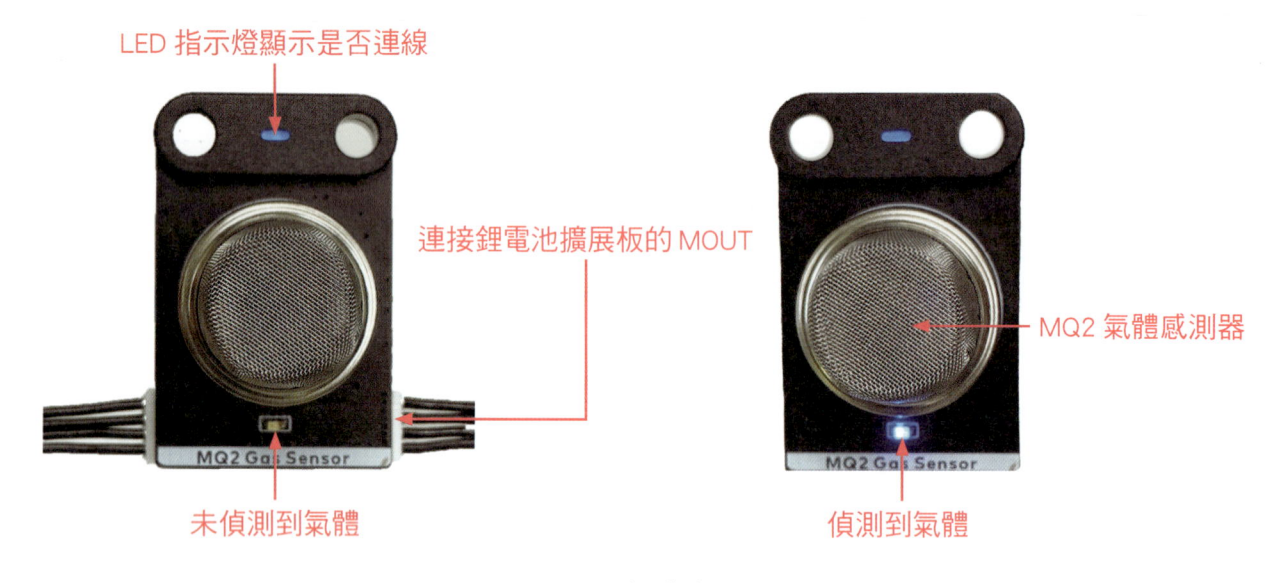

▲圖 2　氣體感測器

　　在 MQ2 氣體感測器 類別積木中，與 MQ2 氣體感測器相關功能如下：

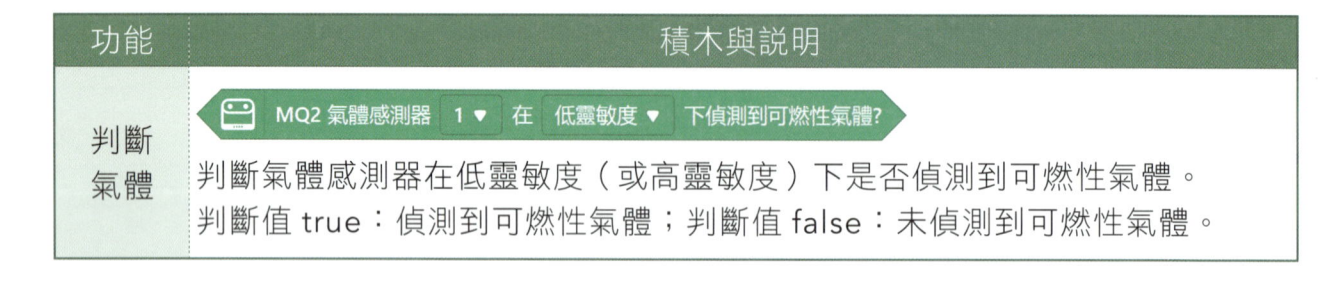

功能	積木與說明
判斷氣體	MQ2 氣體感測器 1▼ 在 低靈敏度▼ 下偵測到可燃性氣體？ 判斷氣體感測器在低靈敏度（或高靈敏度）下是否偵測到可燃性氣體。 判斷值 true：偵測到可燃性氣體；判斷值 false：未偵測到可燃性氣體。

實作範例　ch5-1　氣體感測器運作測試

請應用氣體感測器，判斷是否偵測到氣體。

1 將氣體感測器連接 mBot2。

2 在 mBlock 5 將 CyberPi 的連線狀態設定為【即時】。

3 點選【延伸集】，在氣體感測器按【+添加】，新增氣體感測器積木。

4 在氣體感測器前噴灑酒精，點亮藍色 LED，點擊積木 `MQ2 氣體感測器 1 在 低靈敏度 下偵測到可燃性氣體?`，請勾選積木的判斷結果為何？

判斷結果：☐ true（真）　☐ false（假）

5-2 火焰感測器

　　火焰感測器（Flame Sensor）主要利用紅外線（IR）偵測火焰的強度，偵測值的範圍介於 0～100 之間。當偵測到火焰時，感測器點亮藍色的 LED。火焰感測器如圖 3 所示。

連接指示燈

連接鋰電池擴展板的 MOUT

火焰感測器

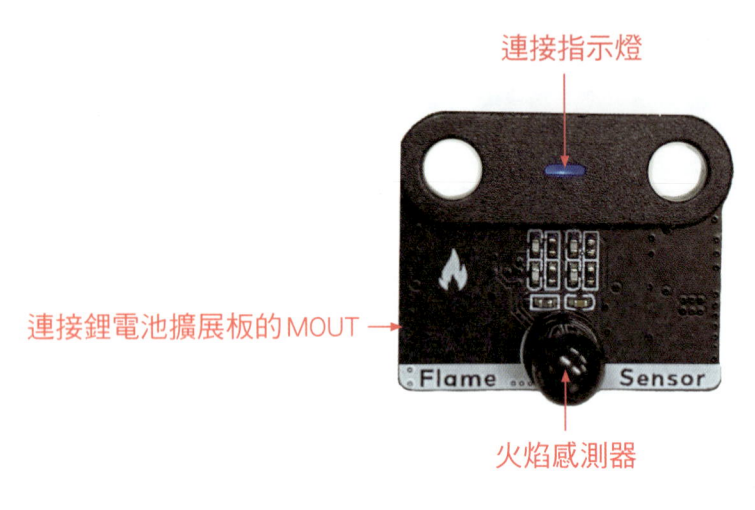

▲圖 3　火焰感測器

　　在 火焰感測器 類別積木中，與火焰感測器相關功能如下：

功能	積木與說明
判斷火焰	火焰感測器　1▼　偵測到火焰？ 判斷火焰感測器是否偵測到火焰。 判斷值 true：偵測到火焰；判斷值 false：未偵測到火焰。
傳回火焰值	火焰感測器　1▼　偵測到火焰大小 傳回火焰感測器偵測到的火焰值，傳回值範圍從 0～100。

實作範例　ch5-2　火焰感測器運作測試

請應用火焰感測器，判斷是否偵測到火焰。

1 將火焰感測器連接 mBot2。

2 在 mBlock 5 將 CyberPi 的連線狀態設定為【即時】。

3 點選【延伸集】，在火焰感測器按【+ 添加】，新增火焰感測器積木。

4 【勾選】火焰感測器偵測到火焰的大小，在舞台顯示火焰的強度。

5 在火焰感測器前點燃蠟燭或紅光的手電筒，點亮藍色 LED，請檢查舞台顯示的火焰值為何？

　　火焰值：_____

小叮嚀

本題實作範例會使用到蠟燭，操作時請家長、教師或成年人陪同，並注意用火安全。

5-3　物聯網與無線網路

物聯網（Internet of Things，IoT）就是將物體透過無線網路（Wi-Fi）互相連接傳遞資訊，mBot2 透過無線網路連結氣象局，顯示天氣資訊或者 mBot2 利用無線網路遙控另一台 mBot2。利用 mBot2 連接物聯網時，以 CyberPi 主控板的無線模組連接無線網路，同時在 mBlock 5 註冊使用者帳戶，並設定為上傳模式。

在「設備」的 物聯網 類別積木中，與無線網路及物聯網相關積木功能如下：

功能	積木與說明
連接 Wi-Fi	▭ 連接到 Wi-Fi （ssid） 密碼 （password） 連接無線網路（Wi-Fi），其中 ssid 為網路名稱、password 為密碼。
判斷 Wi-Fi	▭ 網路已經連線？ 判斷網路是否已經連線，判斷結果為真或假。 true（真）：網路已連線；false（假）：網路未連線。
傳回溫度值	▭ 地區 最高溫度（°C）▼ 傳回城市最高（或最低）攝氏或華氏溫度值。
傳回空氣品質	▭ 空氣品質 地區 空氣品質指標值▼ 傳回地區的空氣品質，包括：細懸浮微粒（PM2.5）、懸浮微粒（PM10）、一氧化碳（CO）、二氧化硫（SO_2）、二氧化氮（NO_2）。
傳回日出資訊	▭ 地區 日出▼ 時間▼ 傳回地區日出或日落的時間。

實作範例　ch5-3　無線網路運作測試

請應用 CyberPi 主控板的無線模組連接無線網路。

1　將「設備」的 CyberPi 設定為【上傳】模式。

2　點選 事件 、 物聯網 與 顯示 ，輸入無線網路的【網路名稱】與【密碼】，並在 CyberPi 螢幕顯示【連結中…】。

3. 點選 控制、物聯網、LED 與 顯示，拖曳下圖積木，當網路連線成功時，在 CyberPi 螢幕顯示【Wi-Fi 已連線】。

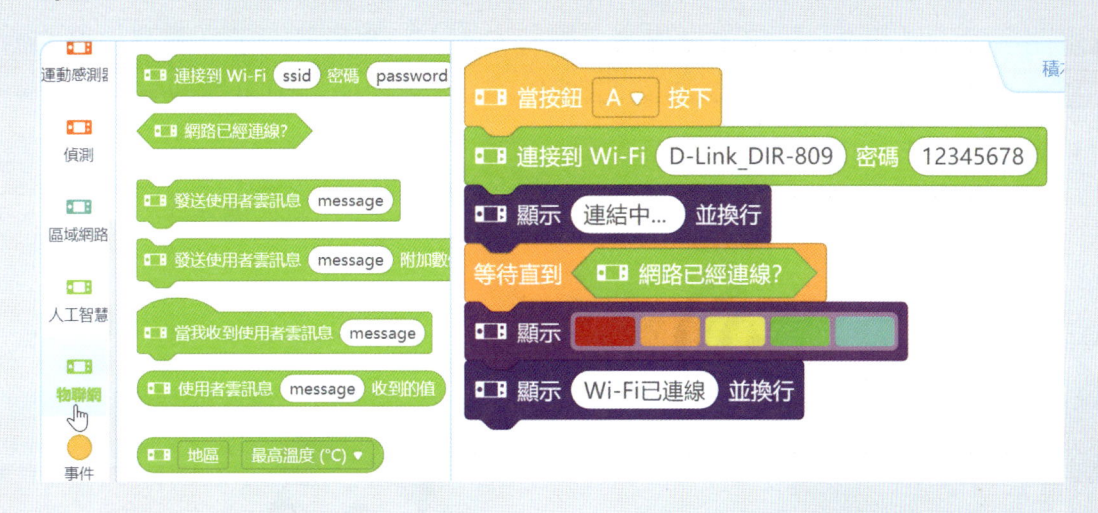

4. 點選 事件、控制、顯示 與 運算，拖曳 2 個 組合字串 蘋果 和 香蕉，在「蘋果」位置分別輸入「台北最高溫度」與「台北空氣品質」。

5. 點選 物聯網，拖曳下圖積木，在地區輸入「台北」，按下按鈕 B，不停重複顯示台北的最高溫度與空氣品質。

5-4　腳本規劃與執行流程

　　本節將應用氣體感測器與火焰感測器，設計 mBot2 智能居家。當按下按鈕 A，設定無線網路。按下按鈕 B，設定火災偵測，同時 CyberPi 的螢幕顯示氣體及火焰的偵測值。按下搖桿，設定火災警報，當氣體感測器或火焰感測器偵測到可燃性氣體或火焰時，播放警報聲，並利用網路發送廣播訊息記錄火災發生的時間。

▲ 圖 4

一、mBot2 智能居家腳本規劃

　　mBot2 智能居家將應用的元件包括：CyberPi 內建的按鈕 A、按鈕 B、搖桿、LED、喇叭與無線網路，以及外接的氣體感測器與火焰感測器，每個元件的位置、功能與接線方式如圖 5 所示。

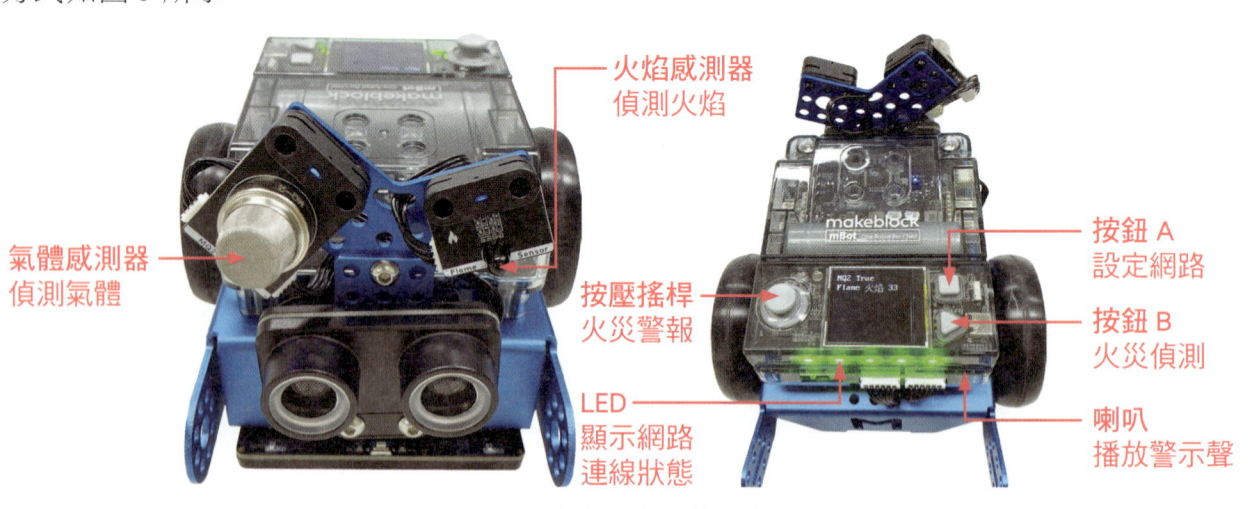

▲ 圖 5　智能居家元件與功能

mBot2 筆記

鋁合金支架可以依照自己的設計做組合變化。

二、mBot2 智能居家執行流程

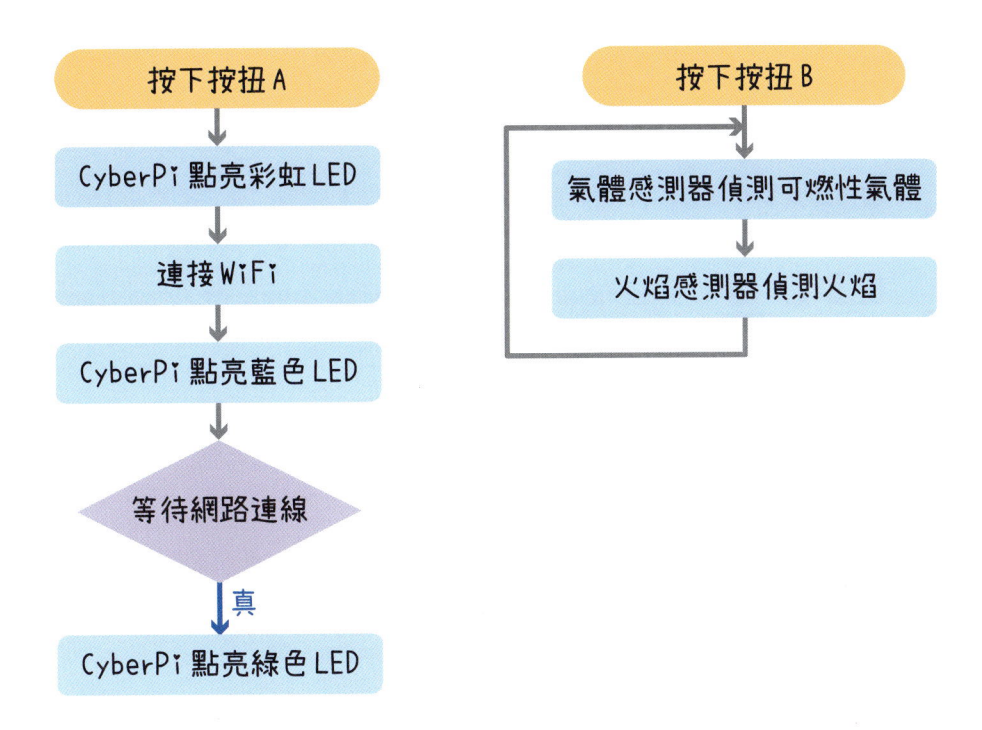

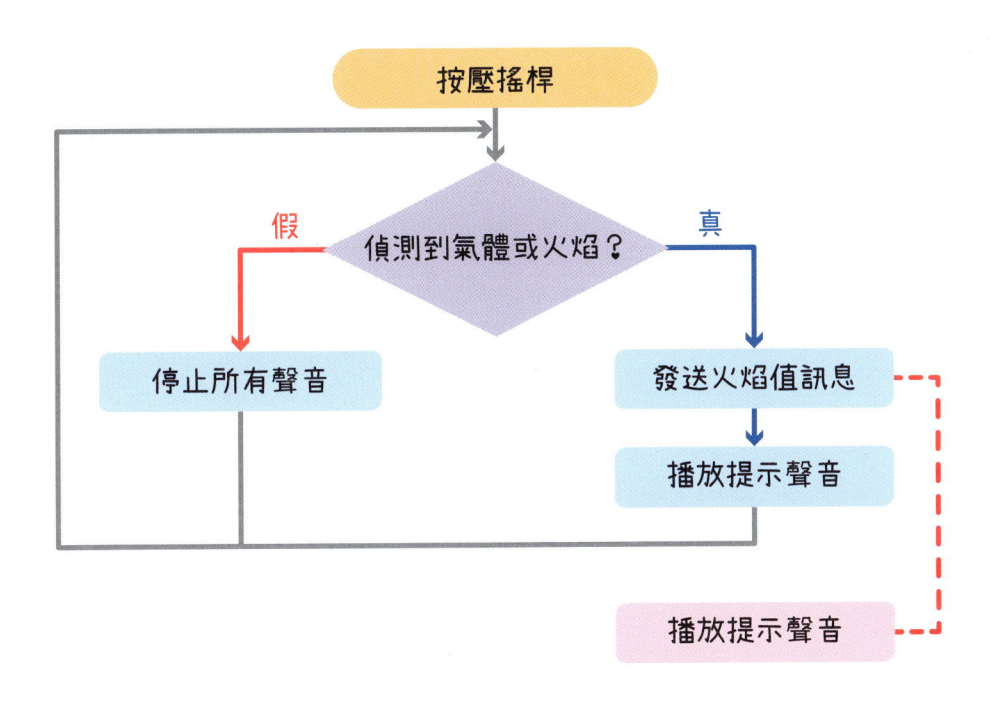

按下按扭 A
→ CyberPi 點亮彩虹 LED
→ 連接 WiFi
→ CyberPi 點亮藍色 LED
→ 等待網路連線 (真)
→ CyberPi 點亮綠色 LED

按下按扭 B（迴圈）
→ 氣體感測器偵測可燃性氣體
→ 火焰感測器偵測火焰

按壓搖桿
→ 偵測到氣體或火焰？
- 假 → 停止所有聲音
- 真 → 發送火焰值訊息 → 播放提示聲音

播放提示聲音

▲圖 6　mBot2 智能居家執行流程

5-5　按下按鈕 A 設定網路

當按下按鈕 A，設定無線網路。

1 點選 **自定積木**，**新增積木指令**，輸入「設定網路」，再按【確認】，定義無線網路連線程式。

2 點選 **物聯網**、**LED** 與 **控制**，拖曳下圖積木，輸入無線網路的【名稱】與【密碼】，無線網路連線前顯示彩虹 LED、連線中顯示藍色 LED、連線成功顯示綠色 LED。

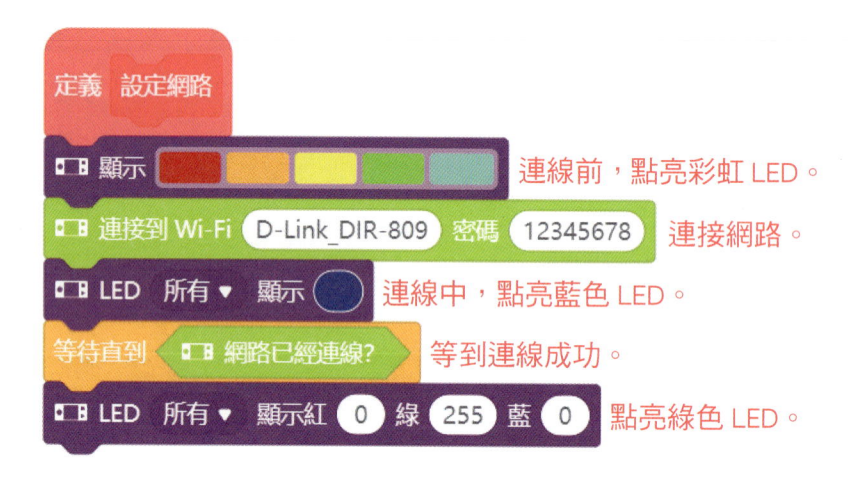

```
定義 設定網路
    顯示 [紅][橙][黃][綠][青]              連線前，點亮彩虹 LED。
    連接到 Wi-Fi (D-Link_DIR-809) 密碼 (12345678)   連接網路。
    LED 所有▼ 顯示 ●(藍)                  連線中，點亮藍色 LED。
    等待直到 < 網路已經連線? >              等到連線成功。
    LED 所有▼ 顯示紅 (0) 綠 (255) 藍 (0)   點亮綠色 LED。
```

5-6　按下按鈕 B 設定火災偵測

按下按鈕 B，設定火災偵測，同時 CyberPi 的螢幕顯示氣體及火焰的偵測值。

點選 **控制**、**顯示**、**MQ2 氣體感測器** 與 **火焰感測器**，拖曳下圖積木，清除 CyberPi 螢幕畫面，再重複顯示「MQ2 判斷結果」與「Flame 火焰數值」。

積木程式：
- 定義 設定火災偵測
- 不停重複
  - 清空畫面
  - 顯示 MQ2　　→ 顯示 MQ2 true 或 fasle。
  - 顯示 MQ2 氣體感測器 1 在 低靈敏度 下偵測到可燃性氣體? 並換行
  - 等待 1 秒
  - 顯示 Flame 火焰　　→ 顯示 Flame 火焰 80（數值）。
  - 顯示 火焰感測器 1 偵測到火焰大小 並換行
  - 等待 1 秒

mBot2 筆記

MQ2 氣體感測積木為六邊形 [MQ2 氣體感測器 1 在 低靈敏度 下偵測到可燃性氣體?]，只能傳回真（true）或假（false）的判斷值，無法傳回氣體的數值。

5-7 按壓搖桿設定火災警報

按下搖桿，設定火災警報，當氣體感測器或火焰感測器偵測到可燃性氣體或火焰時，播放警報聲，並利用網路發送廣播訊息記錄火災發生的時間。

1 點選【延伸集】，在上傳模式廣播按【+ 添加】，新增上傳模式廣播積木。

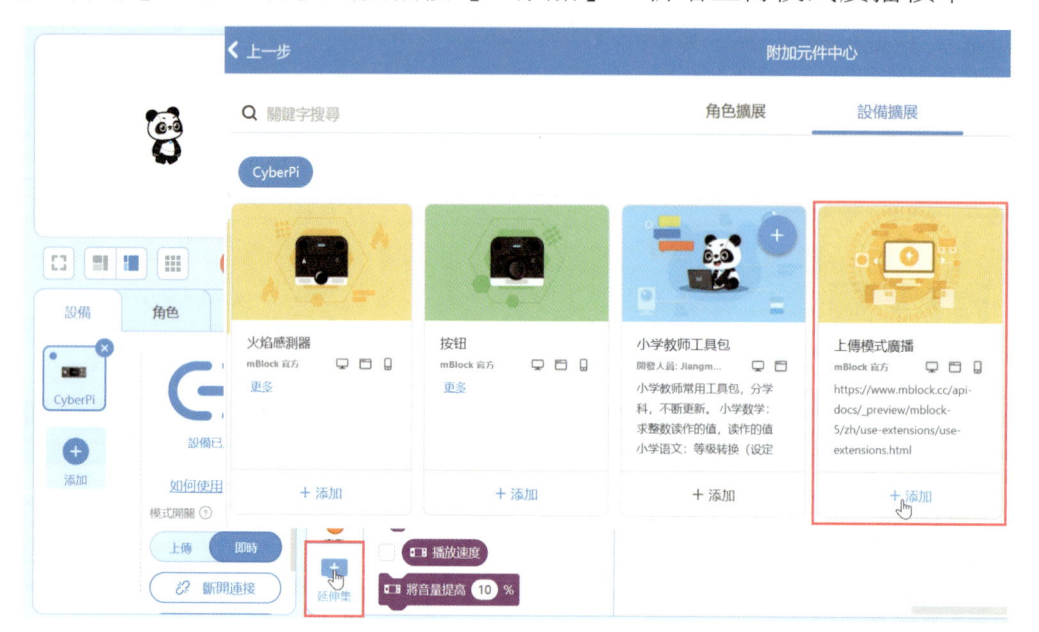

2 點選 控制 、 MQ2 氣體感測器 與 火焰感測器 、 上傳模式廣播 與 播放 ，拖曳下圖積木，當氣體感測器或火焰感測器偵測到可燃性氣體或火焰時，播放警報聲，並利用網路發送廣播訊息。

如果 MQ2 為 true 或火焰值 > 10。

廣播發送火焰值。

mBot2 筆記

發送上傳模式訊息，讓 mBot2 在上傳與電腦離線之後，以無線網路傳送訊息給 mBlock 5 的角色接收。

5-8　記錄火災警報

當角色收到火災的廣播訊息，將火焰值寫入清單記錄中，並記錄時間。

1 點選【角色】，在【延伸集】角色擴展的上傳模式廣播，按【+添加】，新增上傳模式廣播積木。

2 點選 變數，做一個清單，輸入「火焰偵測時間」，再按【確認】，記錄氣體或火焰感測器偵測到火災的時間。

3 重複上一步驟，再建立一個清單，輸入「火焰值」，記錄火焰感測器偵測的數值。

Chapter 5 mBot2 智能居家

4. 點選 事件 與 變數，拖曳下圖積木，按下空白鍵時，先刪除清單中的所有資料。

```
當 空白鍵▼ 鍵被按下
刪除清單 火焰偵測時間▼ 內所有資料
刪除清單 火焰值▼ 內所有資料
```

5. 點選 上傳模式廣播、變數、偵測 與 運算，拖曳下圖積木，當角色收到「設備」mBot2 傳送的上傳模式訊息時，將收到的「火焰值」，寫入清單，再同步將電腦時間的「小時」與「分鐘」寫入清單。

當收到上傳模式訊息 message　　角色接收設備廣播發送火焰值。
添加 上傳模式訊息 message 數值 到清單 火焰值▼　　將收到的火焰值寫入清單。
添加 組合字串 目前時間的 小時▼ 和 組合字串 ： 和 目前時間的 分鐘▼ 到清單 火焰偵測時間▼

將時間也寫入清單。

mBot2 筆記

角色 偵測 的 目前時間的 年▼ 積木，能夠偵測電腦目前的年、月、日與時間。

5-9　mBot2 智能居家

拖曳定義的三組程式，執行定義的程式功能。再開啟上傳模式，將程式上傳 CyberPi 主控板，以後只要開啟電源，mBot2 開始執行智能居家程式。

1 點選 **自定積木**，將定義的三組積木拖曳到主程式，如下圖，開始執行定義的程式功能。

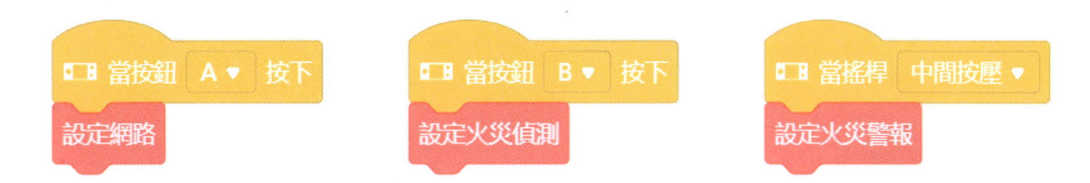

- 當按鈕 A 按下　設定網路
- 當按鈕 B 按下　設定火災偵測
- 當搖桿 中間按壓　設定火災警報

2 點擊 【上傳】，設定為上傳模式。

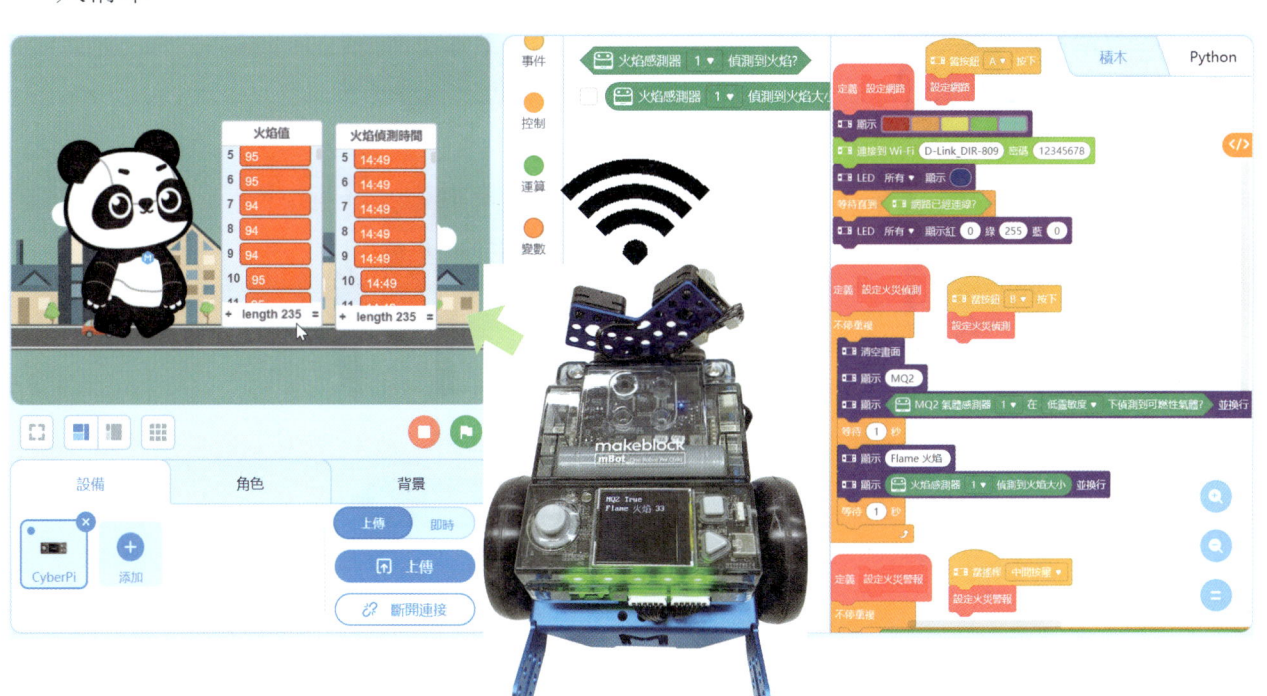

3 點擊 上傳，將程式上傳到 CyberPi 主控板，再斷開電腦與 mBot2 連線。開啟電源，按下按鈕 A，連接無線網路，當網路連線成功，按下按鈕 B 與按壓搖桿，檢查當氣體或火焰感測器偵測到氣體或火焰時，角色的 Panda 是否將火焰值與時間寫入清單。

實力評量 5

一、單選題

( ) 1. 如果想設計 mBot2 偵測酒精等氣體，應該使用下列哪個感測器？

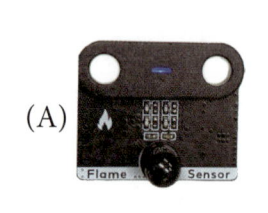

(A) Flame Sensor　(B) 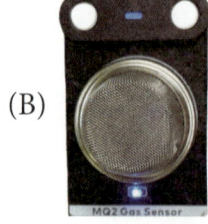 MQ2 Gas Sensor　(C) 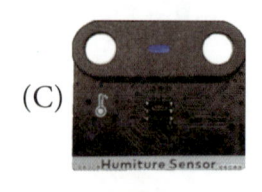 Humiture Sensor　(D) 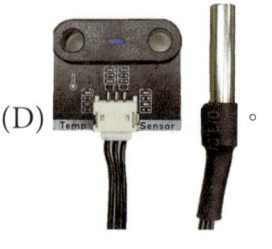 Temp Sensor。

( ) 2. 如果想設計 mBot2 利用紅外線偵測火焰的強度，可以使用下列哪個感測器？

(A) 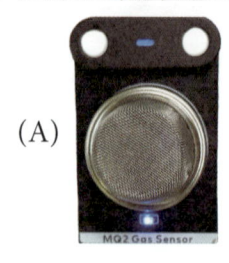 MQ2 Gas Sensor　(B) 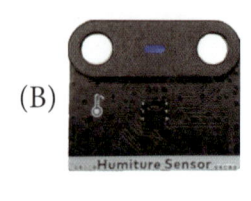 Humiture Sensor　(C)  Angle Sensor　(D) 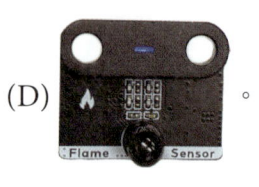 Flame Sensor。

( ) 3. 關於下列元件與功能的說明，何者正確？

(A)  Angle Sensor　偵測旋轉角度　(B) 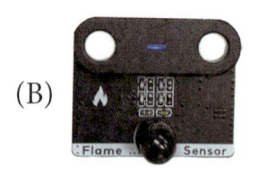 Flame Sensor　偵測氣體

(C) 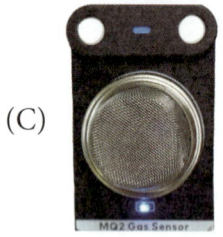 MQ2 Gas Sensor　偵測火焰　(D) 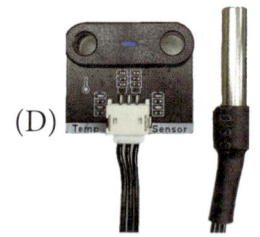 Temp Sensor　偵測溼度。

( ) 4. 如果想利用氣體感測器判斷是否偵測到可燃性氣體，應該使用下列哪個積木？

(A) MQ2 氣體感測器 1 在 低靈敏度 下偵測到可燃性氣體？

(B) 人體紅外線感測器 1 偵測到人

(C) 火焰感測器 1 偵測到火焰？

(D) 角度感測器 1 順時針 旋轉？

實力評量 5

( ) 5. 下列關於圖一，點亮感測器的藍色 LED 指示燈相關敘述，何者錯誤？
　　(A) 偵測到氣體
　　(B) 與 mBot2 已連線
　　(C) 偵測到火焰
　　(D) [MQ2 氣體感測器 1 在 低靈敏度 下偵測到可燃性氣體?] 積木傳回 true（真）。

▲ 圖一

( ) 6. 下列關於 [物聯網] 積木的敘述，何者錯誤？
　　(A) [連接到 Wi-Fi ssid 密碼 password] 連接無線網路
　　(B) [網路已經連線?] 判斷無線網路是否已連線
　　(C) 必須先註冊使用者帳號及密碼，並登入方能使用
　　(D) 必須設定為「即時」模式方能使用。

( ) 7. 下列關於圖二程式積木的敘述，何者錯誤？
　　(A) 未連線 Wi-Fi，點亮彩虹 LED
　　(B) Wi-Fi 連線成功，點亮藍色 LED
　　(C) Wi-Fi 連線成功，點亮綠色 LED
　　(D) Wi-Fi 未連線成功，程式一直等待，並點亮藍色 LED。

▲ 圖二

實力評量 5

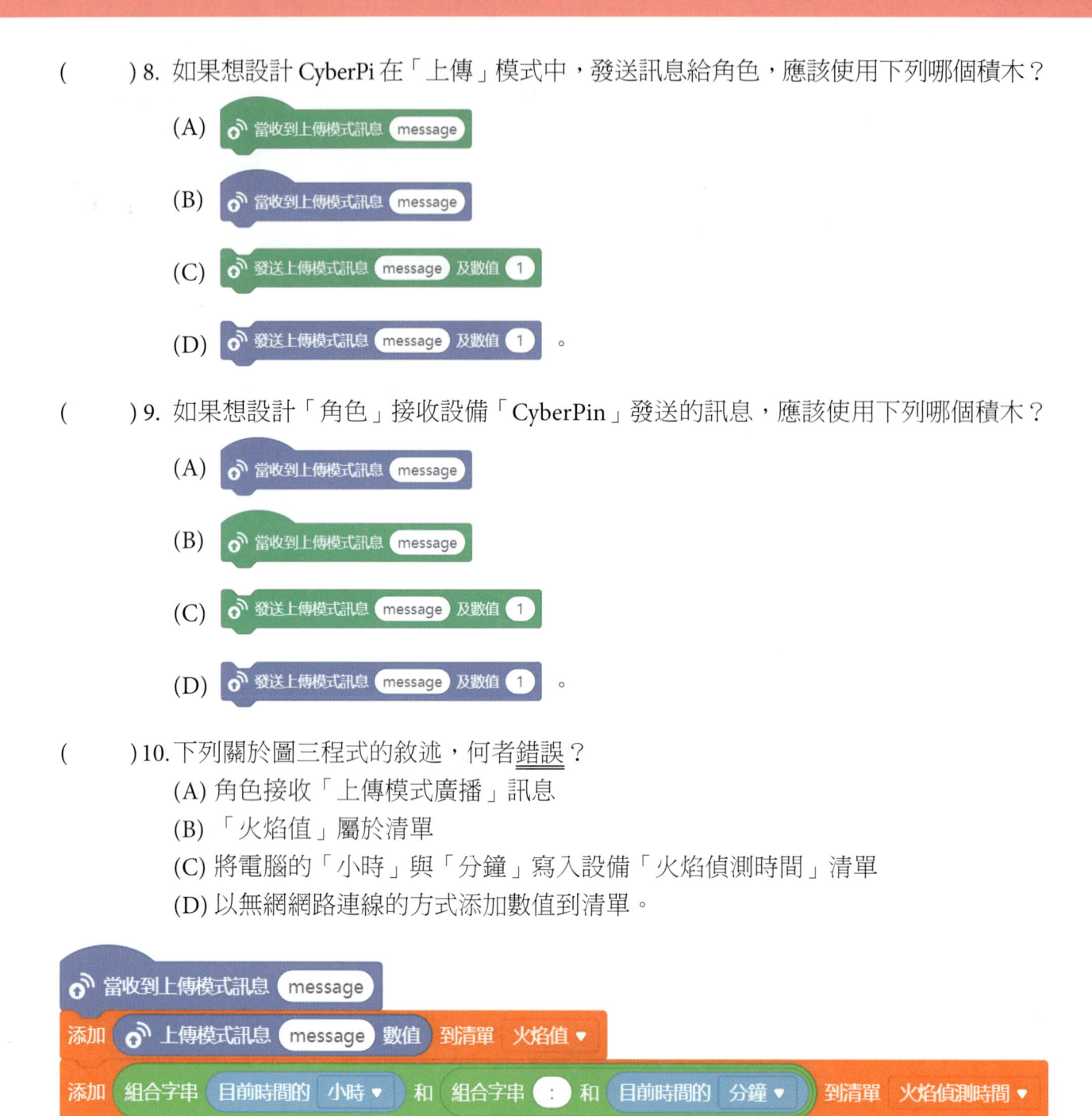

( ) 8. 如果想設計 CyberPi 在「上傳」模式中，發送訊息給角色，應該使用下列哪個積木？
(A) 當收到上傳模式訊息 message
(B) 當收到上傳模式訊息 message
(C) 發送上傳模式訊息 message 及數值 1
(D) 發送上傳模式訊息 message 及數值 1 。

( ) 9. 如果想設計「角色」接收設備「CyberPin」發送的訊息，應該使用下列哪個積木？
(A) 當收到上傳模式訊息 message
(B) 當收到上傳模式訊息 message
(C) 發送上傳模式訊息 message 及數值 1
(D) 發送上傳模式訊息 message 及數值 1 。

( ) 10. 下列關於圖三程式的敘述，何者錯誤？
(A) 角色接收「上傳模式廣播」訊息
(B) 「火焰值」屬於清單
(C) 將電腦的「小時」與「分鐘」寫入設備「火焰偵測時間」清單
(D) 以無網網路連線的方式添加數值到清單。

▲圖三

實力評量 5

二、實作題

1. 請在「設備」方面，應用 物聯網 的 `發送使用者雲訊息 message 附加數值 1` 將火焰大小以使用者雲訊息方式發送。在「角色」方面，應用 `當收到上傳模式訊息 message` 接收設備發送的訊息。

2. 請在「角色」新增「資料圖表」，將寫入清單的「時間」與「火焰值」，改成將「時間」與「火焰值」寫入資料圖表。

CHAPTER 6

mBot2 智能農場

本章將應用土壤溼度感測器、直流馬達驅動器與水幫浦馬達、人體紅外線感測器、伺服馬達驅動器與伺服馬達及 LED 驅動器與 LED 燈條。設計 mBot2 智能農場。當按下按鈕 A，設定無線網路。按下按鈕 B，mBot2 重複偵測土壤的溼度值，並將溼度值以雲訊息在 CyberPi 螢幕以表格顯示。當土壤溼度低於正常標準值，啟動水幫浦馬達運轉，提供水份。當搖桿向上推，重複偵測農場是否有鳥類入侵，進行友善驅趕，達到智能農場的目的。

本章節次

- 6-1 土壤溼度感測器
- 6-2 直流馬達驅動器與水幫浦馬達
- 6-3 伺服馬達驅動器與伺服馬達
- 6-4 腳本規劃與執行流程
- 6-5 按下按鈕 A 設定網路
- 6-6 按下按鈕 B 偵測土壤溼度
- 6-7 記錄土壤溼度
- 6-8 搖桿向上推友善驅趕
- 6-9 mBot2 智能農場

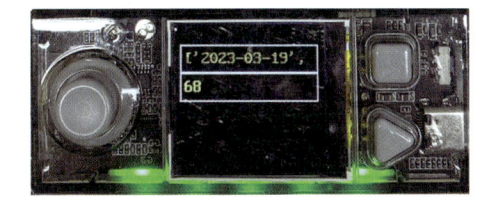

學習目標

1. 認識土壤溼度感測器運作原理。
2. 認識水幫浦馬達與伺服馬達的運作原理。
3. 能夠應用土壤溼度感測器、水幫浦馬達、人體紅外線感測器、伺服馬達與 LED 燈條設計智能農場。

本章擴充元件與功能規劃

人體紅外線感測器
» 偵測動物的移動

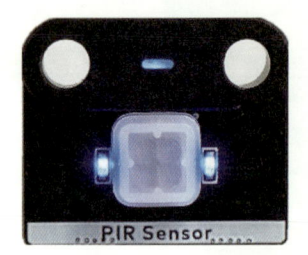

伺服馬達驅動器與伺服馬達
» 啟動伺服馬達運轉

LED 驅動器與 LED 燈條
» 開啟警示 LED

直流馬達驅動器與水幫浦馬達
» 啟動馬達讓水幫浦運轉

土壤溼度感測器
» 偵測土壤的溼度

　　本章土壤溼度感測器、直流馬達驅動器與水幫浦馬達、人體紅外線感測器、伺服馬達驅動器與伺服馬達及 LED 驅動與 LED 燈條，所有元件與 mBot2 的 MOUT 接線方式如圖 1 所示。

▲圖 1　智能農場接線方式

mBot2 筆記　智能農場接線順序如下，接線順序可以隨著支架設計變更。

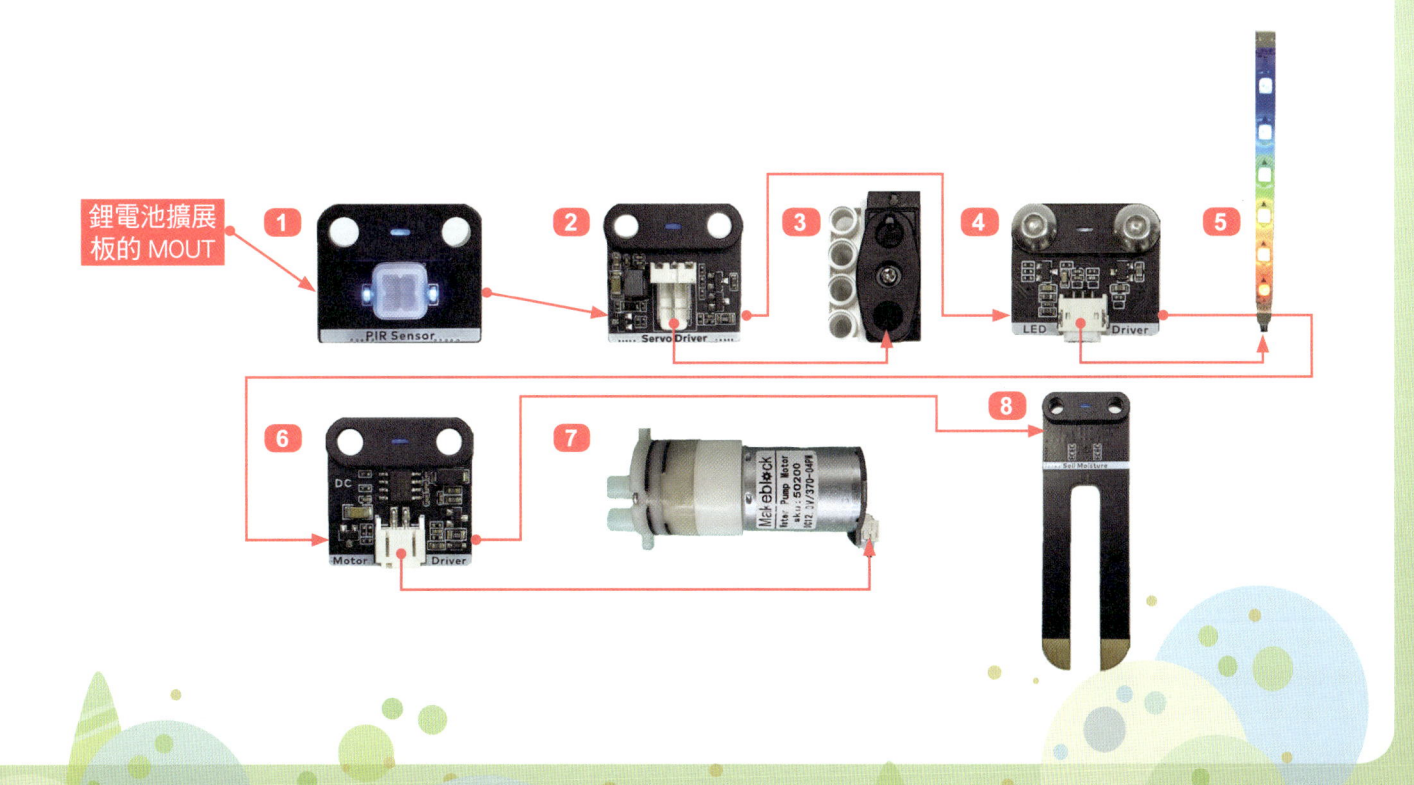

創客題目

請應用土壤溼度感測器、直流馬達驅動器與水幫浦馬達、人體紅外線感測器、伺服馬達驅動器與伺服馬達及 LED 驅動器與 LED 燈條。設計 mBot2 智能農場。當按下按鈕 A，設定無線網路。按下按鈕 B，mBot2 重複偵測土壤的溼度值，並將溼度值以雲訊息在 CyberPi 螢幕以表格顯示。當土壤溼度低於過正常標準值，啟動水幫浦馬達運轉，提供水份。當搖桿向上推，重複偵測農場是否有鳥類入侵，進行友善驅趕，達到智能農場的目的。

題目編號 A039023

實作時間 30 分鐘

創客學習力

外形	機構	電控	程式	通訊	人工智慧
1	1	3	3	3	0

創客總數 11

綜合素養力

空間力	堅毅力	邏輯力	創造力	整合力	團隊力
1	1	3	1	1	1

素養總數 8

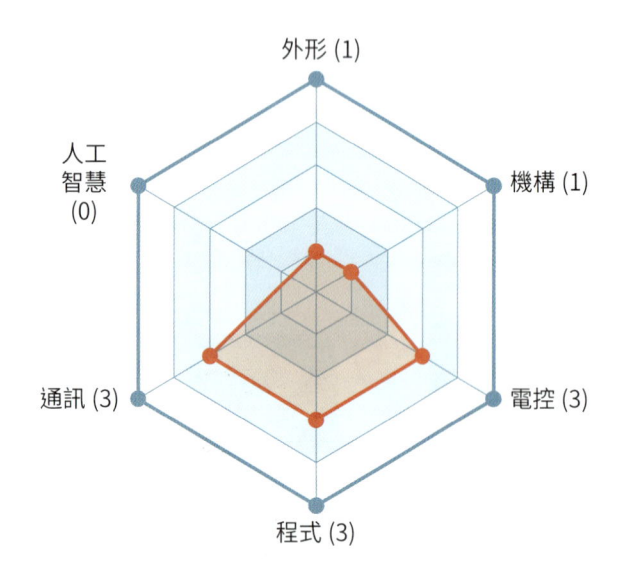

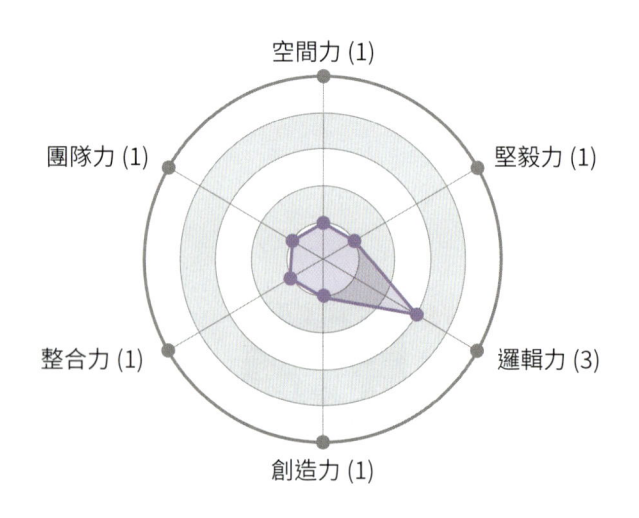

6-1　土壤溼度感測器

　　土壤溼度感測器（Soil Moisture Sensor）主要功能在偵測土壤的溼度值，溼度值範圍介於 0～100 之間。土壤溼度感測器與 mBot2 的連接方式如圖 2 所示。

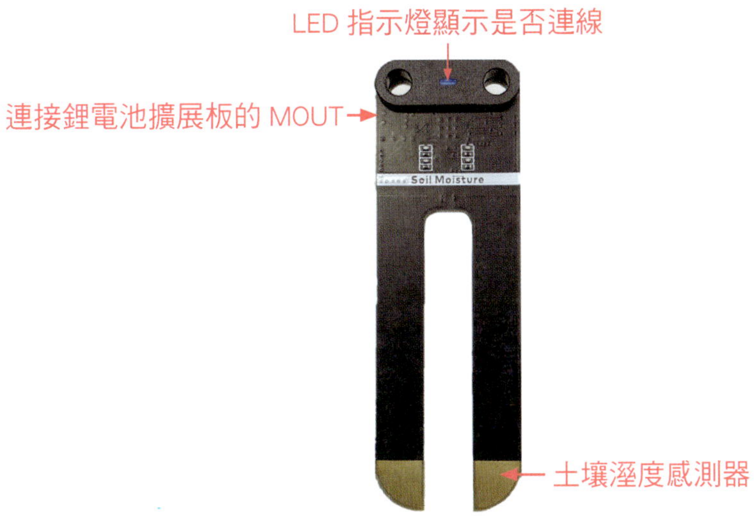

LED 指示燈顯示是否連線

連接鋰電池擴展板的 MOUT

土壤溼度感測器

▲圖 2　土壤溼度感測器

　　在  土壤溼度感測器 類別積木中，與土壤溼度感測器相關功能如下：

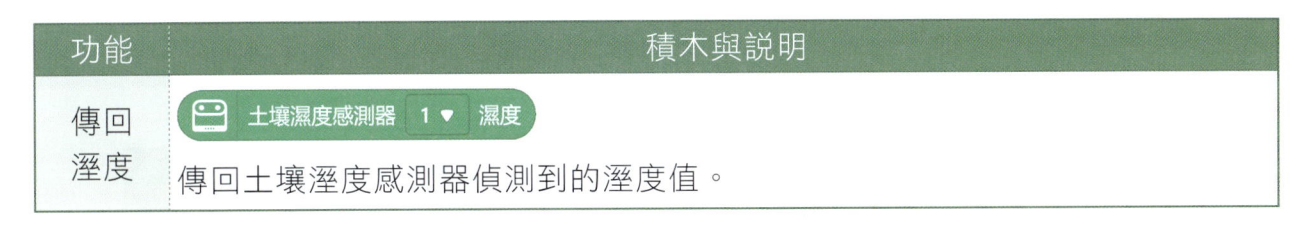

功能	積木與說明
傳回溼度	土壤濕度感測器 1▼ 濕度 傳回土壤溼度感測器偵測到的溼度值。

實作範例　ch6-1　土壤溼度感測器運作測試

請應用土壤溼度感測器，偵測土壤的溼度。

1 將土壤溼度感測器連接 mBot2。

2 在 mBlock 5 將 CyberPi 的連線狀態設定為【即時】。

3 點選【延伸集】，在土壤溼度感測器按【+添加】，新增土壤溼度感測器積木。

4 【勾選】土壤溼度感測器偵測到的溼度，在舞台顯示溼度值。

5 將土壤溼度感測器放入花盆中，請填寫積木傳回的值？

傳回值：＿＿＿＿＿＿＿

6-2　直流馬達驅動器與水幫浦馬達

　　直流馬達驅動器（DC motor driver）用來輸出動力，提供馬達風扇或水幫浦馬達（Water pump motor）運轉。動力值範圍從 –100～100，直流馬達驅動器與水幫浦馬達的運作方式如圖 3 所示。

出水（OUT）
進水（IN）
水幫浦馬達
LED 指示燈顯示是否連線
直流馬達驅動器
馬達風扇

▲圖 3　直流馬達驅動器與水幫浦馬達的運作方式

　　在 【馬達驅動器】 類別積木中，水幫浦馬達使用的積木與第 4 章與馬達驅動器相同，積木功能說明請參閱第 4 章。

實作範例　ch6-2　水幫浦馬達吸吸吸

請應用直流馬達驅動器輸出動力，讓水幫浦馬達進水與出水。

1 將水幫浦馬達連接直流馬達驅動器，再連接 mBot2。
2 mBlock 5 將 CyberPi 的連線狀態設定為【即時】。

3 點選【延伸集】，在直流馬達驅動器按【+添加】，新增馬達驅動器積木。

4 拖曳下圖積木，當按下按鈕 A，馬達驅動輸出動力 80% 持續 10 秒之後停止。

```
當按鈕 [A▼] 按下
馬達驅動器 [1▼] 輸出動力 (80) %, 持續 (10) 秒
```

5 請準備 2 個水瓶，一個空瓶連接出水（OUT），另一個水瓶裝滿水連接進水（IN），再按下按鈕 A，檢查馬達是否從進水（IN）的水瓶抽水到出水（OUT）的水瓶。

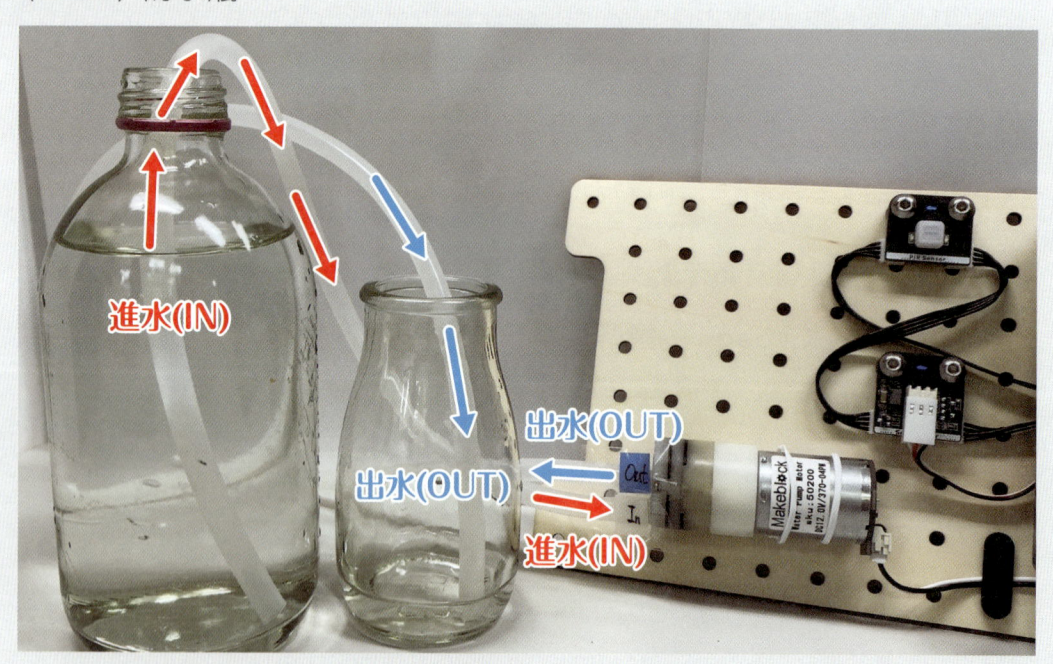

6-3　伺服馬達驅動器與伺服馬達

伺服馬達驅動器用來驅動伺服馬達，讓伺服馬達旋轉。伺服馬達驅動與伺服馬達的連接方式如圖 4 所示。

LED 指示燈顯示是否連線

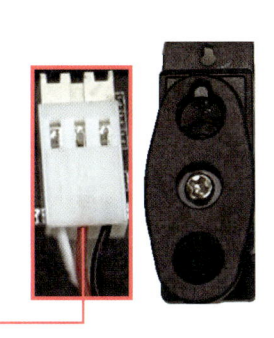

伺服馬達驅動器　　　　　　伺服馬達

▲圖 4　伺服馬達驅動器與伺服馬達

在 [伺服馬達驅動器] 類別積木中，與伺服馬達相關功能如下：

功能	積木與說明
設定角度	1. `伺服馬達驅動器 1▼ 設定角度為 90 度` 設定伺服馬達的旋轉角度，角度範圍從 0～180 度。 2. `伺服馬達驅動器 1▼ 移動到零位置` 設定伺服馬達的角度為 0。 3. `伺服馬達驅動器 1▼ 增加 20 度的角度` 增加伺服馬達的旋轉角度。
傳回角度	`伺服馬達驅動器 1▼ 現在位置（度）` 傳回伺服馬達現在位置的角度。

實作範例　ch6-3　伺服馬達搖啊搖

請應用伺服馬達驅動器，讓伺服馬達旋轉。

1 將伺服馬達驅動器連接伺服馬達，再連接 mBot2。

2 在 mBlock 5 將 CyberPi 的連線狀態設定為【即時】。

3 點選【延伸集】，在伺服馬達驅動器按【+添加】，新增伺服馬達積木。

4 拖曳下圖積木，先按壓搖桿，將伺服馬達移到零的位置。再將搖桿向上推，伺服馬達角度設為 0 度；搖桿向左推，伺服馬達角度設為 90 度；搖桿向下推，伺服馬達角度設為 180 度；按壓搖桿，將伺服馬達移到 0 度；按下按鈕 A，顯示目前伺服馬達的角度。

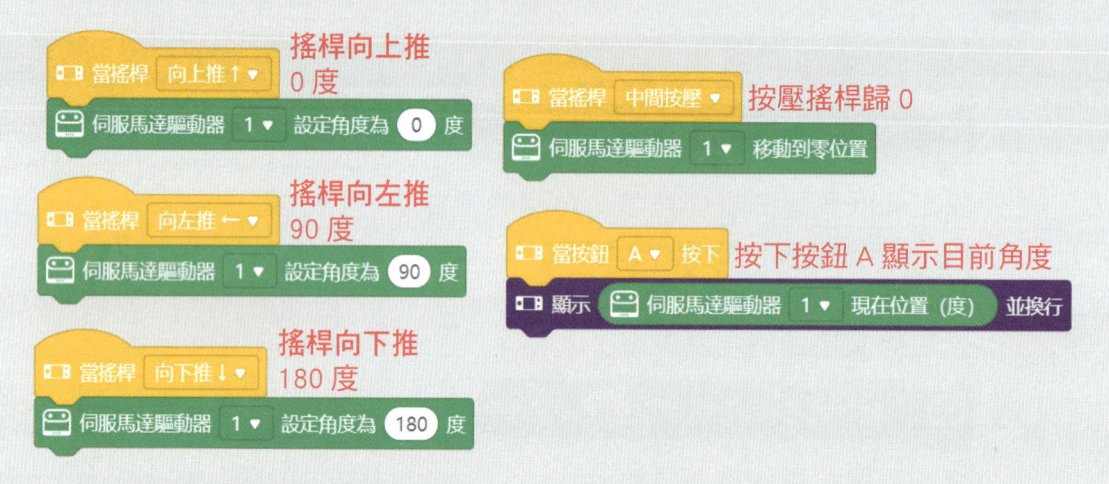

搖桿向上推
0 度

搖桿向左推
90 度

搖桿向下推
180 度

按壓搖桿歸 0

按下按鈕 A 顯示目前角度

5 先按壓搖桿，將伺服馬達移到零的位置，再分別將搖桿向上推、向左推、向下推，檢查每個角度的位置是否正確？

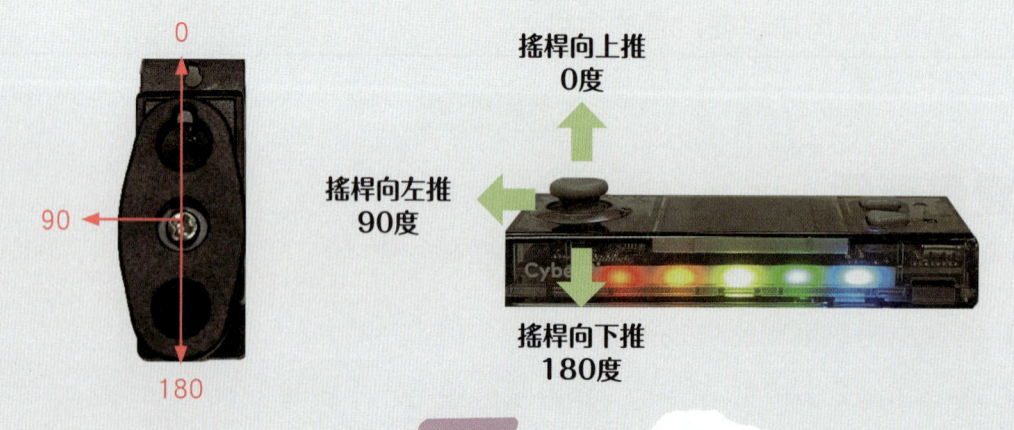

0
90
180

搖桿向上推
0度

搖桿向左推
90度

搖桿向下推
180度

6-4　腳本規劃與執行流程

　　本節將應用土壤溼度感測器、直流馬達驅動器與水幫浦馬達、人體紅外線感測器、伺服馬達驅動器與伺服馬達及 LED 驅動器與 LED 燈條。設計 mBot2 智能農場。當按下按鈕 A，設定無線網路。按下按鈕 B，mBot2 重複偵測土壤的溼度值，並將溼度值以雲訊息在 CyberPi 螢幕以表格顯示。當土壤溼度低於正常標準值，啟動水幫浦馬達運轉，提供水份。當搖桿向上推，重複偵測農場是否有鳥類入侵，進行友善驅趕，達到智能農場的目的。

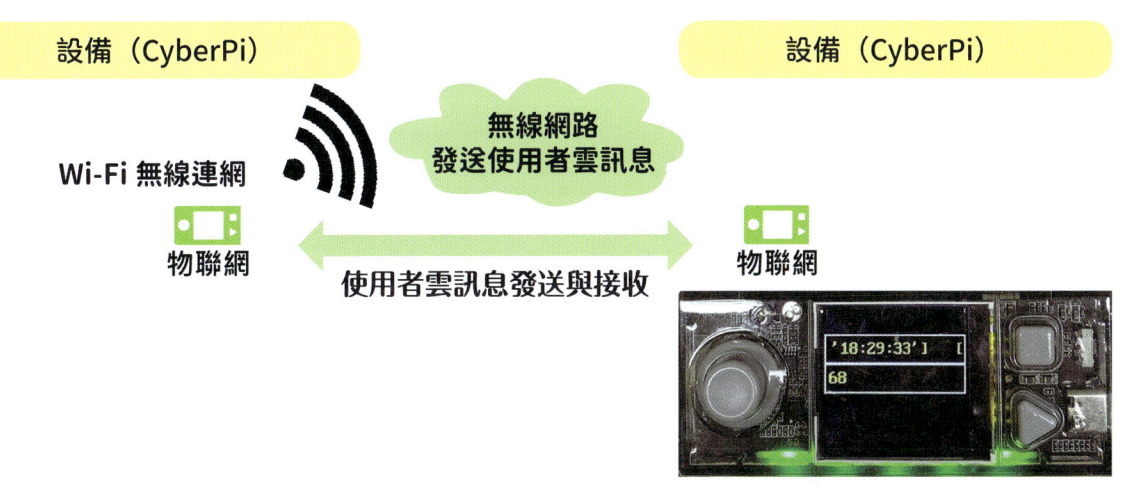

一、mBot2 智能農場腳本規劃

　　mBot2 智能農場將應用的元件包括：CyberPi 內建的按鈕 A、按鈕 B、搖桿、LED、喇叭與無線網路，以及外接土壤溼度感測器、水幫浦馬達、人體紅外線感測器、伺服馬達與 LED 燈條，每個元件的位置與功能如圖 5 所示。

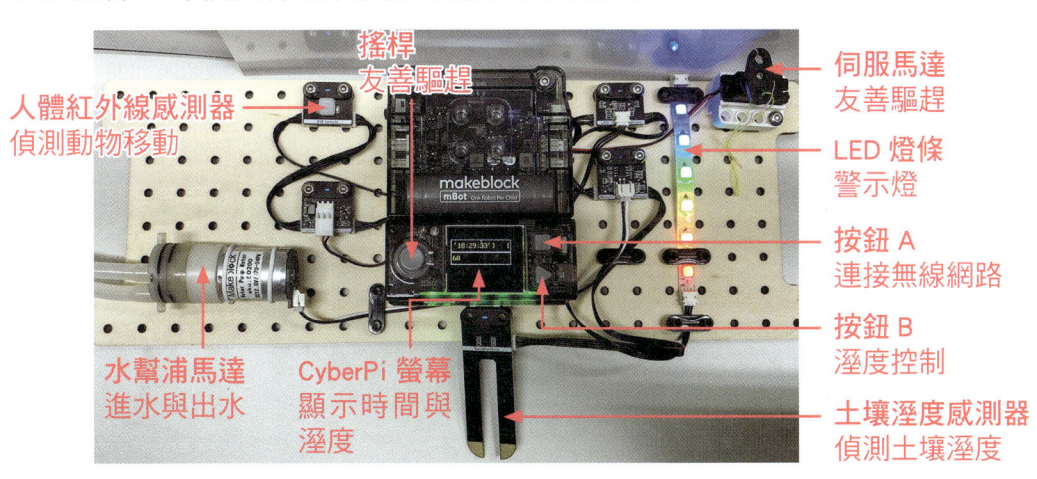

▲圖 5　智能農場元件與功能

mBot2 筆記

智能農場機構可以依照自己的設計做組合變化。

二、mBot2 智能農場執行流程

按下按扭 A
→ CyberPi 點亮彩虹 LED
→ 連接 WiFi
→ 等待網路連線（假：回到連接 WiFi 前；真：繼續）
→ CyberPi 點亮綠色 LED

搖桿向上推
→ 人體紅外線偵測（假：回到搖桿向上推；真：繼續）
→ 點亮 LED 燈條
→ 伺服馬達運轉 10 次

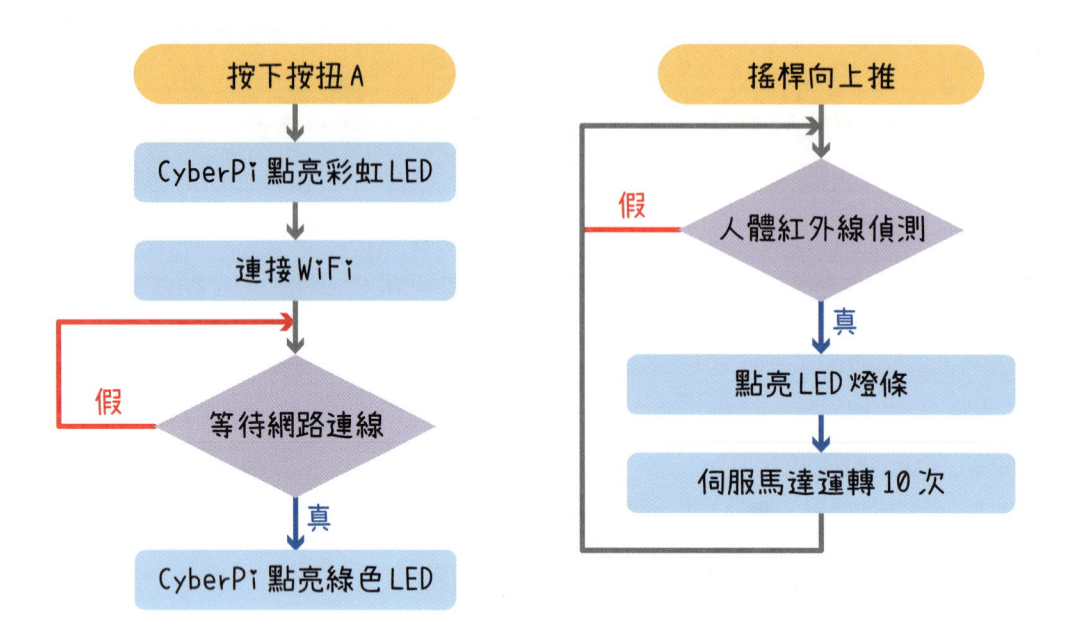

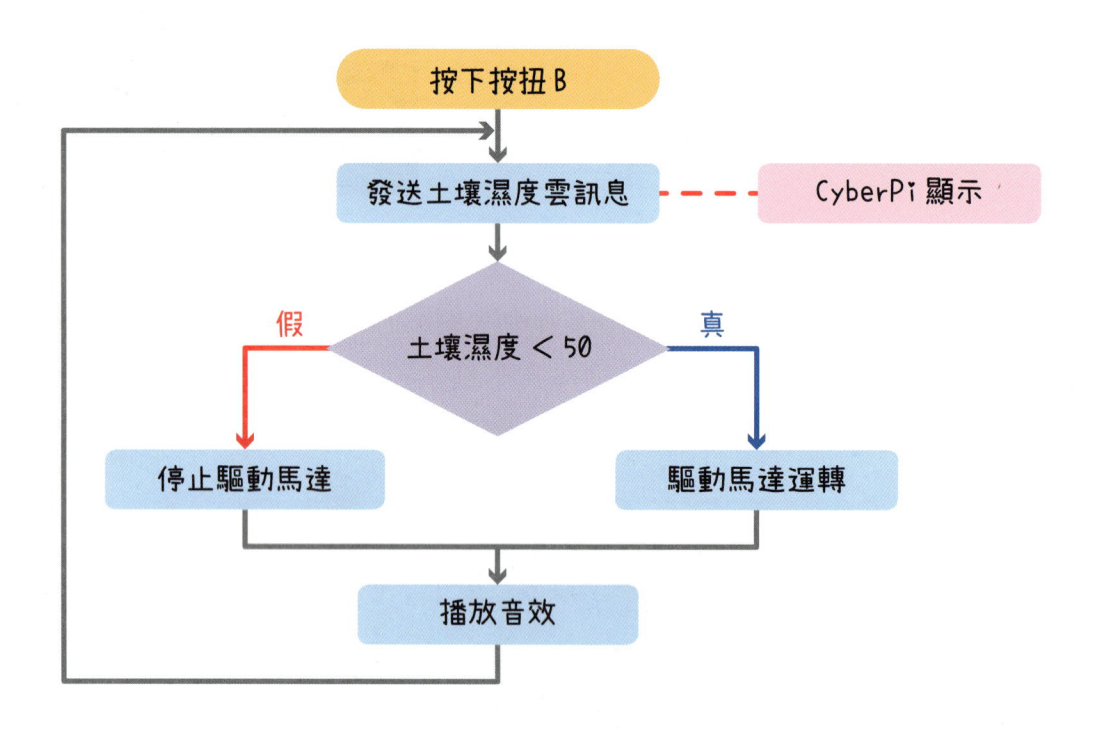

按下按扭 B
→ 發送土壤濕度雲訊息 ---- CyberPi 顯示
→ 土壤濕度 < 50（假：停止驅動馬達；真：驅動馬達運轉）
→ 播放音效

▲圖 6　mBot2 智能農場執行流程

6-5　按下按鈕 A 設定網路

當按下按鈕 A，設定無線網路。

點選 **事件**、**物聯網**、**LED** 與 **控制**，拖曳下圖積木，輸入無線網路的【名稱】與【密碼】，無線網路連線前顯示彩虹 LED、連線成功顯示綠色 LED。

當按鈕 A 按下
　顯示 🟥🟧🟨🟩🟦　　連線前點亮彩虹 LED。
　連接到 Wi-Fi D-Link_DIR-809 密碼 12345678　　連接網路。
　等待直到 網路已經連線？　　等到連線成功。
　LED 所有 顯示紅 0 綠 255 藍 0　　點亮綠色 LED。

6-6 按下按鈕 B 偵測土壤溼度

按下按鈕 B，mBot2 重複偵測土壤的溼度值，並將溼度值以雲訊息在 CyberPi 螢幕以表格顯示。當土壤溼度低於正常標準值，啟動水幫浦馬達運轉，提供水份。

點選 **事件**、**控制**、**運算**、**土壤溼度感測器** 與 **馬達驅動器** 拖曳下圖積木，重複將土壤溼度以使用者雲、**物聯網** 訊息發送。再判斷溼度值是否小於 50。

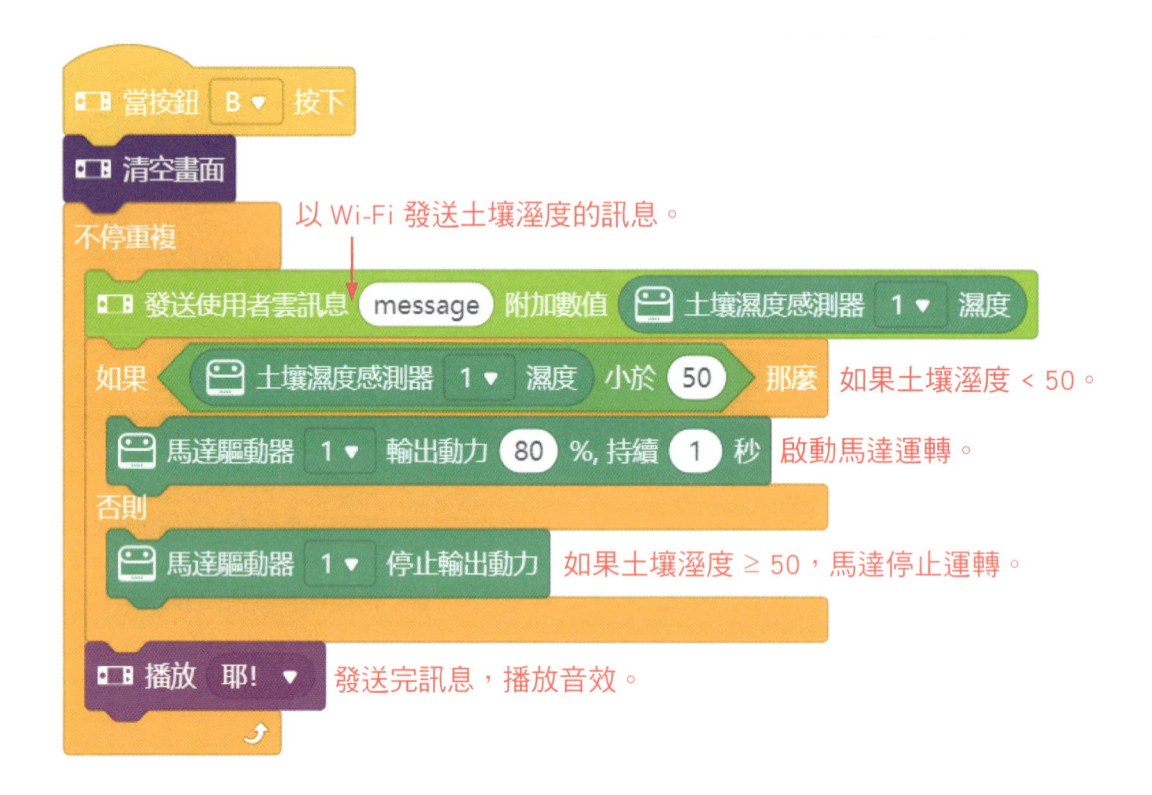

程式積木說明：

- 當按鈕 B 按下
- 清空畫面
- 不停重複
  - 發送使用者雲訊息 message 附加數值 土壤濕度感測器 1 濕度 —— 以 Wi-Fi 發送土壤溼度的訊息。
  - 如果 土壤濕度感測器 1 濕度 小於 50 那麼 —— 如果土壤溼度 < 50。
    - 馬達驅動器 1 輸出動力 80 %, 持續 1 秒 —— 啟動馬達運轉。
  - 否則
    - 馬達驅動器 1 停止輸出動力 —— 如果土壤溼度 ≥ 50，馬達停止運轉。
  - 播放 耶! —— 發送完訊息，播放音效。

mBot2 筆記

1. mBot2 必須在無線網路連線同時登入使用者的狀態，才能夠發送使用者雲訊息。發送的雲訊息能夠讓設備 CyberPi 自己接收，也能夠讓角色接收。
2. 程式測試成功，在播放音效之後加入積木 **等待 1 秒**，利用等待 60 秒或 600 秒，每隔 1 分鐘或 10 分鐘測試土壤溼度。

6-7　記錄土壤溼度

　　按下按鈕 A，清除 CyberPi 螢幕畫面。當設備 CyberPi 接收到無線網路傳送的雲訊息，將數值在 CyberPi 螢幕以表格顯示。

1 點選 **變數**，建立變數，輸入「列」，再按【確認】，設定 CyberPi 螢幕顯示方式。

2 點選 **事件**、**變數**、**顯示** 拖曳下圖積木，清除 CyberPi 螢幕畫面。

```
當按鈕 A▼ 按下
清空畫面
設定畫筆顏色 ●
變數 列▼ 設為 1      從表格第 1 列開始寫。
```

3 點選 **物聯網**、**變數** 與 **顯示**，將接收到無線網路傳送的土壤溼度雲訊息，與時間，在 CyberPi 螢幕從第 1 列以表格顯示。

```
當我收到使用者雲訊息 message
表格, 輸入 (8) UTC+8▼ 's date and time 在第 1▼ 行, 第 列 列    表格第 1 行，第 1 列寫日期及時間。
表格, 輸入 使用者雲訊息 message 收到的值 在第 2▼ 行, 第 列 列
變數 列▼ 改變 1      每寫完一筆跳下一列。      表格第 2 行，第 1 列寫收到的土壤溼度值。
```

mBot2 筆記

　　角色 **偵測** 的 **目前時間的 年▼** 積木，能夠偵測電腦目前的年、月、日與時間。在設備 **物聯網** 的 **(0) UTC▼ 's date and time** 積木，能夠傳回全世界的標準日期與時間。

6-8 搖桿向上推友善驅趕

當搖桿向上推，重複偵測農場是否有鳥類入侵，再播放警示聲並點亮 LED 燈條示警，達到友善驅趕智能農場的目的。

點選 **事件**、**控制**、**人體紅外線感測器** 與 **伺服馬達驅動器**，拖曳下圖積木，當人體紅外線感測器偵測到農場有鳥類入侵時，啟動伺服馬達，左右搖擺、播放警示聲並點亮 LED 燈條。

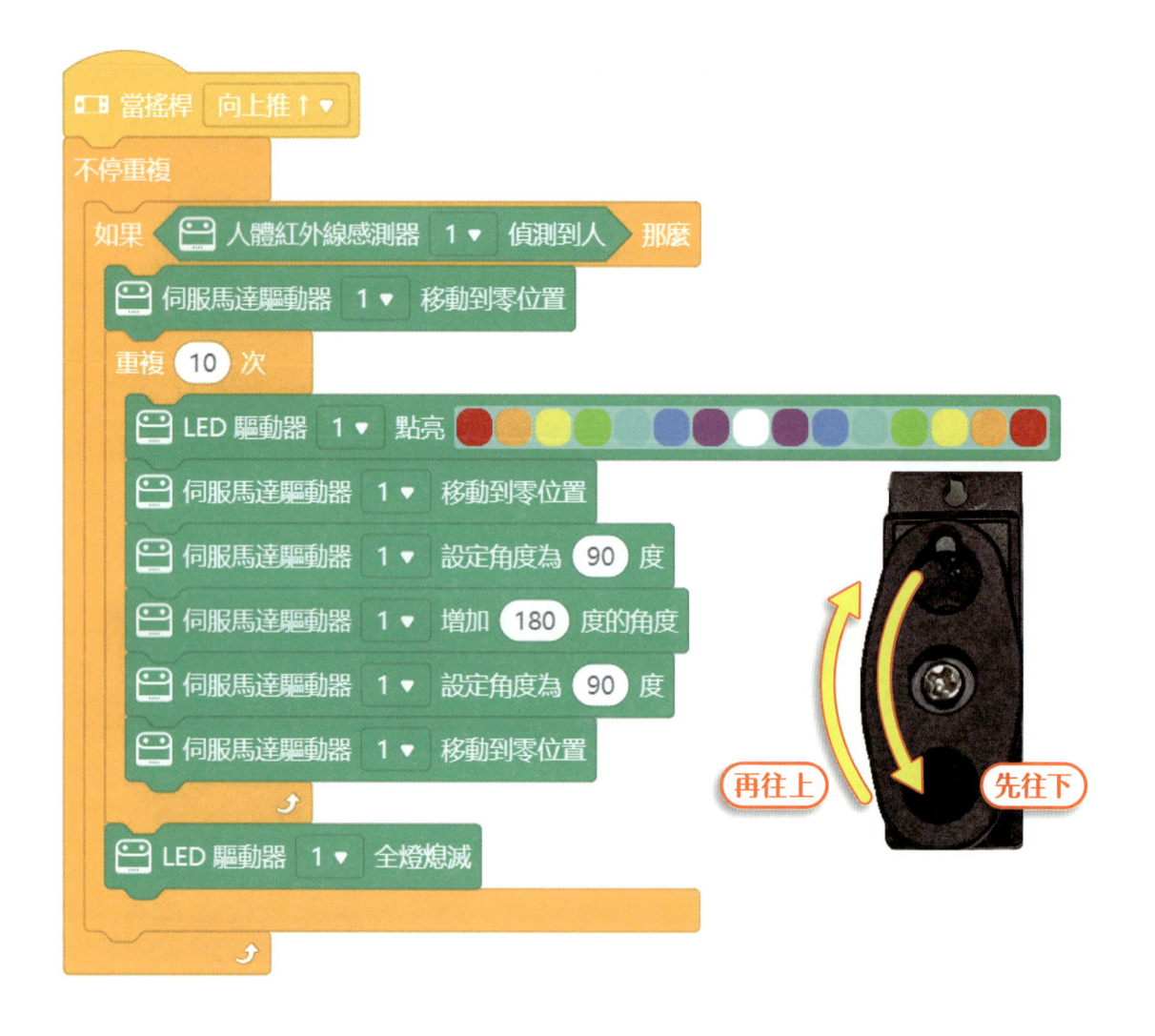

```
當搖桿 向上推↑▼
不停重複
    如果 人體紅外線感測器 1▼ 偵測到人 那麼
        伺服馬達驅動器 1▼ 移動到零位置
        重複 10 次
            LED 驅動器 1▼ 點亮 🌈
            伺服馬達驅動器 1▼ 移動到零位置
            伺服馬達驅動器 1▼ 設定角度為 90 度
            伺服馬達驅動器 1▼ 增加 180 度的角度
            伺服馬達驅動器 1▼ 設定角度為 90 度
            伺服馬達驅動器 1▼ 移動到零位置
        LED 驅動器 1▼ 全燈熄滅
```

再往上　先往下

6-9　mBot2 智能農場

　　開啟上傳模式,將程式上傳 CyberPi 主控板,以後只要開啟電源,mBot2 開始執行智能農場程式。

1 點擊 【上傳】,設定為上傳模式。

2 點擊 上傳 ,將程式上傳到 CyberPi 主控板,再斷開電腦與 mBot2 連線。開啟電源,按下按鈕 A,連接無線網路,當網路連線成功,按下按鈕 B,mBot2 重複將溼度值以雲訊息在 CyberPi 螢幕以表格顯示。當土壤溼度低於過正常標準值,啟動直流馬達運轉。當搖桿向上推,重複偵測農場是否有鳥類入侵,進行友善驅趕。

實力評量 6

一、單選題

(　　) 1. 如果想設計 mBot2 偵測土壤溼度，應該使用下列哪個感測器？

(A) 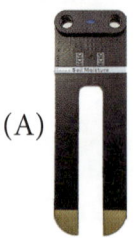　　(B)

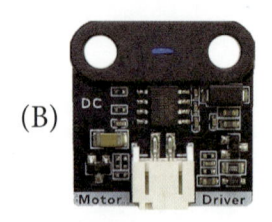

(C) 　　(D)

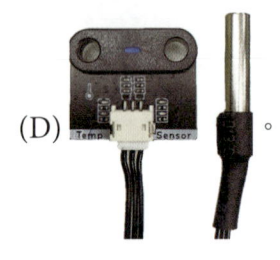

(　　) 2. 如果想設計 mBot2 利用伺服馬達旋轉，可以使用下列哪個元件？

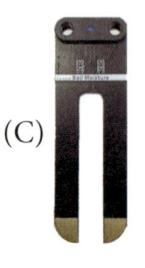

(A) 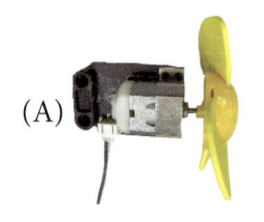　　(B)

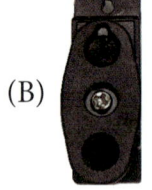

(C)　　(D)

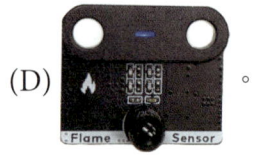

(　　) 3. 關於下列元件與功能的說明，何者正確？

(A) 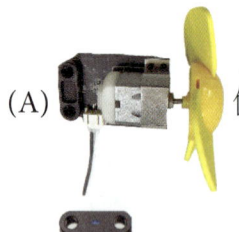 伺服馬達與風扇　　(B) 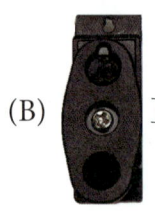 直流馬達

(C) 偵測溫度　　(D)  進水與出水。

實力評量 6

( ) 4. 在智能農場，如果農場主人想要了解土壤的溼度，應該使用下列哪個積木？
  (A) 人體紅外線感測器 1▼ 偵測到人的次數
  (B) 土壤溼度感測器 1▼ 濕度
  (C) 溫溼度感測器 1▼ 空氣濕度 (%)
  (D) 溫濕度感測器 1▼ 溫度 (℃)。

( ) 5. 如果想要驅動圖一的元件，應該使用哪個驅動？
  (A) 伺服馬達驅動
  (B) 直流馬達驅動
  (C) LED 驅動
  (D) 編碼馬達驅動。

( ) 6. 圖二的程式中，沒有使用到下列哪個元件？
  (A) 直流馬達驅動與風扇或水幫浦馬達
  (B) 伺服馬達
  (C) 土壤溼度感測器
  (D) 無線網路。

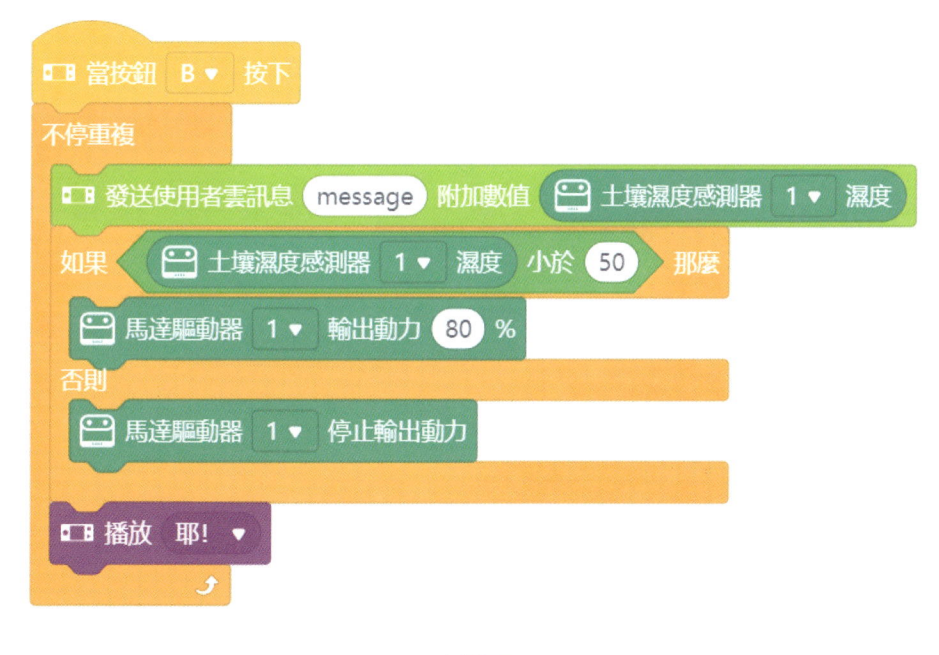

▲圖一

▲圖二

實力評量 6

( ) 7. 下列關於圖三程式積木的敘述，何者錯誤？
(A) 連線 Wi-Fi，才能使用使用者雲訊息
(B) 表格顯示在 CyberPi 的螢幕
(C) 將使用者雲訊息寫入 Google 表格
(D)  `(0) UTC 's date and time` 積木以網路連線方式傳回日期與時間。

▲圖三

( ) 8. 下列關於伺服馬達重置的敘述，何者錯誤？
(A)  `伺服馬達驅動器 1 移動到零位置` 設定伺服馬達的角度為 0
(B)  `伺服馬達驅動器 1 增加 20 度的角度` 增加伺服馬達的旋轉角度
(C)  `伺服馬達驅動器 1 設定角度為 90 度` 設定伺服馬達的旋轉角度，角度範圍從 –180～180 度
(D)  `伺服馬達驅動器 1 現在位置（度）` 傳回伺服馬達現在位置的角度。

( ) 9. 下列何者不屬於  物聯網 的功能？
(A) 發送使用者雲訊息
(B) 連接無線網路
(C) 判斷無線網路是否連線
(D) 傳回電腦的日期或時間。

實力評量 6

(　　) 10. 在智能農場中，農場主人如果想設計全自動給水裝置，應該使用下列哪個積木？

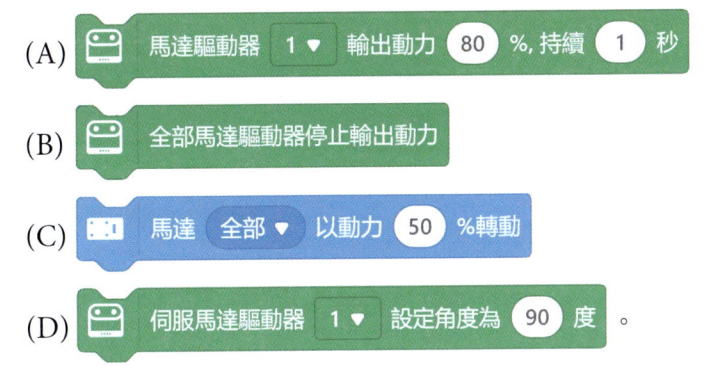

(A) 馬達驅動器 1▼ 輸出動力 80 %, 持續 1 秒

(B) 全部馬達驅動器停止輸出動力

(C) 馬達 全部▼ 以動力 50 %轉動

(D) 伺服馬達驅動器 1▼ 設定角度為 90 度。

二、實作題

1. 請利用伺服馬達與溫溼度感測器設計智能雨刷，當溼度愈高，雨刷轉動速度愈快，溼度愈低，雨刷轉動速度愈慢。

2. 請設計當搖桿向上推，偵測農場有鳥類入侵時，同步播放音效驅趕。

Chapter 7

mBot2 智能點點名

　　本章將應用 LED 矩陣、LED 燈環與視訊攝影機,設計 mBot2 智能點點名。mBot2 智能點點名的目的在應用機器深度學習與人工智慧概念,辨識學生、統計人數,同步將學生資料寫入雲端物聯網大數據。首先以機器深度學習讓 mBot2 建立全班同學姓名的模組、再開始使用模組。每當按下空白鍵,同學出示學生證給 mBot2 辨識,mBot2 說出出席者的姓名,同時 Google 工作表記錄日期、出席者與出席人數。

本章節次

7-1 LED 燈環
7-2 腳本規劃與執行流程
7-3 機器深度學習
7-4 訓練模型
7-5 檢驗機器深度學習
7-6 Google 表格
7-7 mBot2 與出席者互動

學習目標

1. 認識機器深度學習運作原理。
2. 認識 Google 表格運作原理。
3. 理解 LED 燈環的顯示方式。
4. 能夠應用機器深度學習設計智能點名系統。

本章擴充元件與功能規劃

LED 驅動器與 LED 燈環
» 顯示辨識狀態

LED 矩陣
» 顯示學生姓名

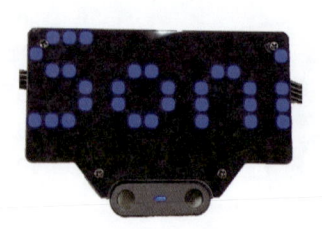

視訊攝影機
» 學習並辨識學生

本章 LED 矩陣、LED 燈環與 mBot2 的 MOUT 接線方式如圖 1 所示。

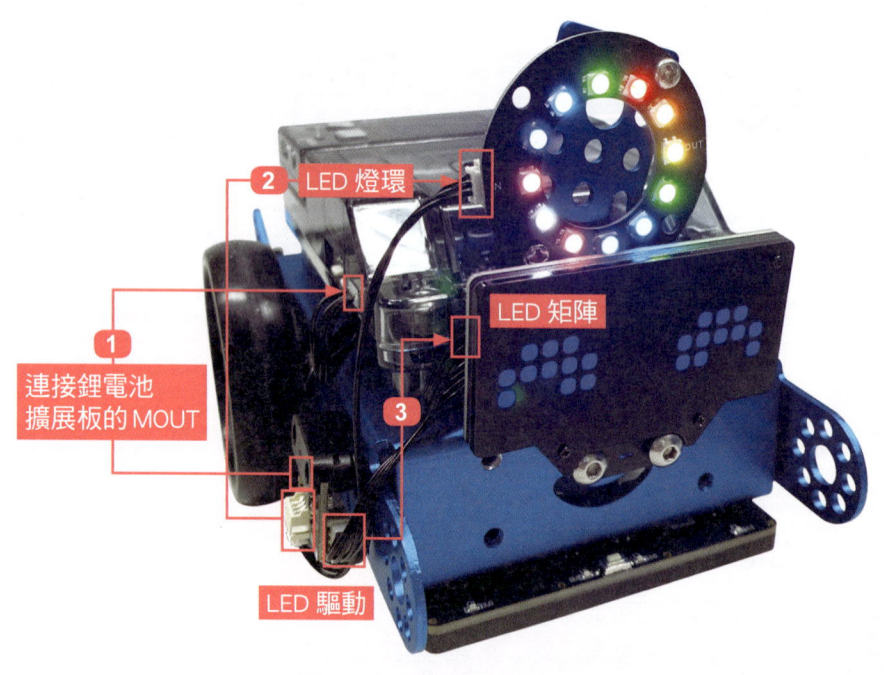

▲圖 1　智能點點名接線方式

mBot2 筆記
智能點點名接線順序如下，接線順序可以隨著支架設計變更。

鋰電池擴展板的 MOUT

創客題目

請應用 LED 矩陣與視訊攝影機,設計 mBot2 智能點點名。首先以機器深度學習讓 mBot2 建立全班同學姓名的模組、再開始使用模組。每當按下空白鍵,同學出示學生證給 mBot2 辨識,mBot2 說出出席者的姓名,同時 google 工作表記錄日期、出席者與出席人數。

題目編號 A039024

實作時間 30 分鐘

創客學習力

外形	機構	電控	程式	通訊	人工智慧
1	1	3	3	3	4

創客總數 15

綜合素養力

空間力	堅毅力	邏輯力	創造力	整合力	團隊力
1	1	3	2	2	2

素養總數 11

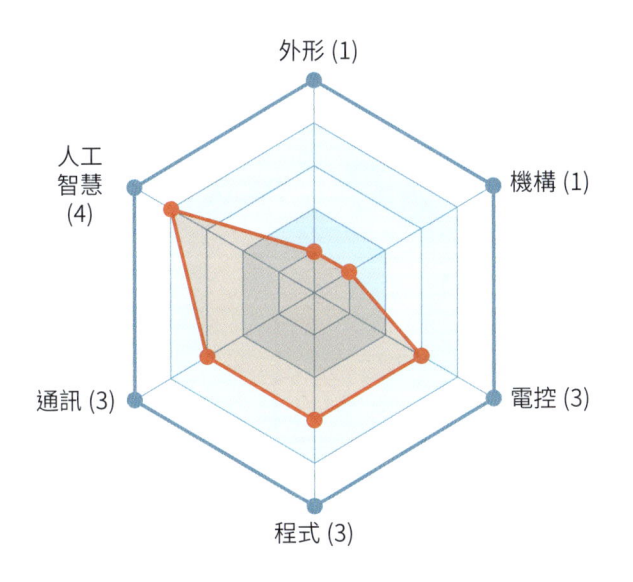

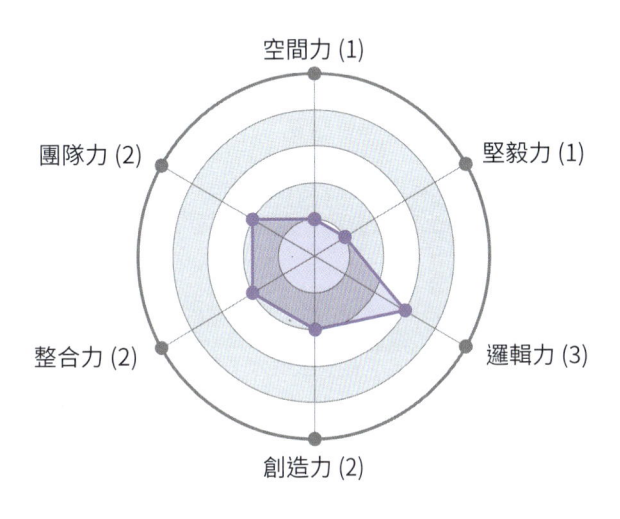

7-1　LED 燈環

　　LED 燈環（12 RGB LED Ring）包含 12 個 LED 燈，利用 LED 驅動（LED driver），控制每個 LED 燈的顏色及亮度，每個 LED 燈利用紅（R）、綠（G）、藍（B）三顏色的色值（0～255）設定 LED 燈的顏色。LED 燈條與 LED 驅動的連接方式如圖 2 所示。

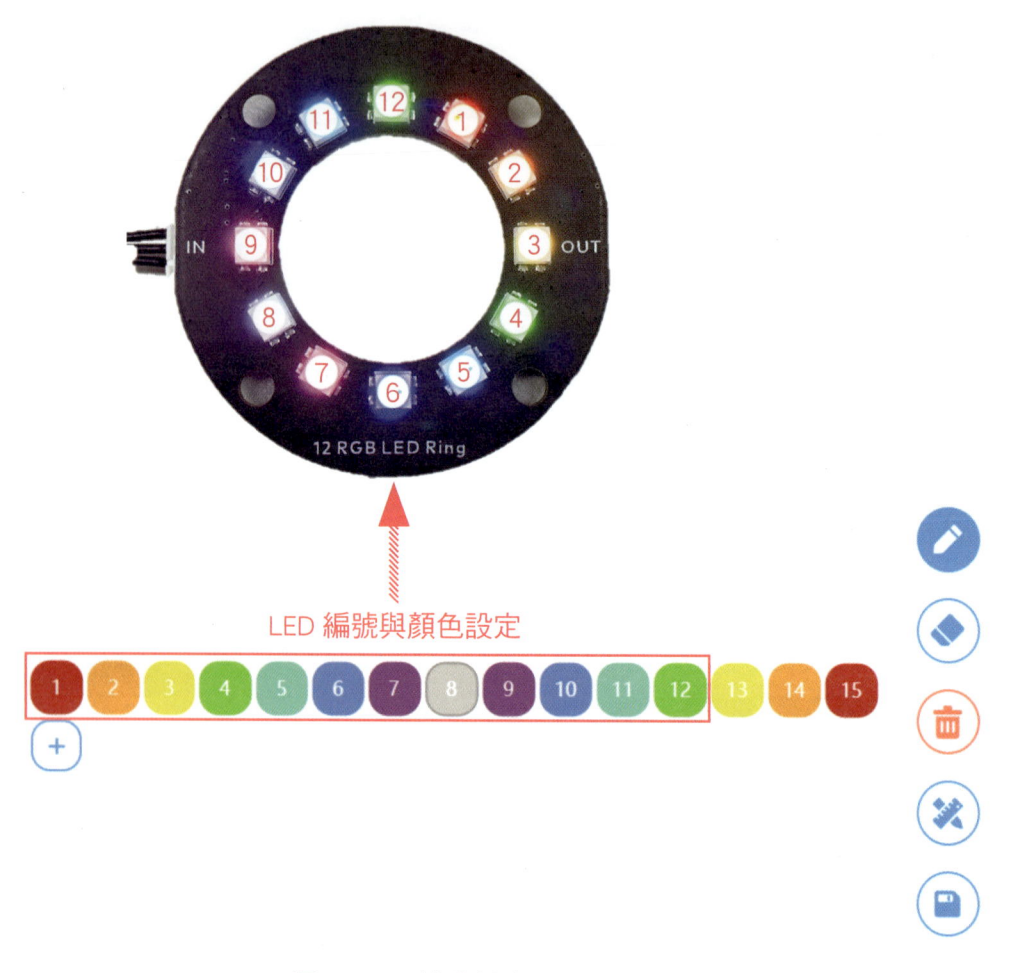

▲圖 2　LED 燈環編號

　　在 LED驅動器 類別積木中，LED 燈環的積木與第 3 章 LED 燈條積木功能相同，主要差別為 LED 編號，燈環的編號從 1～12。

實作範例　ch7-1　LED 燈環運作測試

請練習設計 LED 燈環點亮與關閉。將 LED 燈環從 1～12 編號，依序點亮、再關閉。點亮的顏色設定為隨機。

1 將 LED 燈環連接 LED 驅動，再連接 mBot2。
2 在 mBlock 5 將 CyberPi 的連線狀態設定為【即時】。
3 點選【延伸集】，在 LED 驅動按【+ 添加】，新增 LED 驅動積木。

4 點選 變數，建立一個變數，輸入【位置】，再按【確認】，設定 1～12 LED 的位置。

5 點選 事件、控制、變數、運算 與 LED驅動器，拖曳下圖積木，先點亮編號 1 的 LED，再關閉；再點亮編號 2 的 LED，再關閉，依序執行到編號 12，再重複從編號 1 開始，不停重複執行。

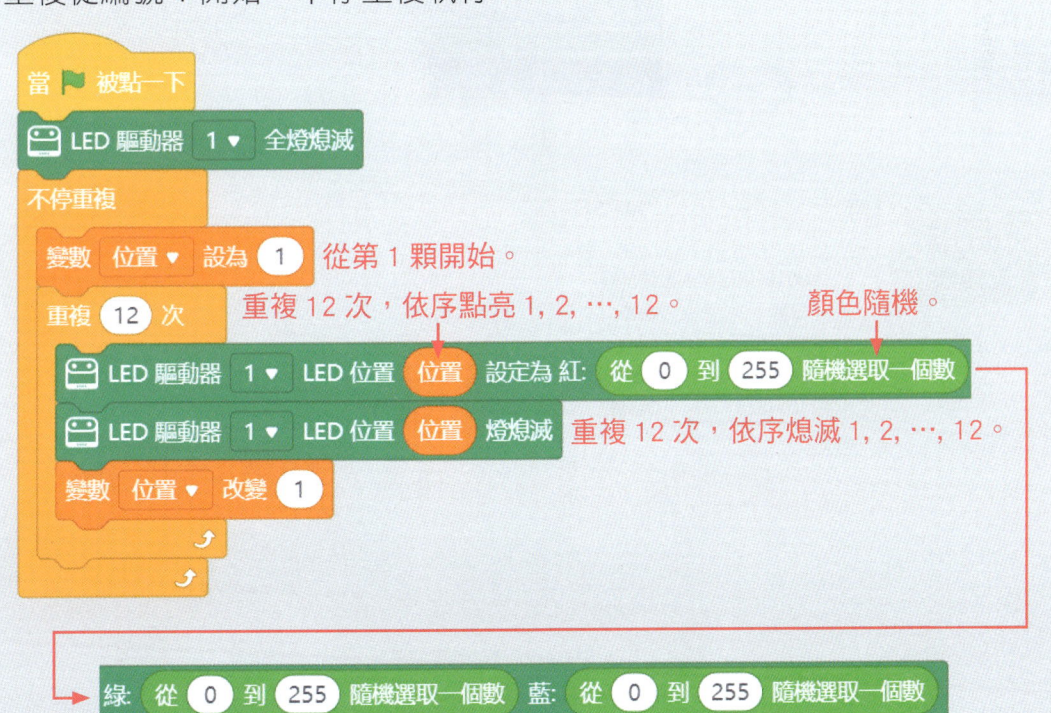

當 ▶ 被點一下
LED 驅動器 1▼ 全燈熄滅
不停重複
　變數 位置▼ 設為 1　　從第 1 顆開始。
　重複 12 次　　重複 12 次，依序點亮 1, 2, …, 12。
　　LED 驅動器 1▼ LED 位置 位置 設定為 紅: 從 0 到 255 隨機選取一個數　　顏色隨機。
　　LED 驅動器 1▼ LED 位置 位置 燈熄滅　　重複 12 次，依序熄滅 1, 2, …, 12。
　　變數 位置▼ 改變 1

綠: 從 0 到 255 隨機選取一個數　藍: 從 0 到 255 隨機選取一個數

7-2　腳本規劃與執行流程

　　本節將應用 LED 矩陣、LED 燈環與視訊攝影機，設計 mBot2 智能點點名。mBot2 智能點點名的目的在應用機器深度學習與人工智慧概念，辨識學生、統計人數，同步將學生資料寫入雲端物聯網大數據。首先以機器深度學習讓 mBot2 建立全班同學姓名的模組、再開始使用模組。每當按下空白鍵，同學出示學生證給 mBot2 辨識，mBot2 說出出席者的姓名，同時 Google 工作表記錄日期、出席者與出席人數。

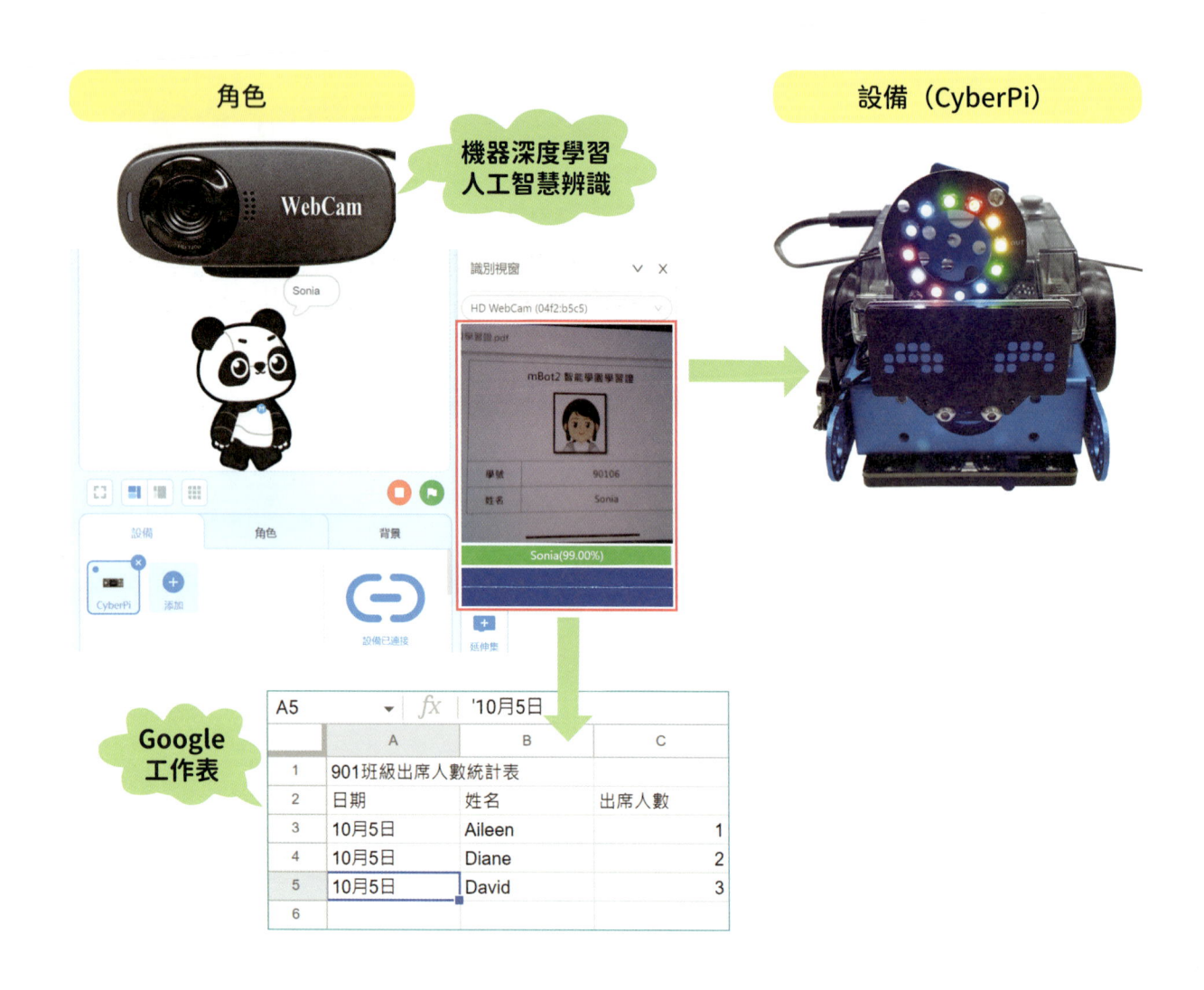

一、mBot2 智能點點名腳本規劃

mBot2 智能點點名將應用的元件包括：LED 矩陣、LED 燈環與視訊攝影機，每個元件的位置與功能如圖 3 所示。

▲圖 3　智能點點名元件與功能

二、mBot2 智能點點名執行流程

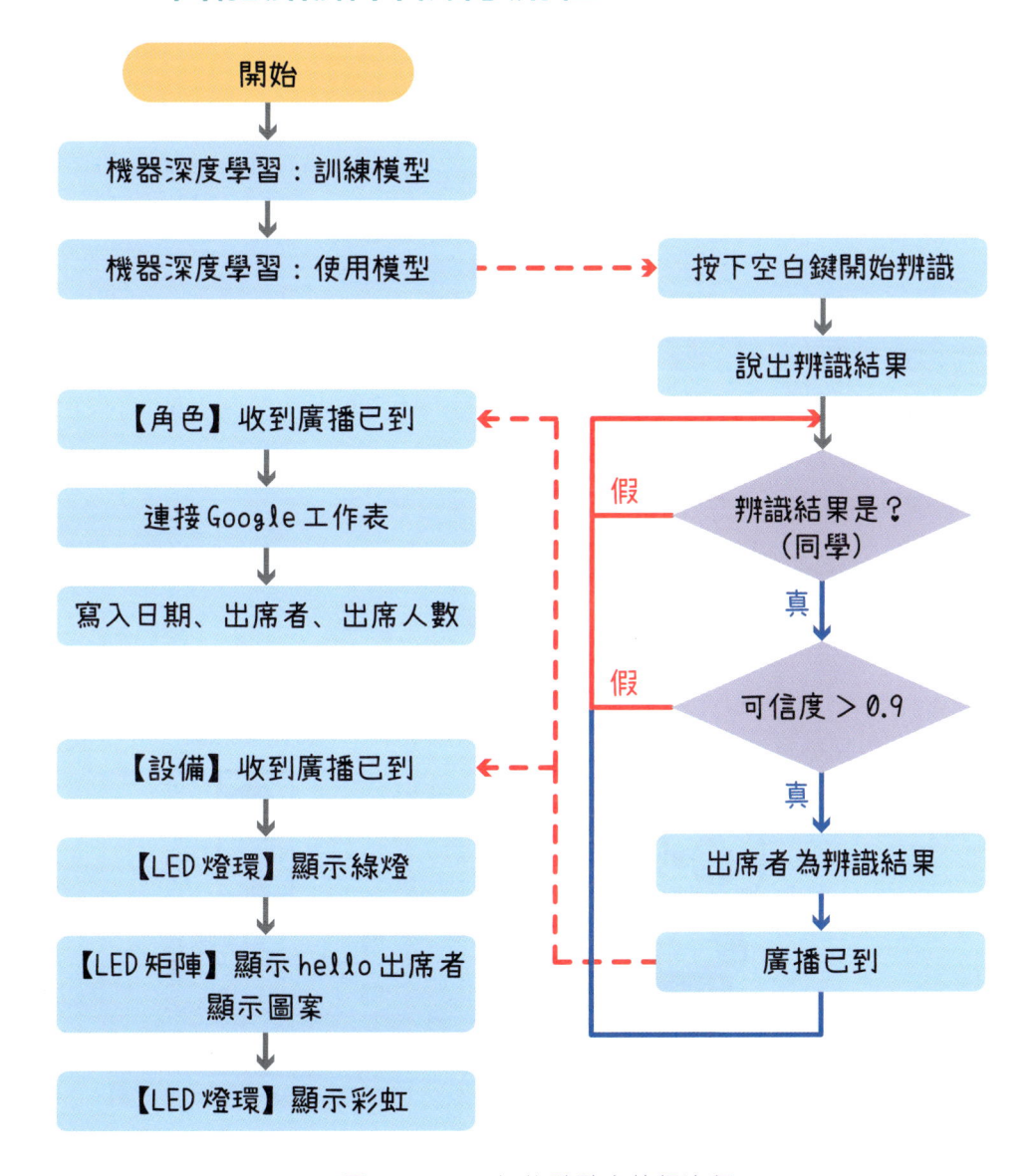

▲圖 4　mBot2 智能點點名執行流程

7-3 機器深度學習

機器深度學習（Machine Learning，ML）就是教電腦學習，建立類似人類大腦的人造神經網路。例如：訓練電腦辨識表情、圖片、文字、聲音或車牌等。mBlock 5 的機器深度學習包括：訓練模型、檢驗與應用三個流程，每個流程的執行動作分述如下：

機器深度學習：訓練模型

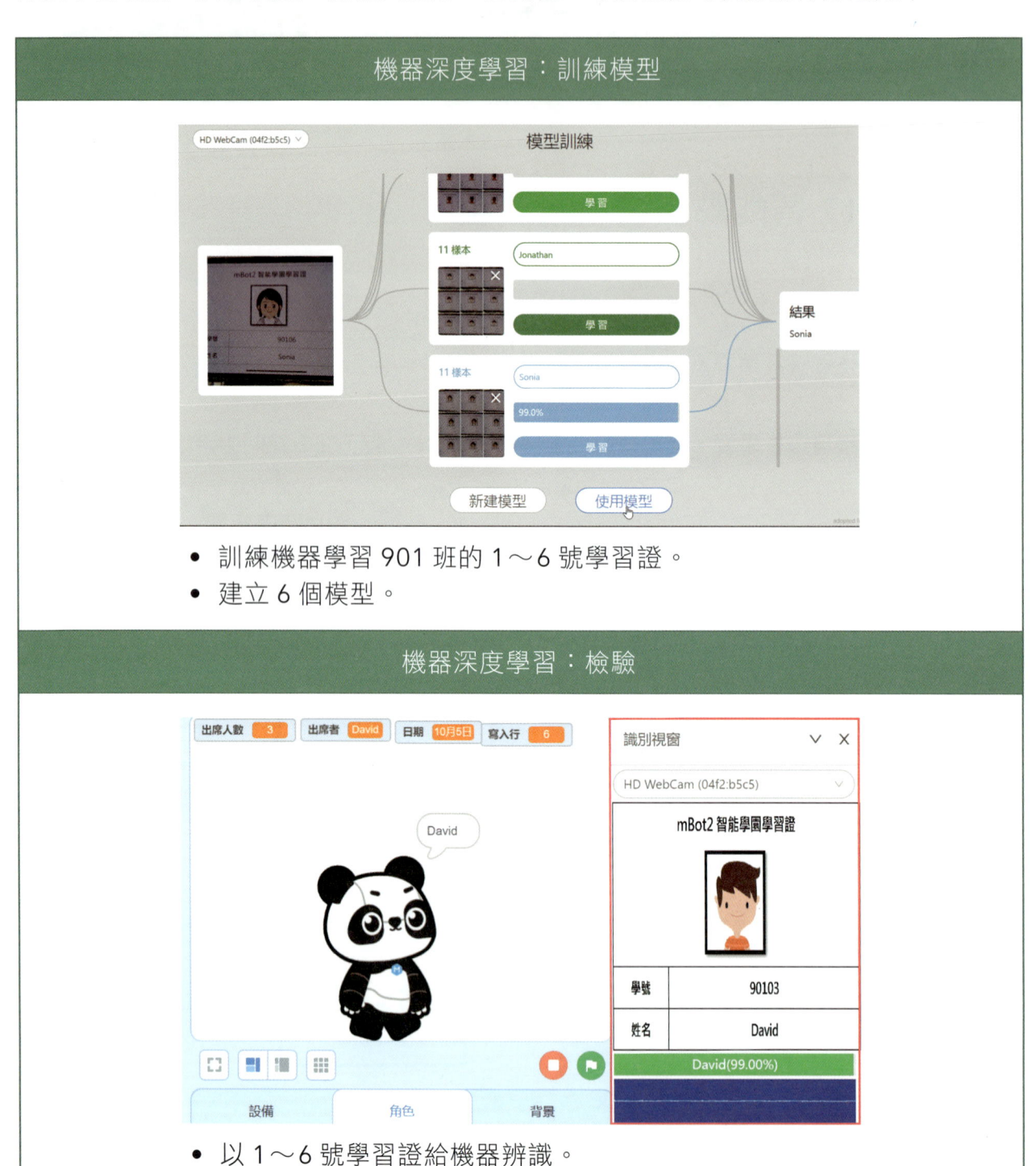

- 訓練機器學習 901 班的 1～6 號學習證。
- 建立 6 個模型。

機器深度學習：檢驗

- 以 1～6 號學習證給機器辨識。

機器深度學習：應用

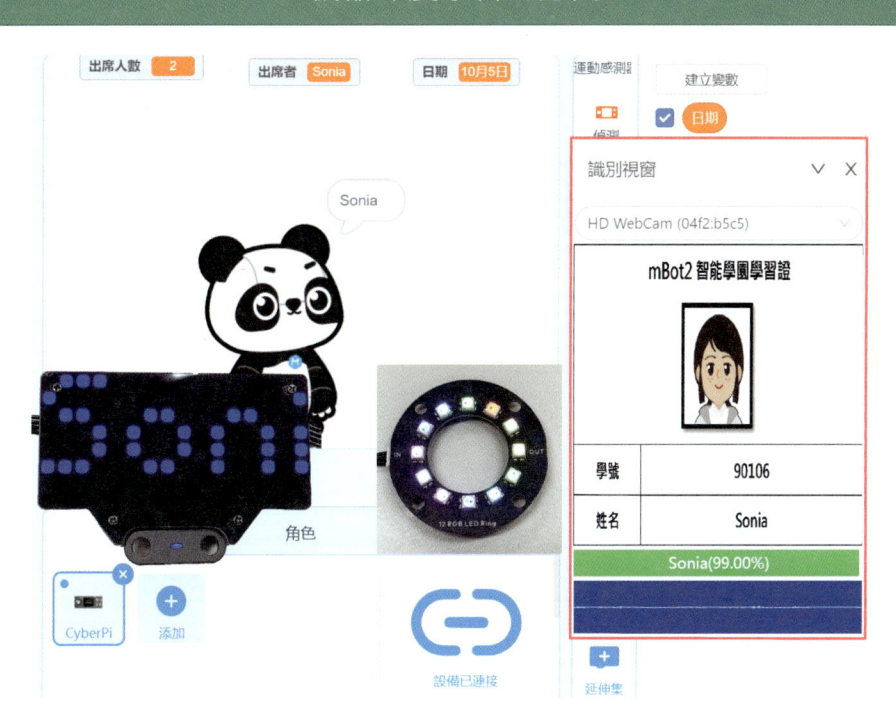

角色辨識

- 如果辨識結果是 6 號 Sonia。
  1. 語音說出：「Sonia 的可信度」。
  2. 如果辨識結果的可信度大於 0.9，將出席者設為 Sonia，並廣播訊息已到。
  3. 將日期、出席者與出席人數寫入 Google 工作表。

mBot2 應用

- 收到已到的廣播訊息。
- 點亮綠色 LED 燈環。
- LED 矩陣顯示 Hello Sonia。

7-4 訓練模型

訓練機器學習 901 班的 1～6 號學習證，建立 6 位同學的模型，提供辨識使用。學習證樣式如圖 5 所示。

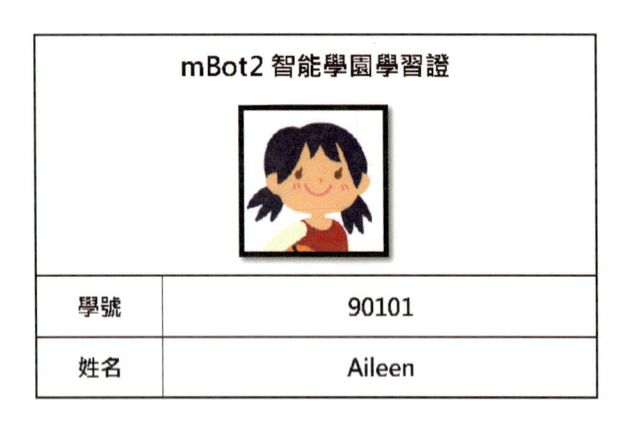

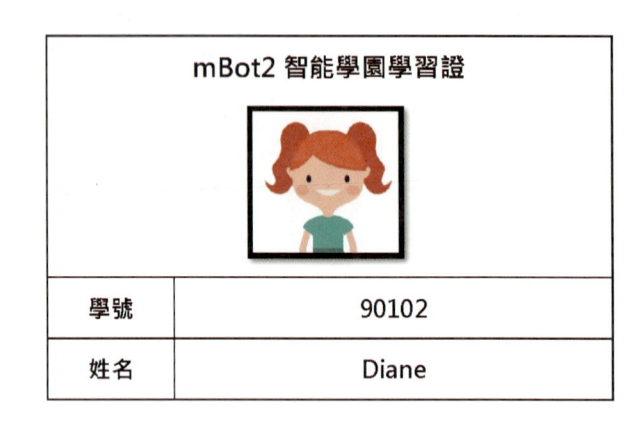

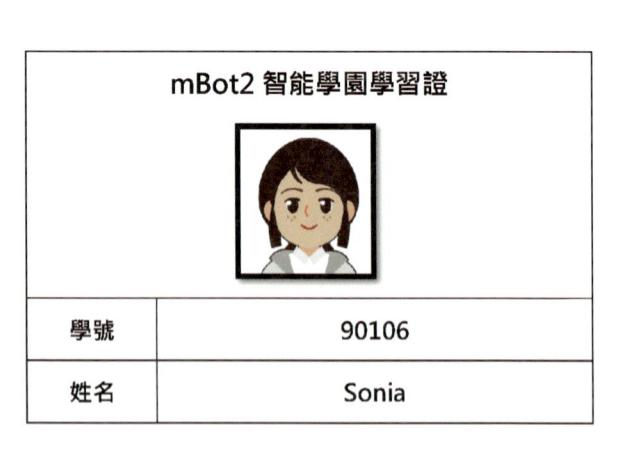

mBot2 智能學園學習證	mBot2 智能學園學習證
學號　90101	學號　90102
姓名　Aileen	姓名　Diane

mBot2 智能學園學習證	mBot2 智能學園學習證
學號　90103	學號　90104
姓名　David	姓名　Hank

mBot2 智能學園學習證	mBot2 智能學園學習證
學號　90105	學號　90106
姓名　Jonathan	姓名　Sonia

▲圖 5　學習證樣式

7-4 訓練模型

1. 點選「角色」，在 延伸集 的附加元件中心，點選「機器深度學習」，按【+ 添加】。

2. 點選 機器深度學習，按【新建模型】，輸入「6」，再按【確認】。

3. 在模型訓練的「分類1」～「分類6」分別輸入6位同學的姓名「Aileen」、「Diane」、「David」、「Hank」、「Jonathan」與「Sonia」。

④ 開啟視訊攝影機，將 1 號 Aileen 學習證放在視訊攝影機鏡頭前，長按【學習】，直到「樣本」照片超過 10 張，再放開【學習】按鈕，訓練電腦辨識 Aileen 的學習證。

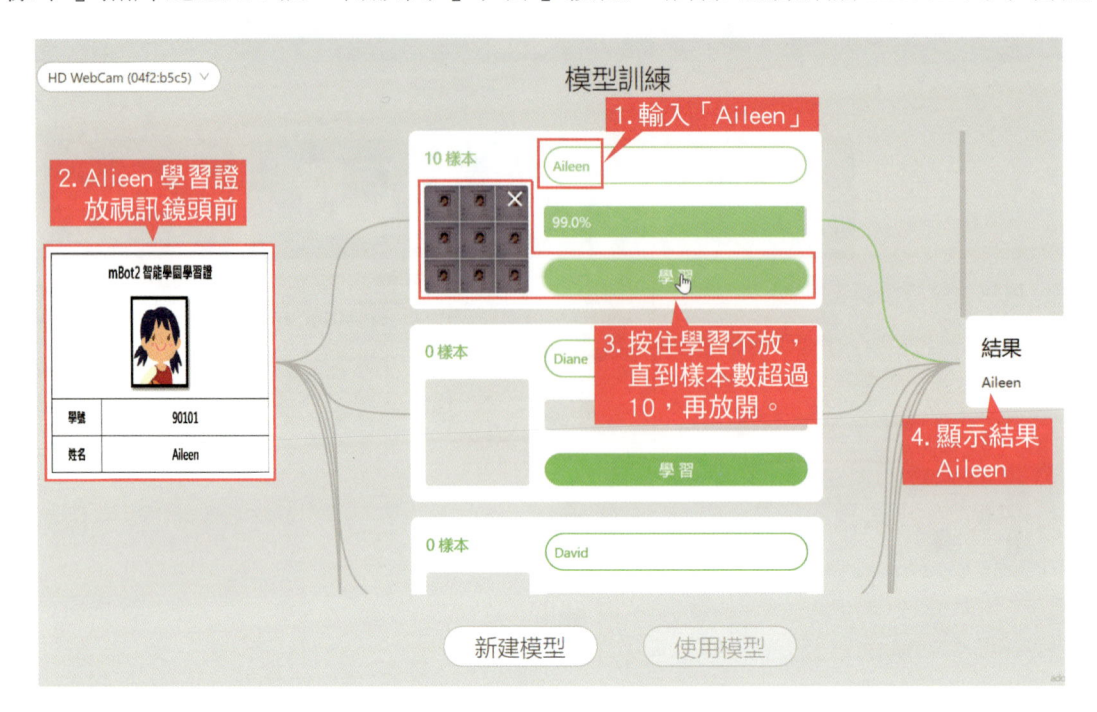

⑤ 重複相同動作，將【Diane】、【David】、【Hank】、【Jonathan】與【Sonia】分別放在視訊攝影機鏡頭前，長按【學習】，直到「樣本」照片超過 10 張，再放開【學習】按鈕，分別建立【Diane】、【David】、【Hank】、【Jonathan】與【Sonia】五位同學的模型。

⑥ 模型建立完成，點選【使用模型】，自動產生機器深度學習積木。

mBot2 筆記

建立機器深度學習前，請預先設定視訊攝影機與電腦網路連線。

7-5　檢驗機器深度學習

訓練模型建立成功之後，自動產生機器深度學習【Aileen】、【Diane】、【David】、【Hank】、【Jonathan】與【Sonia】相關積木。

一、機器深度學習積木

功能	積木與說明
辨識結果	`辨識結果` 傳回辨識結果。
可信度	`Aileen▼ 的可信度` 傳回辨識結果的可信度。
判斷	`辨識結果是 Aileen▼ ?` 判斷辨識結果是否為【Aileen】、【Diane】、【David】、【Hank】、【Jonathan】與【Sonia】等 6 位同學。傳回值為 true（真）、fasle（假）。

二、檢驗機器深度學習

以【Aileen】、【Diane】、【David】、【Hank】、【Jonathan】與【Sonia】，班上 6 位同學的學習證給角色辨識，說出可信度與辨識結果的文字與語音。

1　點擊 延伸集，點選【Text to Speech】（文字轉語音），將中文字轉成語音。

2 按 事件、控制、外觀、機器深度學習 與 文字轉語音，拖曳下圖積木，當按下空白鍵，先說出辨識結果的文字。再判斷辨識結果，如果辨識結果為 Aileen，那麼以中文語音說出 Aileen 的可信度為 0.99。

- 說出：「Aileen」文字。
- 說出：「0.99」語音。
- 說出：「Aileen 的可信度為」語音。

3 點選 變數，建立一個變數，輸入「出席者」，再按【確認】，暫存出席者資料。

4 按 事件、控制、運算、變數 與 機器深度學習，如果 Aileen 的可信度大於 0.9，廣播訊息「已到」，確認是 Aileen 本人的學習證，同時將出席者設定為 Aileen（辨識結果）。

- 出席者設為 Aileen。
- 廣播訊息給設備 mBot2。

5 點擊 ▶，再按下空白鍵，以 Aileen 學習證，放在視訊攝影機前，檢查角色是否說出：「Aileen」、電腦喇叭播放「Aileen 的可信度為 0.9」的語音，同時出席者設為 Aileen。

7-5 檢驗機器深度學習

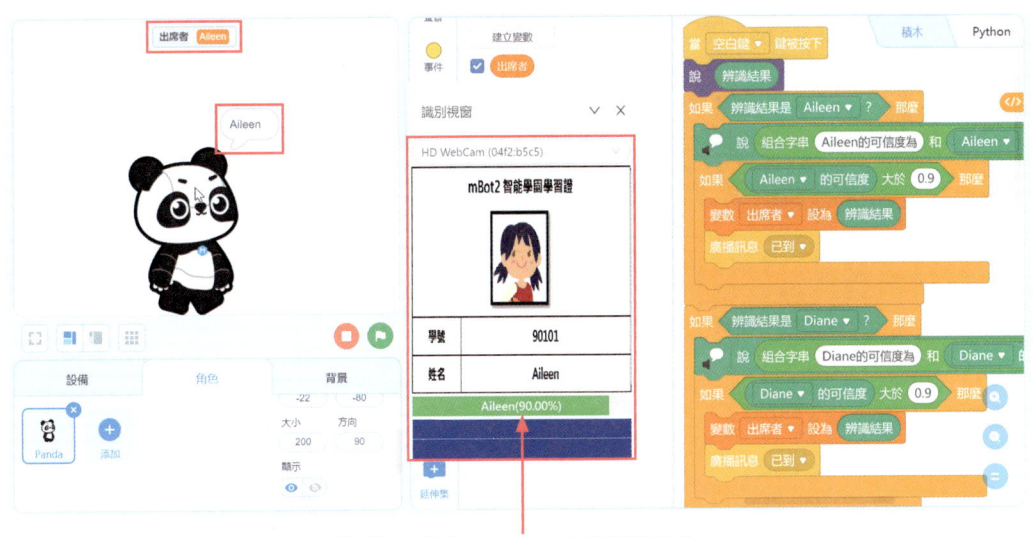

顯示辨識結果為 Aileen 的可信度為 0.9

6 重複上述步驟，拖曳下圖積木，辨識【Diane】、【David】、【Hank】、【Jonathan】與【Sonia】。

辨識 Aileen

辨識 Diane

（接下頁）

mBot2 筆記

利用積木 `將語言設定為 Chinese (Mandarin)` 設定語音為繁體中文（Chinese (Mandarin)）。

7-6　Google 表格

辨識完成,以 Google 表格記錄日期、出席者與出席人數。

一、Google 表格

在角色延伸集中,「Google 表格」能夠將資料寫入雲端表格、讀取雲端表格的資料或將資料下載成試算表格式。相關積木功能如下:

功能	積木與說明
連接	連接到共用工作表 https://docs.google.com/spreadsheets 連結 Google 工作表。
寫入	輸入 50 到列 1 行 1 將資料(50)寫入 Google 工作表的第 1 列第 1 行。
讀取	讀取 1 列 1 行 單元格內容 讀取 Google 工作表的第 1 列第 1 行的內容。

二、辨識結果寫入 Google 表格

將日期、出席者與出席人數寫入 Google 表格。

1 開啟 Chrome 瀏覽器,登入 Google 帳號,點選【雲端硬碟】。

2 在【我的雲端硬碟】按【新增】,新增【Google 試算表】。

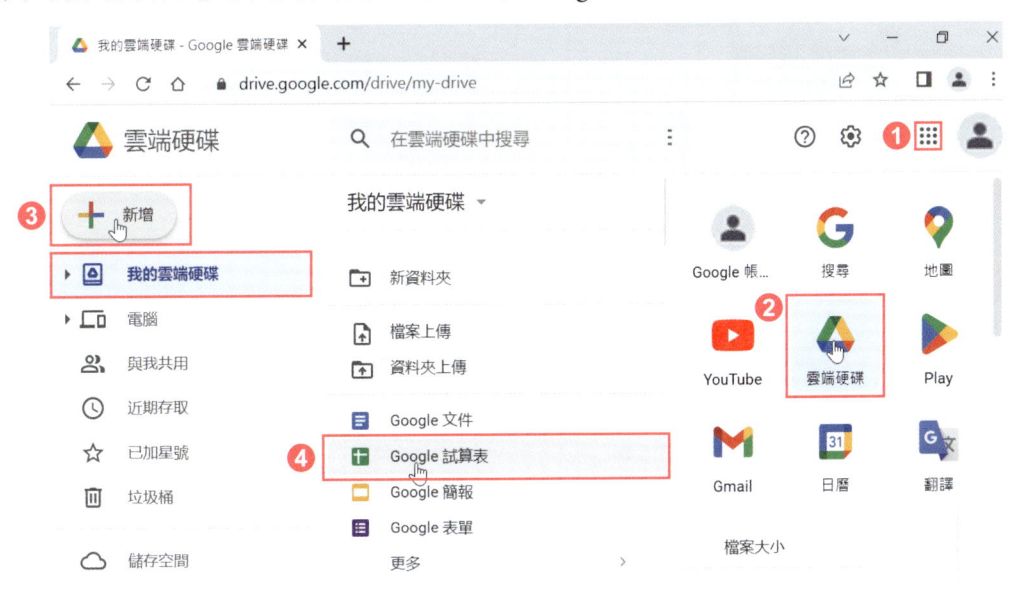

❸ 在 Google 試算表將未命名的試算表改為【ch7 智能點點名】，再點擊【共用】將一般存取權改為【知道連結的任何人】與【編輯者】，再【複製連結】與【完成】。將 Google 試算表設定為共用並能寫入資料。

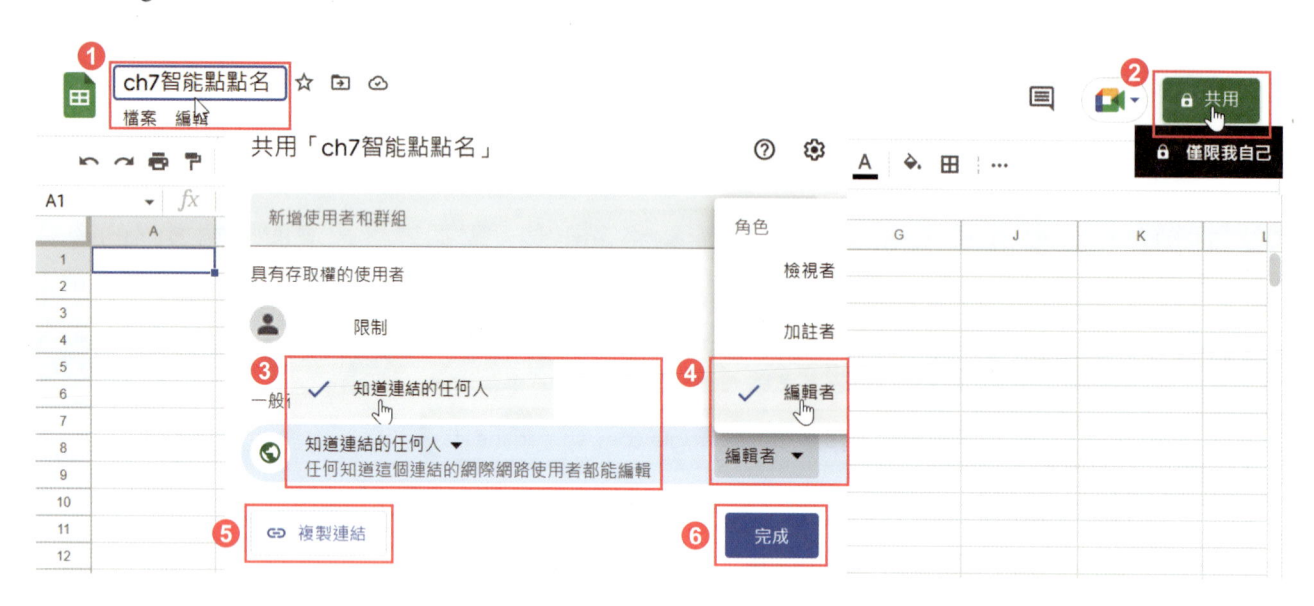

❹ 點選 變數，【建立變數】，建立【出席人數】與【寫入行】二個變數。

❺ 點選 事件、變數 與 Google表格，拖曳下圖積木，並將連結的網址在工作表中貼上，並設定工作表標題與每一列的標題。

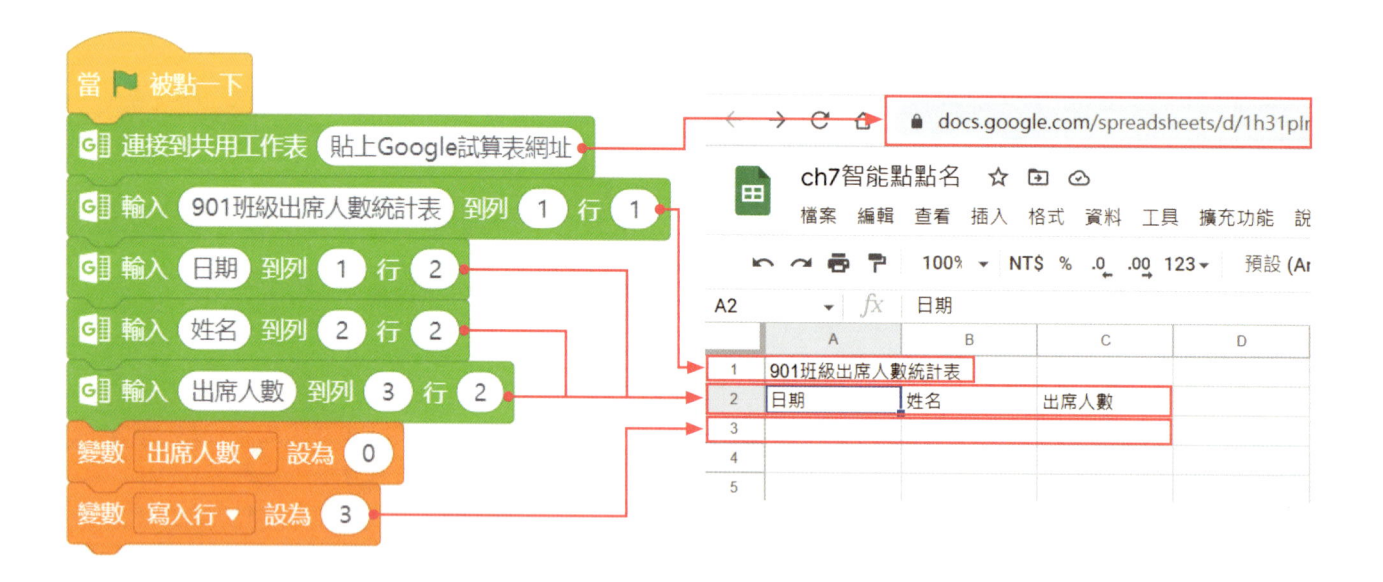

❻ 點選 變數，【建立變數】，建立【日期】變數。

7 點選 **事件**、**變數**、**Google表格**、**運算** 與 **偵測**，拖曳下圖積木，當學習證辨識的可信度大於 0.9，將電腦日期寫入 Google 工作表，並將出席者（辨識結果）與出席人數同步寫入。

```
當收到廣播訊息 已到▼
連接到共用工作表 https://docs.google.com/spreadsheets/d/1XaLcbc2_SSRYB6QUVvUfGNXi6kagQYXUyZ9ZXH8k2c
變數 日期▼ 設為 組合字串 目前時間的 月▼ 和 組合字串 月 和 組合字串 目前時間的 日期▼ 和 日
變數 出席人數▼ 改變 1
輸入 日期 到列 1 行 寫入行
輸入 出席者 到列 2 行 寫入行
輸入 出席人數 到列 3 行 寫入行
變數 寫入行▼ 改變 1
```

8 點擊 ▶，將 901 班 mBot2 智能學園學習證放在視訊鏡頭前，按下空白鍵，檢查，當辨識結果的可信度大於 0.9 時，是否將出席者資訊寫入 Google 工作表。

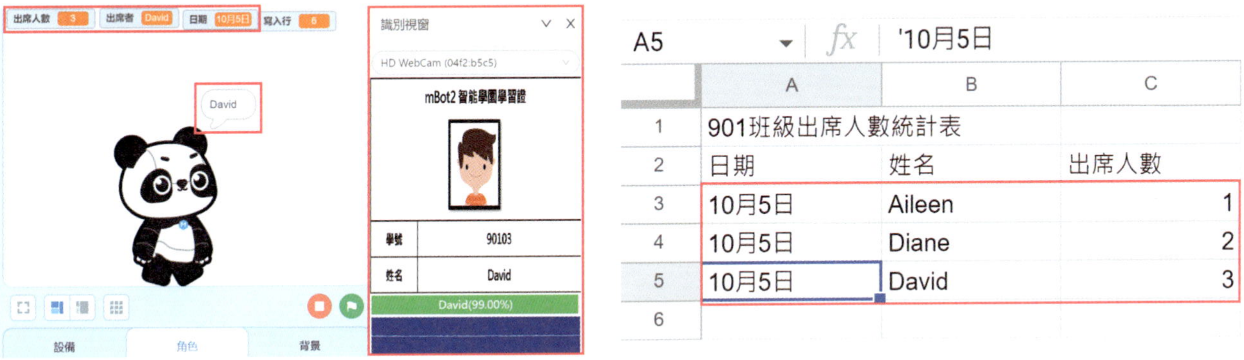

	A	B	C
1	901班級出席人數統計表		
2	日期	姓名	出席人數
3	10月5日	Aileen	1
4	10月5日	Diane	2
5	10月5日	David	3
6			

mBot2 筆記

在 **運算** 的 組合字串 蘋果 和 香蕉 積木，能夠將「蘋果」與「香蕉」二個字串組合成「蘋果香蕉」。而 **偵測** 的 目前時間的 年▼ 積木能夠偵測電腦目前的日期與時間。二個積木組合成下圖積木，設定變數日期格式（例如：1月10日）。

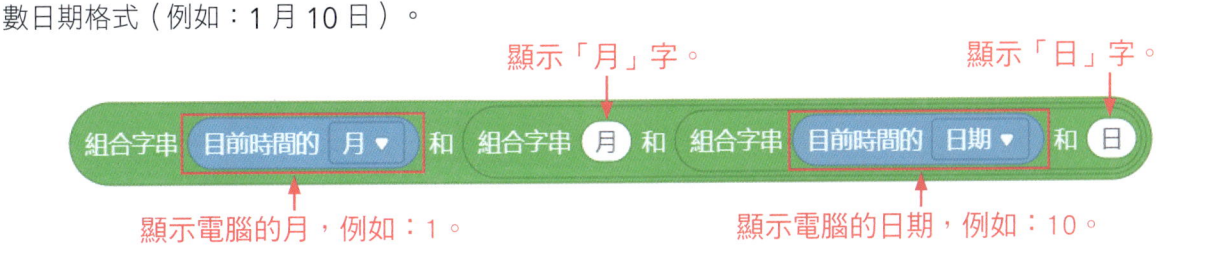

顯示電腦的月，例如：1。 → 組合字串 目前時間的 月▼
顯示「月」字。 → 和 組合字串 月
顯示電腦的日期，例如：10。 → 和 組合字串 目前時間的 日期▼
顯示「日」字。 → 和 日

7-7　mBot2 與出席者互動

當學習證辨識前，LED 燈環點亮彩色 LED；辨識中 LED 燈環點亮彩色 LED 跑馬燈；辨識成功時，mBot2 收到「已到」廣播，LED 燈環點亮綠燈、LED 矩陣顯示「Hello Aileen」文字與圖案。

1. 點選【設備】，將 LED 燈環連接 LED 驅動，再連接 LED 矩陣與 mBot2，將 CyberPi 的連線狀態設定為【即時】。

2. 點選 事件 、 LED驅動器 與 LED矩陣 ，程式開始執行時，將 LED 燈環設定為彩色的呼吸模式，同時 LED 矩陣顯示圖案。

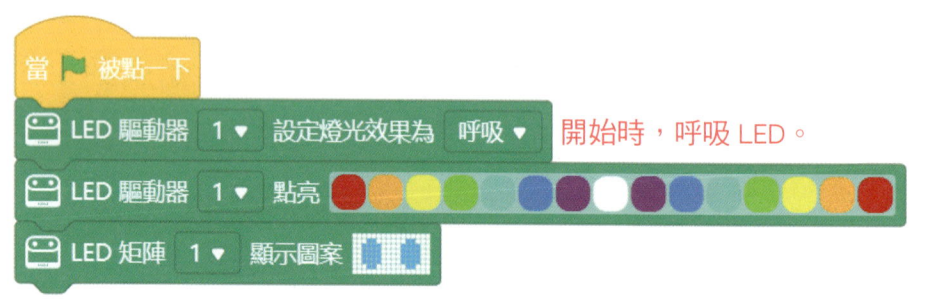

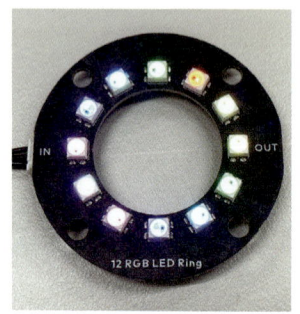

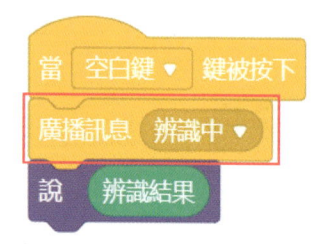

開始時，呼吸 LED。

3. 點選【角色】，按 事件 ，新增廣播訊息【辨識中】積木。

4. 點選【設備】，按 事件 當收到「辨識中」的廣播訊息，拖曳下圖積木，將 LED 燈條設定為彩色跑馬燈。

辨識中，彩虹 LED 跑馬燈。

5. 點選 **事件**、**LED驅動器**、**LED矩陣** 與 **變數**，拖曳下圖積木，當角色辨識成功廣播已到訊息時，mBot2 的 LED 燈環點亮綠燈、LED 矩陣顯示「Hello Sonia」文字與圖案，再將 LED 燈環設定為未辨識的呼吸模式。

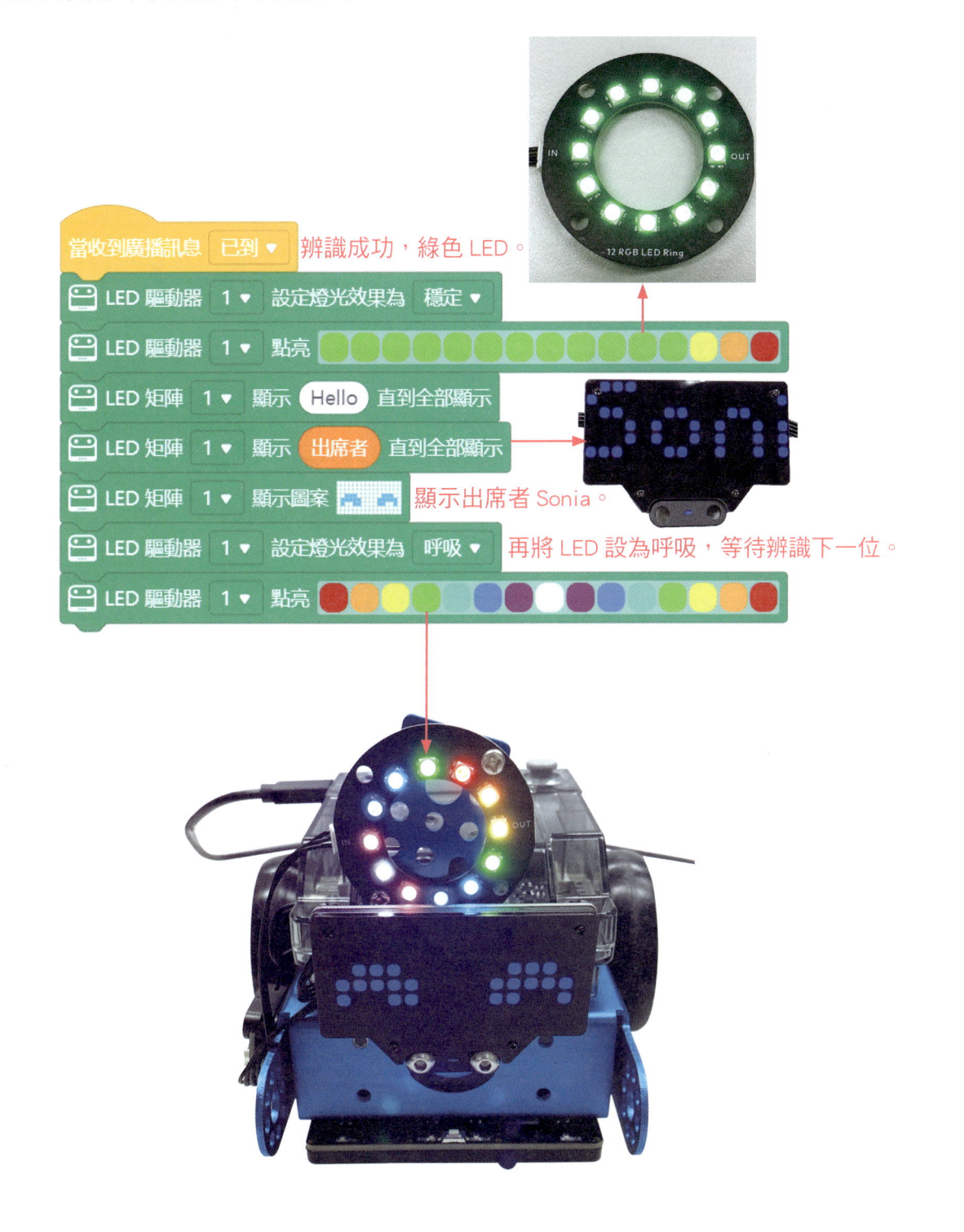

辨識成功，綠色 LED。

顯示出席者 Sonia。

再將 LED 設為呼吸，等待辨識下一位。

實力評量 7

一、單選題

( ) 1. 下列何者<u>不是</u> mBlock 5 機器深度學習的流程？
  (A) 檢驗
  (B) 訓練模型
  (C) 辨識
  (D) 應用。

( ) 2. 關於機器深度學習積木的敘述，何者正確？
  (A) `辨識結果是 Aileen ?` 傳回 Aileen 的辨識結果
  (B) `Aileen 的可信度` 判斷辨識結果是否為 Aileen
  (C) `辨識結果` 判斷辨識結果是否為 Aileen
  (D) `辨識結果` 傳回辨識結果。

( ) 3. 關於圖一的程式敘述，何者<u>錯誤</u>？
  (A) 語音說出辨識結果
  (B) 判斷辨識結果是否為 Aileen
  (C) 語音說出 Aileen 的可信度為 xxx
  (D) 按下空白鍵開始辨識。

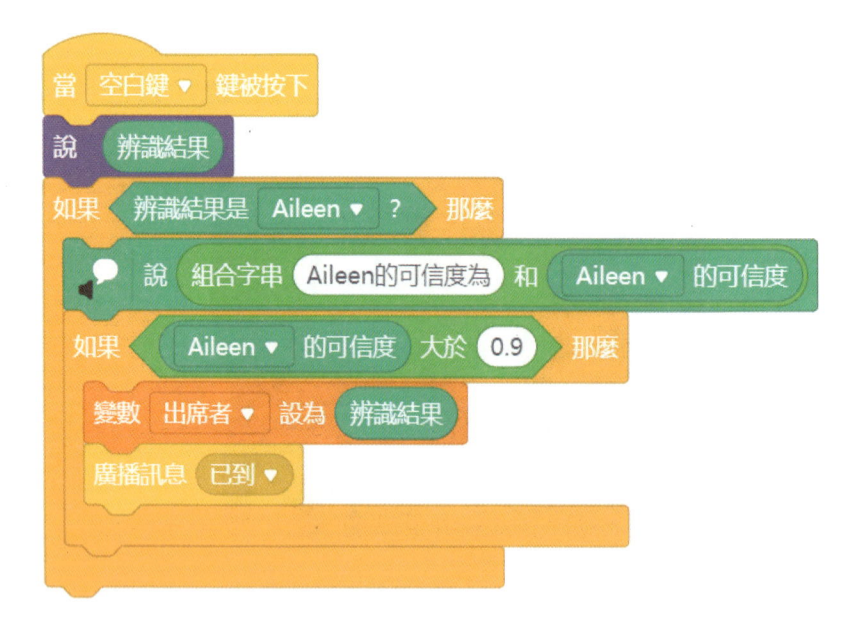

▲圖一

( ) 4. 續接上題，關於圖一判斷辨識結果的敘述，何者正確？
(A) 辨識結果為 Aileen 時，廣播訊息已到
(B) 辨識結果為 Aileen 時，將變數出席者設為 Aileen
(C) 辨識結果為 Aileen，而且可信度大於 0.9，將變數出席者設為 Aileen
(D) 按下空白鍵，廣播訊息已到。

( ) 5. 如果設計將資料寫入角色延伸集的「Google 表格」，下列敘述何者正確？
(A) Google 表格設定為檢視
(B) Google 表格設定為共用
(C) 資料僅能寫入 Google 表格，無法從 Google 表格讀取
(D) Google 表格僅能寫入 1 行 1 列。

( ) 6. 如果想設計將「字串」組合成「長字串」，例如將日期組合成「1月1日」，應該使用下列哪個積木？
(A) 字串 蘋果 的第 1 字母
(B) 清單 蘋果 包含 一個 ？
(C) 組合字串 蘋果 和 香蕉
(D) 字串 蘋果 的第 1 字母 。

( ) 7. 關於圖二程式積木的敘述，何者錯誤？
(A) 上傳模式執行程式
(B) 即時模式執行程式
(C) LED 驅動器能夠連接 LED 燈條或 LED 燈環
(D) LED 驅動器能夠連接 1～8 裝置。

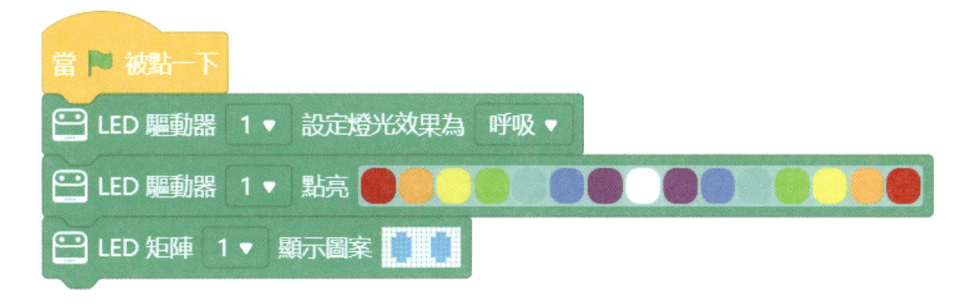

▲圖二

實力評量 7

(　　) 8. 關於圖三「Google 表格」的敘述，何者<u>錯誤</u>？
(A) 利用 [G 讀取 1 列 1 行 單元格內容] 讀取 Google 表格資料
(B) 利用 [G 連接到共用工作表 https://docs.google.com/spreadsheets] 將資料寫入 Google 表格
(C) 每次寫入日期、姓名、出席人數三項資料
(D) 利用 [目前時間的 年▼] 偵測電腦的年 / 月 / 日。

	A	B	C
1	901班級出席人數統計表		
2	日期	姓名	出席人數
3	10月5日	Aileen	1
4	10月5日	Diane	2
5	10月5日	David	3
6			

A5　fx　'10月5日

▲圖三

(　　) 9. 關於圖四點亮 LED 燈環的敘述，何者正確？
(A) 點亮 LED 燈環第 1, 3, 5, 7, 9, 11 顆
(B) 點亮 LED 燈環第 2, 4, 6, 8, 10, 12 顆
(C) 點亮全部 LED 燈環
(D) 重複點亮 LED 燈環第 1 顆。

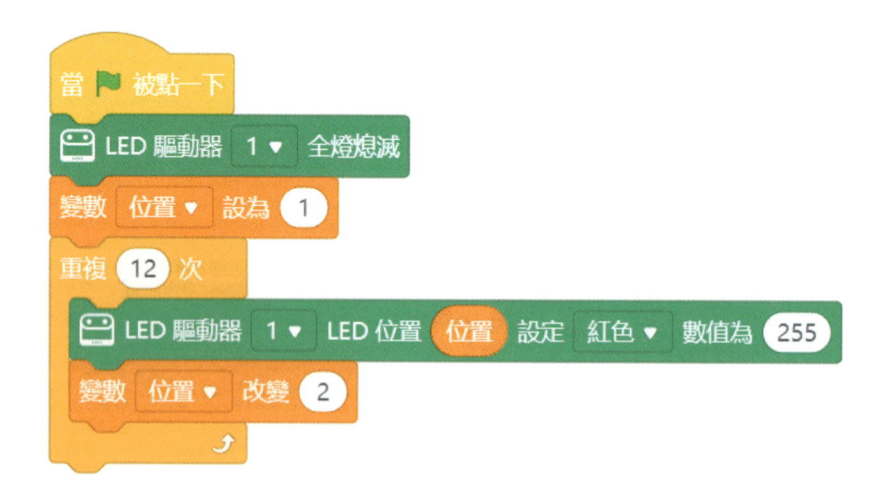

▲圖四

實力評量 7

(　　) 10. 下列關於圖五機器深度學習的敘述，何者錯誤？
(A) 屬於機器深度學習的訓練模型階段
(B) 正在學習樣本
(C) 新建模型能夠自訂樣本數
(D) 屬於機器深度學習的辨識階段。

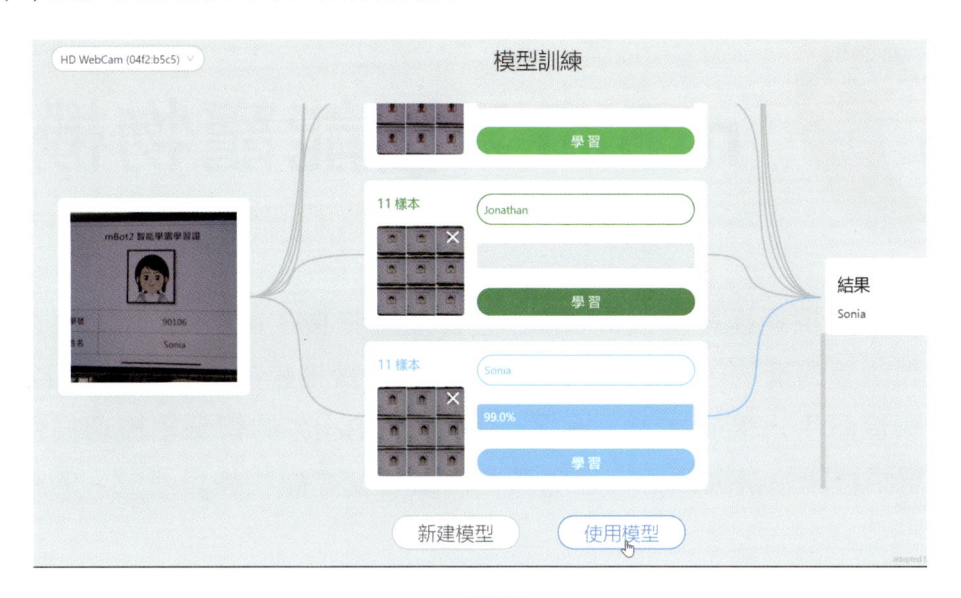

▲圖五

二、實作題

1. 請在「角色」建立「出席者」與「日期」清單，當出席者辨識成功時，同步將「出席者」與「日期」寫入清單。

2. 請利用「角色」 偵測 的 詢問 你叫什麼名字 並等待 與 答案 設計，當按下 Q 從清單中查詢學習者姓名是否「出席」或「未出席」。

mBot2 筆記

清單 出席者▼ 包含 物品 ？ 判斷出席者的清單中是否包括「物品」，將物品改為出席者開始搜尋。

Chapter 8

mBot2 智能寵物機

本章將應用視覺模組,設計 mBot2 智能寵物機。mBot2 智能寵物機的功能就像人類飼養的寵物,追隨主人的腳步前進。當搖桿向上推,mBot2 的智慧相機開始學習顏色。學成之後,搖桿向下推,mBot2 的智慧相機切換色塊偵測模式,智慧相機開始辨識顏色,追隨顏色前進,就像寵物機追隨主人的腳步。

本章節次

8-1 視覺模組
8-2 腳本規劃與執行流程
8-3 智能寵物機學習顏色
8-4 智能寵物機辨識顏色
8-5 智能寵物機追蹤顏色移動

學習目標

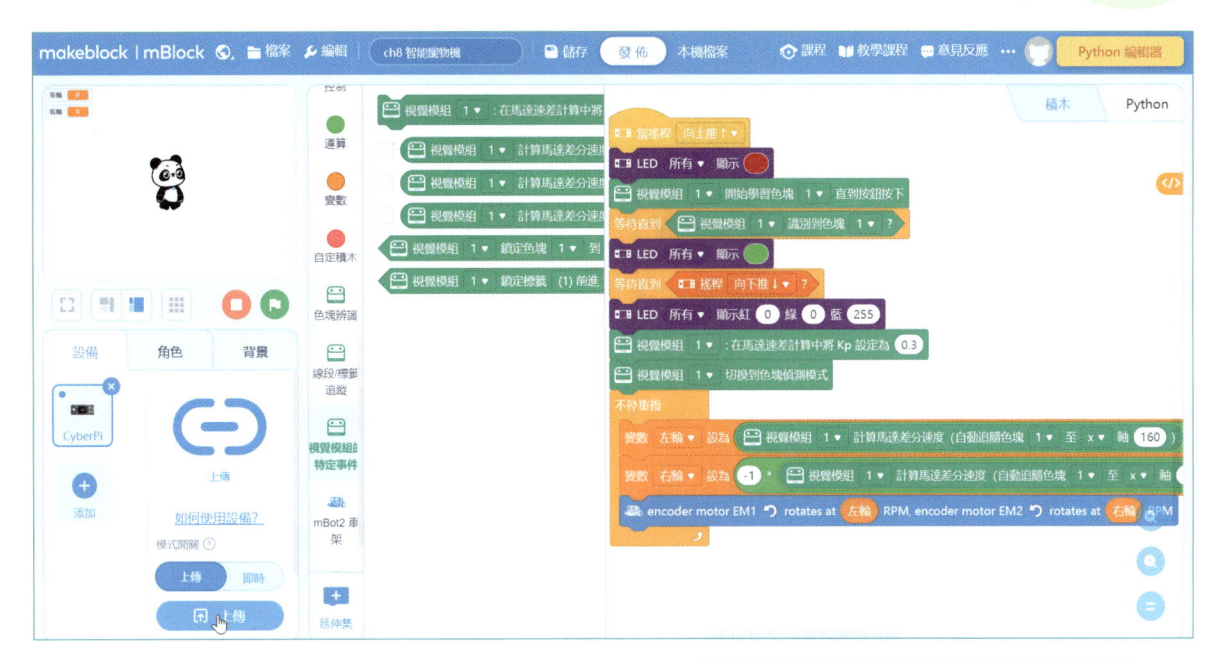

1. 認識視覺模組學習顏色的方式。
2. 認識視覺模組辨識顏色的方式。
3. 能夠應用視覺模組設計 mBot2 辨識追蹤顏色前進。

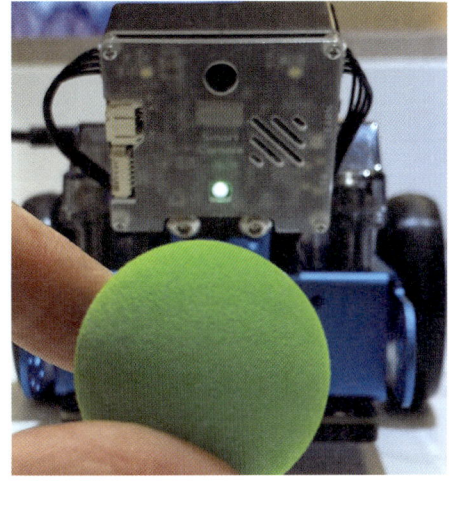

本章擴充元件與功能規劃

視覺模組
» 學習顏色、線段或標籤

本章視覺模組、電池盒與 mBot2 的 MOUT 接線方式如圖 1 所示。

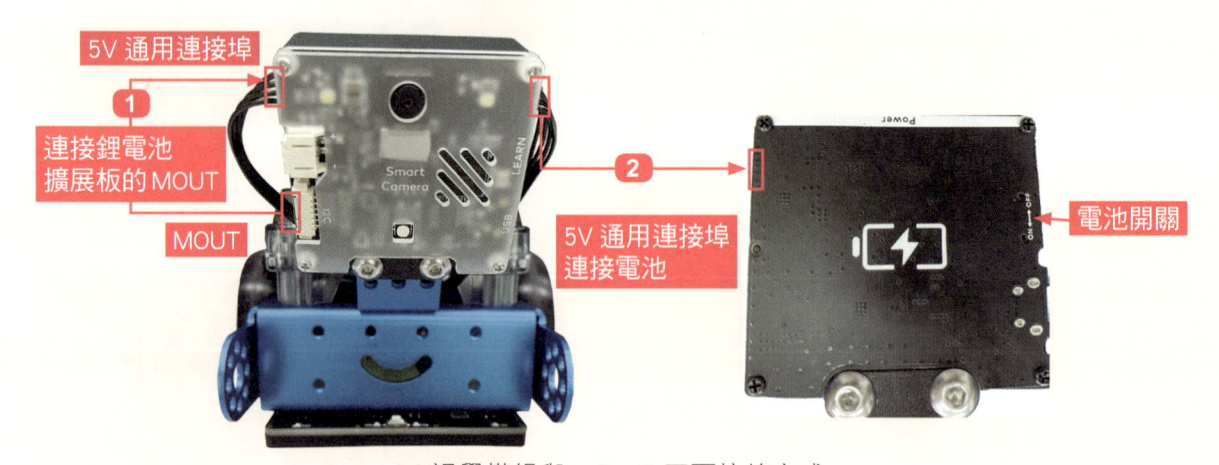

5V 通用連接埠
① 連接鋰電池擴展板的 MOUT
MOUT
5V 通用連接埠連接電池
②
電池開關

(a) 視覺模組與 mBot2 正面接線方式

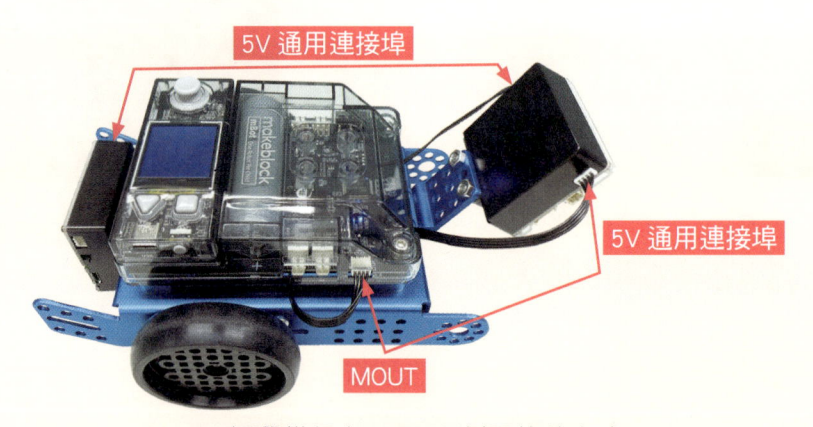

5V 通用連接埠
5V 通用連接埠
MOUT

(b) 視覺模組與 mBot2 側面接線方式

▲圖 1

mBot2 筆記 智能寵物機接線順序如下，接線順序可以隨著支架設計變更。

鋰電池擴展板的 MOUT ① ②

創客題目

請應用視覺模組,設計 mBot2 智能寵物機。當搖桿向上推,mBot2 的智慧相機開始學習顏色。學成之後,搖桿向下推,mBot2 的智慧相機切換色塊偵測模式,智慧相機開始辨識顏色,追隨顏色前進,就像寵物機追隨主人的腳步。

題目編號 A039025

實作時間 60 分鐘

創客學習力

外形	機構	電控	程式	通訊	人工智慧
1	1	3	4	3	4

創客總數 16

綜合素養力

空間力	堅毅力	邏輯力	創造力	整合力	團隊力
1	1	3	1	2	1

素養總數 9

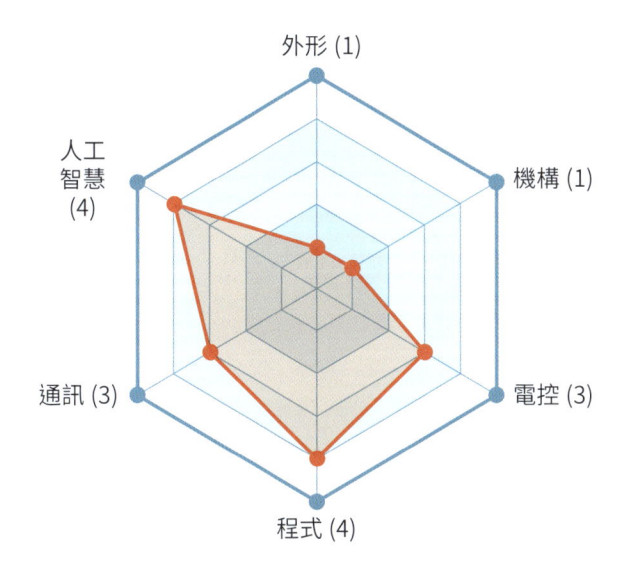

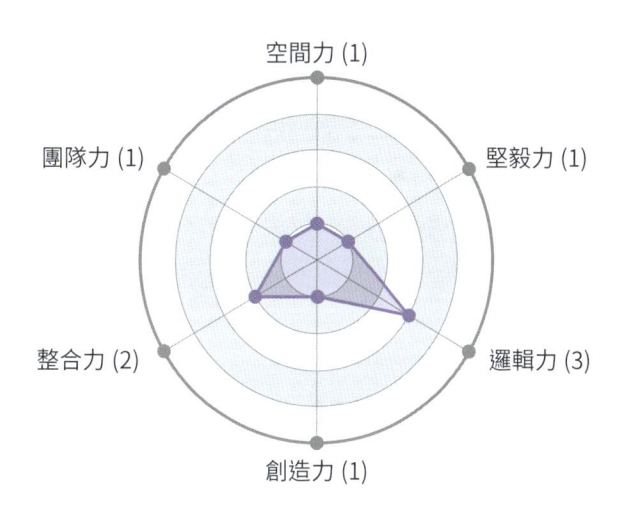

8-1 視覺模組

視覺模組（Smart Camera）由相機鏡頭、LED 補光燈、辨識指示燈組成，主要的功能是學習顏色、線段或標籤，並且能夠辨識已習得的顏色、線段或標籤，進行智能追蹤、智能循線等功能。視覺模組主要組成元件如圖 2 所示。

標示：LED 補光燈、相機鏡頭、LED 補光燈、5V 通用連接埠、3.7V 電池連接埠、RJ25-I2C 連接埠、辨識指示燈、5V 通用連接埠、學習按鈕、Micro USB 連接埠

▲圖 2　視覺模組組成元件

在設備 CyberPi 添加視覺模組之後，新增 色塊辨識 、線段/標籤追蹤 與 視覺模組的特定事件 三類，以及視覺模組相關積木。

在 色塊辨識 類別積木中，與視覺模組辨識顏色相關的功能如下：

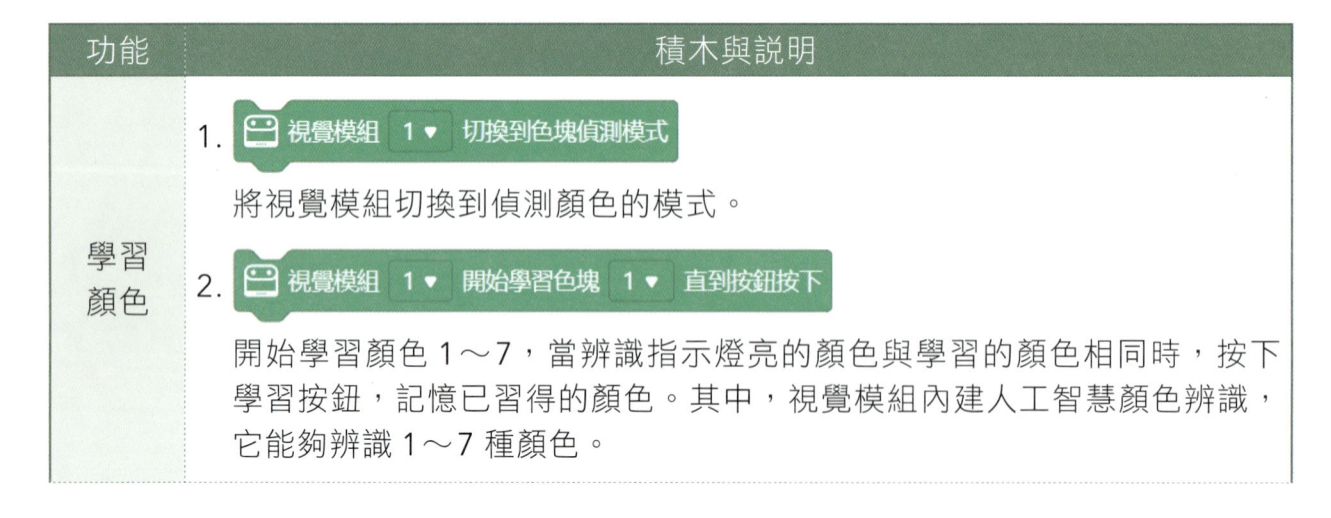

功能	積木與說明
學習顏色	1. 視覺模組 1▼ 切換到色塊偵測模式 將視覺模組切換到偵測顏色的模式。 2. 視覺模組 1▼ 開始學習色塊 1▼ 直到按鈕按下 開始學習顏色 1～7，當辨識指示燈亮的顏色與學習的顏色相同時，按下學習按鈕，記憶已習得的顏色。其中，視覺模組內建人工智慧顏色辨識，它能夠辨識 1～7 種顏色。

功能	積木與說明
判斷顏色	1. `視覺模組 1▼ 識別到色塊 1▼ ?` 判斷視覺模組辨識的顏色，是否為顏色 1。 判斷值 true：識別到色塊 1；判斷值 false：未識別到色塊 1。 2. `視覺模組 1▼ 識別到色塊 1▼ 在影像 置中▼ ?` 判斷視覺模組辨識的顏色 1 是在影像的置中（或頂部、底部、左、右）。 判斷值 true：識別到色塊 1 在影像置中的位置；判斷值 false：識別到色塊 1 未在影像置中的位置。
傳回辨識值	`視覺模組 1▼ 識別到色塊 1▼ 的 X 座標▼` 傳回視覺模組識別色塊 1 的 x 座標（或 y 座標、高度、寬度），其中 x 座標介於 0～320 之間；y 座標介於 0～240 之間。視覺模組識別圖像的 x, y 座標如下圖所示。
LED 設定	1. `視覺模組 1▼ 開啟▼ 補光燈` 開啟或關閉 LED 補光燈。 2. `視覺模組 1▼ 重置白平衡` 重置視覺模組白平衡。

實作範例　ch8-1　視覺模組辨色
請設計視覺模組學習顏色、辨識顏色。

1 將視覺模組連接鋰電池擴展板的 MOUT，再將視覺模組電池連接相機鏡頭的 5V 通用連接埠如圖 1 或圖 2 所示，最後連接 mBot2 連接電腦。

2 在 mBlock 5 將 CyberPi 的連線狀態設定為【上傳】。

3 點選【延伸集】，在視覺模組按【+ 添加】，新增色塊辨識、線段 / 標籤追蹤與視覺模組的特定事件三組積木。

4 點選 事件 與 色塊辨識 ，拖曳下圖積木，當按下按鈕 A，開始學習顏色。

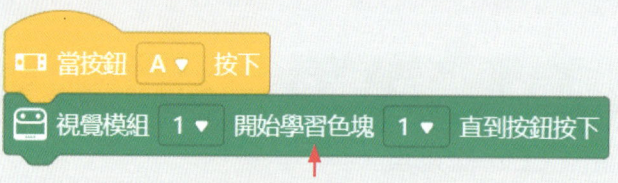

學習顏色 1，學習完成再按下視覺模組按鈕。

5 點選 事件 、 顯示 與 色塊辨識 ，拖曳下圖積木，當按下按鈕 B，切換偵測顏色，CyberPi 的螢幕顯示辨識顏色 1 的高度與寬度。

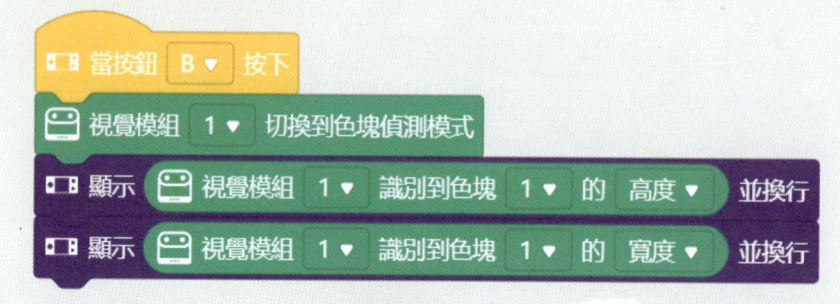

6 點擊 ⬆上傳 ，將程式上傳到 CyberPi。

7 按下 CyberPi 按鈕 A，將綠球放相機鏡頭前，視覺模組的辨識指示燈開始「閃爍」，表示正在學習。

8 學習完成，辨識指示燈點亮「綠燈」，停止閃爍。

9 按下學習按鈕，記憶已學習的綠色。

10 將綠球放在相機鏡頭前，辨識指示燈自動點亮綠燈。放其他顏色物件，則不會點亮綠燈。

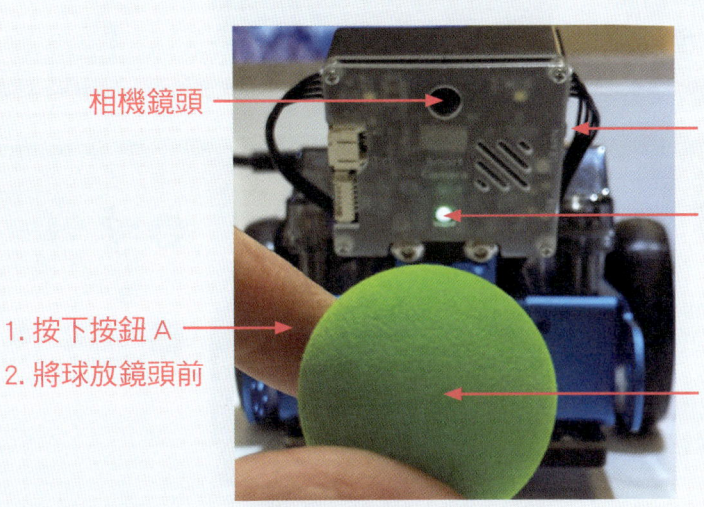

相機鏡頭
5. 按下學習按鈕
3. 先閃爍
4. 再亮綠燈
1. 按下按鈕 A
2. 將球放鏡頭前
6. 以後只要在相機鏡頭前放綠色，就會點亮綠色指示燈。

11 按下 CyberPi 按鈕 B，螢幕顯示綠球的高度（102）與寬度（101）。

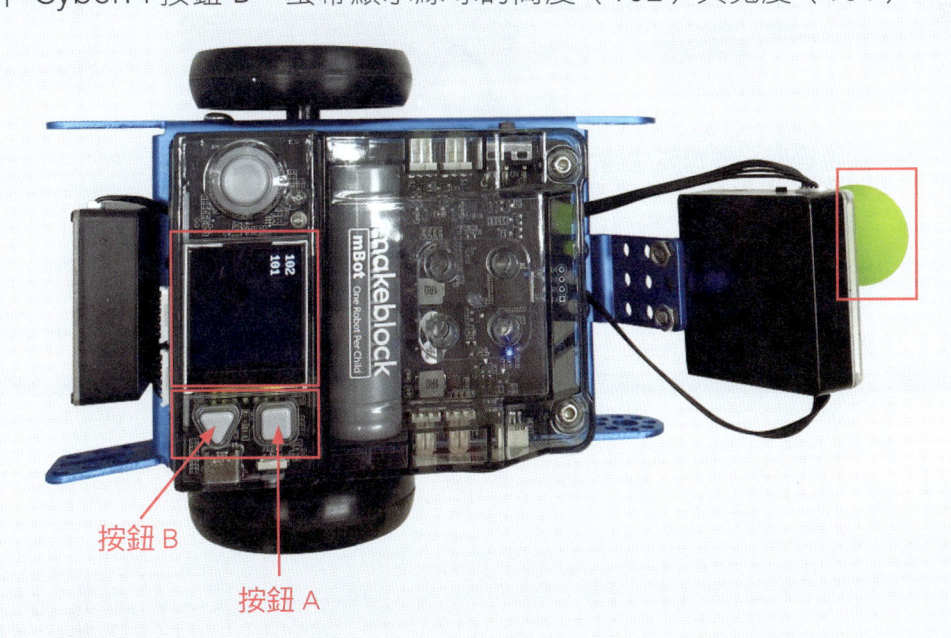

按鈕 B
按鈕 A

mBot2 筆記

視覺模組學習顏色的流程為「學習 → 記憶 → 辨識」，每個步驟的操作方式如下所示。

學習

1. 切換色塊偵測模式。
2. 開始學習色塊1（例如：綠球）。
3. 將欲學習的物件（例如：綠球）放在相機鏡頭前面，辨識指示燈會閃爍顏色（紅、綠、白等顏色）。

① 相機鏡頭學習色塊。
③ 學習中，閃爍指示燈。
② 將物件放鏡頭前，開始學習。

記憶

4. 當辨識指示燈點亮與欲學習的物件相同的燈色（綠色），表示學習完成。
5. 按下學習按鈕，記憶已學習的物件（例如：綠球）。

⑤ 按下學習按鈕，記憶顏色。
④ 亮綠燈，學習完成。

辨識

6. 當視覺模組學習成功時，只要將物件放在相機鏡頭前面，辨識指示燈就會點亮與物件相同的燈色（例如：綠球點亮綠色LED）。

⑥ 物件放相機鏡頭前，開始辨識。

在 [線段/標籤追蹤] 類別積木中，與視覺模組辨識線段或標籤相關的功能如下：

功能	積木與說明
學習線段或標籤	1. `視覺模組 1▼ 切換到 線段/標籤 追蹤模式` 將視覺模組切換到線段或標籤追蹤模式。 2. `視覺模組 1▼ 將線段追蹤模式設定為 淺底深線▼` 將視覺模組在追蹤線段時，將模式設為淺底深線（例如：白底黑線）或深底淺線（例如：黑底白線）。
判斷標籤	1. `視覺模組 1▼ 識別到標籤 (1) 前進▼ ?` 判斷視覺模組辨識的標籤是否前進（或後退、左轉、右轉等）。 判斷值 true：識別到標籤為前進；判斷值 false：識別到的標籤不是前進。 2. `視覺模組 1▼ 識別到交叉點?` 判斷視覺模組辨識的標籤是否為交叉點。 判斷值 true：識別到標籤為交叉點；判斷值 false：識別到的標籤不是交叉點。
傳回辨識值	1. `視覺模組 1▼ 識別到標籤 (1) 前進▼ 的 x▼ 座標` 傳回視覺模組識別標籤前進（或後退、左轉、右轉等）的 x 座標（或 y 座標），其中 x 座標介於 0～320 之間；y 座標介於 0～240 之間。 2. `視覺模組 1▼ 目前線段的 開始的 x▼ 座標` 傳回視覺模組識別線段開始（或結束）的 x 座標（或 y 座標）。 3. `視覺模組 1▼ 識別到交叉點 x▼ 的座標` 傳回視覺模組識別交叉點的 x 座標（或 y 座標）。 4. `視覺模組 1▼ 識別到岔路的數量` 傳回視覺模組識別岔路的數量。 5. `視覺模組 1▼ 辨識到第 1 個岔路的角度` 傳回視覺模組識別到岔路的角度。

實作範例　ch8-2　視覺模組判斷線段與標籤

請設計視覺模組判斷線段與標籤，讓視覺模組識別線段為前進（或後退、左轉、右轉）時，mBot2 前進，同時 CyberPi 螢幕顯示「前進」（或後退、左轉、右轉）。

1 在 mBlock 5 將 CyberPi 的連線狀態設定為【上傳】。

2 點選 **事件**、**控制**、**顯示**、**mBot2 車架** 與 **線段/標籤追蹤**，拖曳下頁圖積木，當按下按鈕 A，先將視覺模組切換線段/標籤追蹤模式，再開始辨識線段或標籤。

3 點擊 **上傳**，將程式上傳到 CyberPi。

4 按下按鈕 A，將「前進」的線段放在相機鏡頭前方，檢查 CyberPi 的螢幕是否顯示「前進」、同時「mBot2 前進 1 秒之後停止」。

1. 按下按鈕 A
2. 將線段放在相機鏡頭前方
3. mBot 前進
4. CyberPi 的螢幕顯示前進

8-1 視覺模組

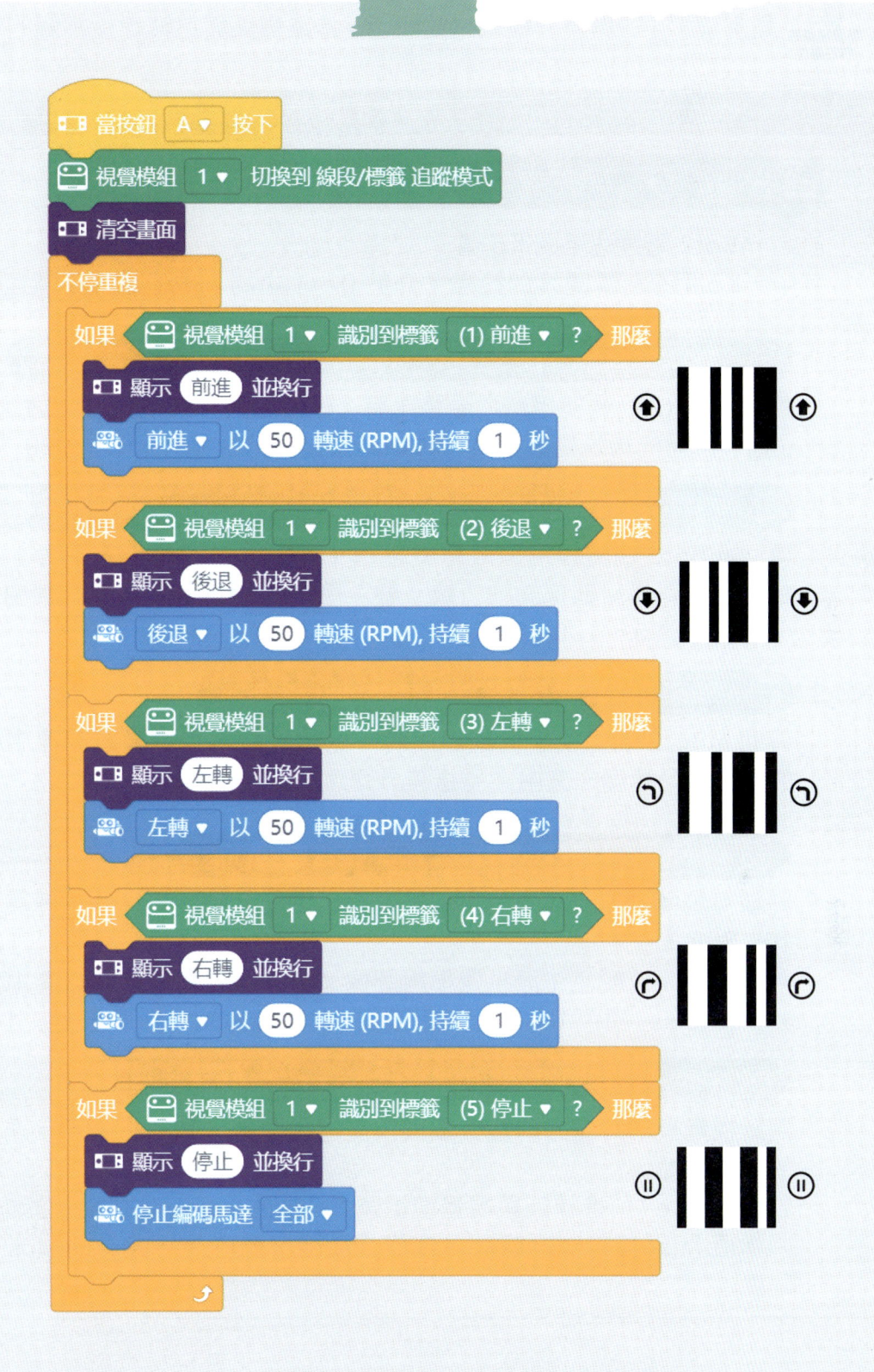

```
當按鈕 A▼ 按下
視覺模組 1▼ 切換到 線段/標籤 追蹤模式
清空畫面
不停重複
    如果 視覺模組 1▼ 識別到標籤 (1) 前進▼ ? 那麼
        顯示 前進 並換行
        前進▼ 以 50 轉速 (RPM), 持續 1 秒
    如果 視覺模組 1▼ 識別到標籤 (2) 後退▼ ? 那麼
        顯示 後退 並換行
        後退▼ 以 50 轉速 (RPM), 持續 1 秒
    如果 視覺模組 1▼ 識別到標籤 (3) 左轉▼ ? 那麼
        顯示 左轉 並換行
        左轉▼ 以 50 轉速 (RPM), 持續 1 秒
    如果 視覺模組 1▼ 識別到標籤 (4) 右轉▼ ? 那麼
        顯示 右轉 並換行
        右轉▼ 以 50 轉速 (RPM), 持續 1 秒
    如果 視覺模組 1▼ 識別到標籤 (5) 停止▼ ? 那麼
        顯示 停止 並換行
        停止編碼馬達 全部▼
```

在 [視覺模組的特定事件] 類別積木中，與視覺模組追蹤顏色、追蹤標籤與追蹤線段相關的功能如下：

功能	積木與說明
設定馬達速差	[視覺模組 1▼：在馬達速差計算中將 Kp 設定為 0.5] 設定 mBot2 馬達速差的 Kp 值。 其中，Kp 用來計算馬達的速差，介於 0～1 之間，數值愈大，轉速愈快。
傳回值	1. [視覺模組 1▼ 計算馬達差分速度 (自動追隨色塊 1▼ 至 x▼ 軸 100)] 傳回 mBot2 視覺模組追蹤顏色 1 時，保持顏色 1 與視覺模組圖像 x 軸（或 y 軸）所需的馬達差分速度。其中，馬達差分速度介於 0～100 之間。 2. [視覺模組 1▼ 計算馬達差分速度 (自動追隨標籤 (1) 前進▼ 至 x▼ 軸 100)] 傳回 mBot2 視覺模組追蹤標籤前進（或後退、左轉、右轉等）時，保持標籤與視覺模組圖像 x 軸（或 y 軸）所需的馬達差分速度。其中，馬達差分速度介於 0～100 之間。 3. [視覺模組 1▼ 計算馬達差分速度 (目標為線段追蹤部分)] 傳回 mBot2 視覺模組追蹤線段時，保持線段與視覺模組圖像中心點所需的馬達差分速度。其中，馬達差分速度介於 0～100 之間。
判斷	1. [視覺模組 1▼ 鎖定色塊 1▼ 到 x▼ 軸 100 附近?] 判斷視覺模組辨識的顏色 1 與視覺模組圖像 x 軸的馬達差分速度是否介於 100 附近。 判斷值 true：顏色 1 與視覺模組圖像 x 軸的馬達差分速度介於 100 附近； 判斷值 false：顏色 1 與視覺模組圖像 x 軸的馬達差分速度未介於 100 附近。 2. [視覺模組 1▼ 鎖定標籤 (1) 前進▼ 到 x▼ 軸 100 附近?] 判斷視覺模組辨識的前進標籤與視覺模組圖像 x 軸的馬達差分速度是否介於 100 附近。 判斷值 true：前進標籤與視覺模組圖像 x 軸的馬達差分速度介於 100 附近； 判斷值 false：前進標籤與視覺模組圖像 x 軸的馬達差分速度未介於 100 附近。

mBot2 筆記

　　視覺模組追蹤顏色、線段或標籤的流程在「學習 → 記憶 → 辨識」後開始進行「追蹤」，每個步驟的操作方式如下所示。

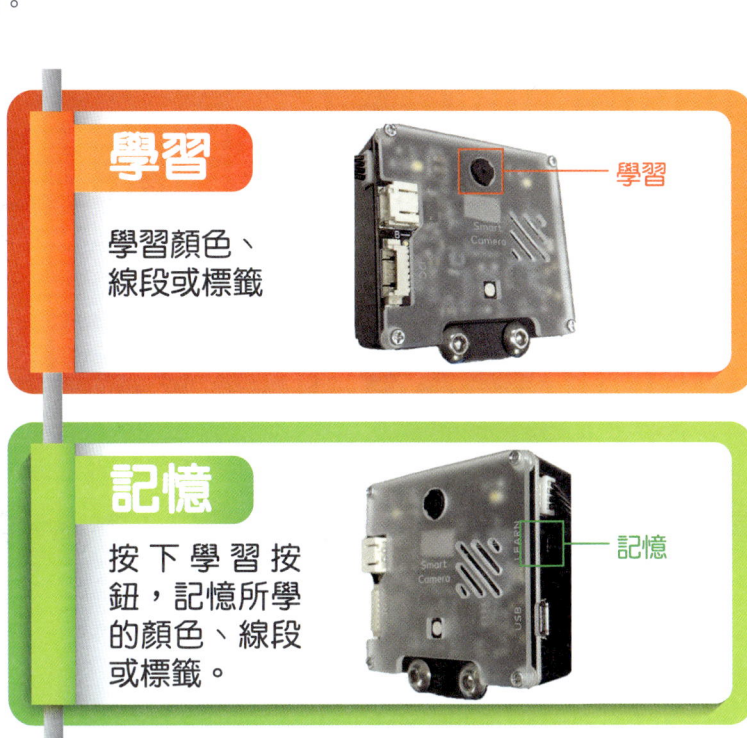

學習
學習顏色、線段或標籤
— 學習

記憶
按下學習按鈕，記憶所學的顏色、線段或標籤。
— 記憶

辨識
將物件放在相機鏡頭前面，辨識顏色、線段或標籤。
— 辨識
— 亮辨識的顏色

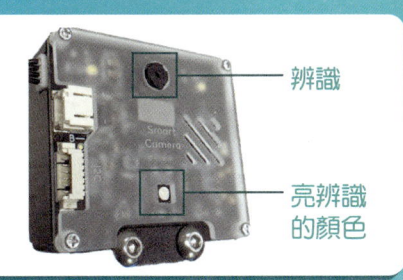

追蹤
相機鏡頭鎖定顏色、線段或標籤，開始追蹤。
— 開始追蹤

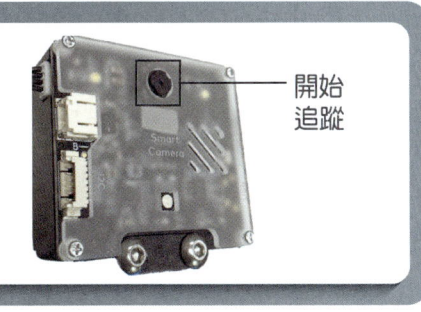

8-2 腳本規劃與執行流程

本節將設計 mBot2 智能寵物機。當搖桿向上推，mBot2 的智慧相機開始學習顏色。學成之後，搖桿向下推，mBot2 的智慧相機切換色塊偵測模式，智慧相機開始辨識顏色，追隨顏色前進，就像寵物機追隨主人的腳步。

mBot2 智能寵物機追隨主人的執行流程如圖 3 所示。

▲ 圖 3　智能寵物機執行流程

一、mBot2 智能寵物機腳本規劃

mBot2 智能寵物機將應用的元件包括：CyberPi 的搖桿、LED、mBot2 的編碼馬達與視覺模組，每個元件的位置與功能如圖 4 所示。

搖桿向上推 / 向下推
開始學習 / 偵測色塊

LED
顯示學習狀態

相機鏡頭
偵測顏色

mBot2 編碼馬達
追蹤顏色移動

▲ 圖 4　智能寵物機元件與功能

mBot2 筆記

鋁合金支架可以依照自己的設計做組合變化。

二、mBot2 智能寵物機執行流程

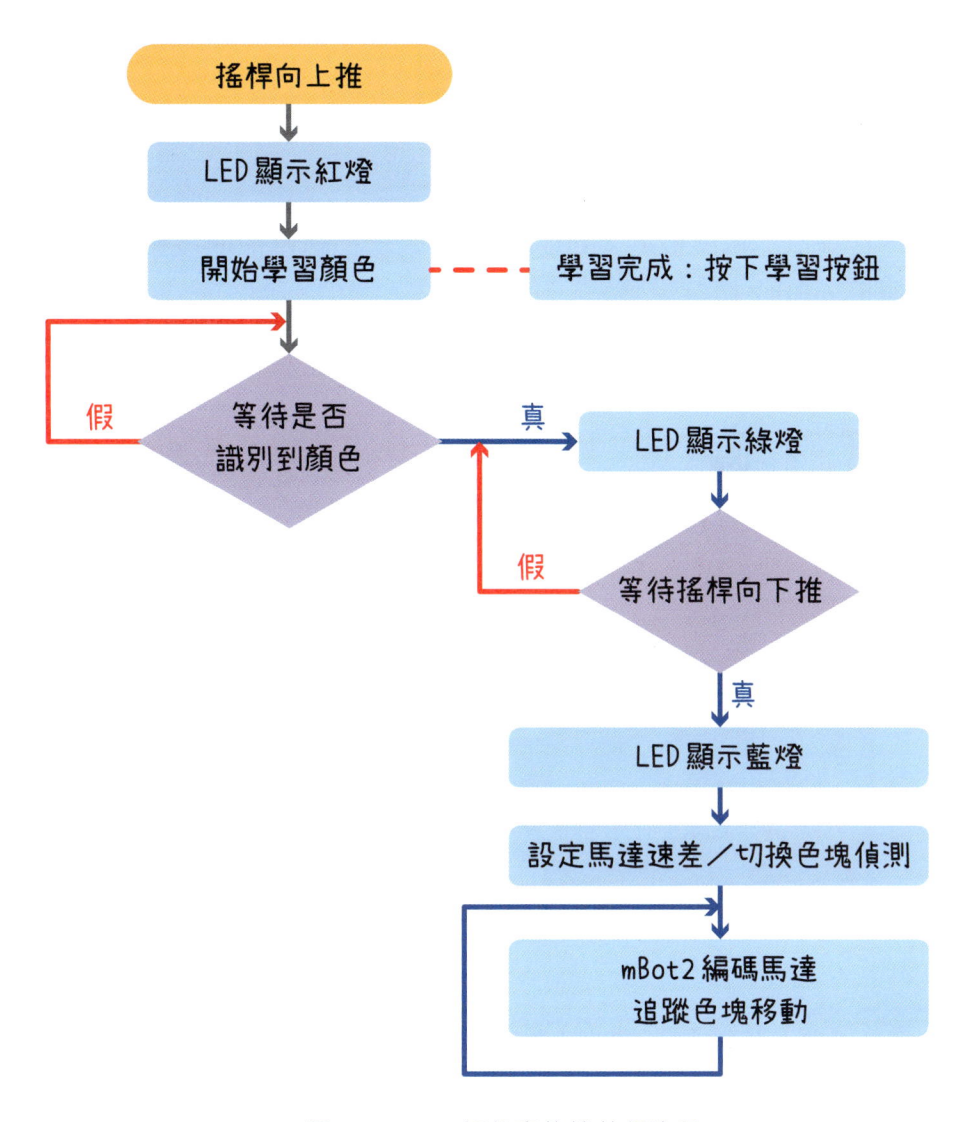

▲圖 5　mBot2 智能寵物機執行流程

8-3　智能寵物機學習顏色

　　當搖桿向上推，mBot2 的智慧相機開始學習顏色，學完顏色，按下學習按鈕，記憶所學顏色。

1. 將視覺模組連接鋰電池擴展板的 MOUT，再將視覺模組電池連接相機鏡頭的 5V 通用連接埠，最後連接 mBot2 連接電腦。

2. 在 mBlock 5 將 CyberPi 的連線狀態設定為【上傳】。

3. 點選 事件 、 LED 與 色塊辨識 ，拖曳下圖積木，搖桿向上推時，CyperPi 顯示紅燈，表示視覺模組正在學習。學習完成識別到色堆時，顯示綠燈。

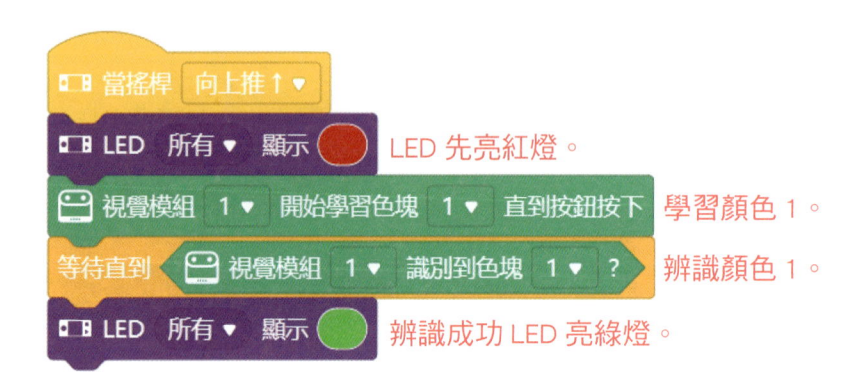

　　當搖桿 向上推↑
　　LED 所有 顯示 ●　　LED 先亮紅燈。
　　視覺模組 1 開始學習色塊 1 直到按鈕按下　　學習顏色 1。
　　等待直到 視覺模組 1 識別到色塊 1 ?　　辨識顏色 1。
　　LED 所有 顯示 ●　　辨識成功 LED 亮綠燈。

4. 點擊 上傳 ，將程式上傳到 CyberPi，檢查執行結果是否正確。

5. 將搖桿向上推，綠球放在相機鏡頭前，檢查 CyberPi 螢幕是否顯示紅色 LED，表示視覺模組正在學習綠色。

6. 當視覺模組學習完之後，辨識指示燈點亮綠燈，按下學習按鈕，記憶所學的綠色。

7. 將綠球放在相機鏡頭前，辨識指示燈自動變綠色，CyberPi 螢幕也亮綠色 LED。表示視覺模組已辨識到綠色。

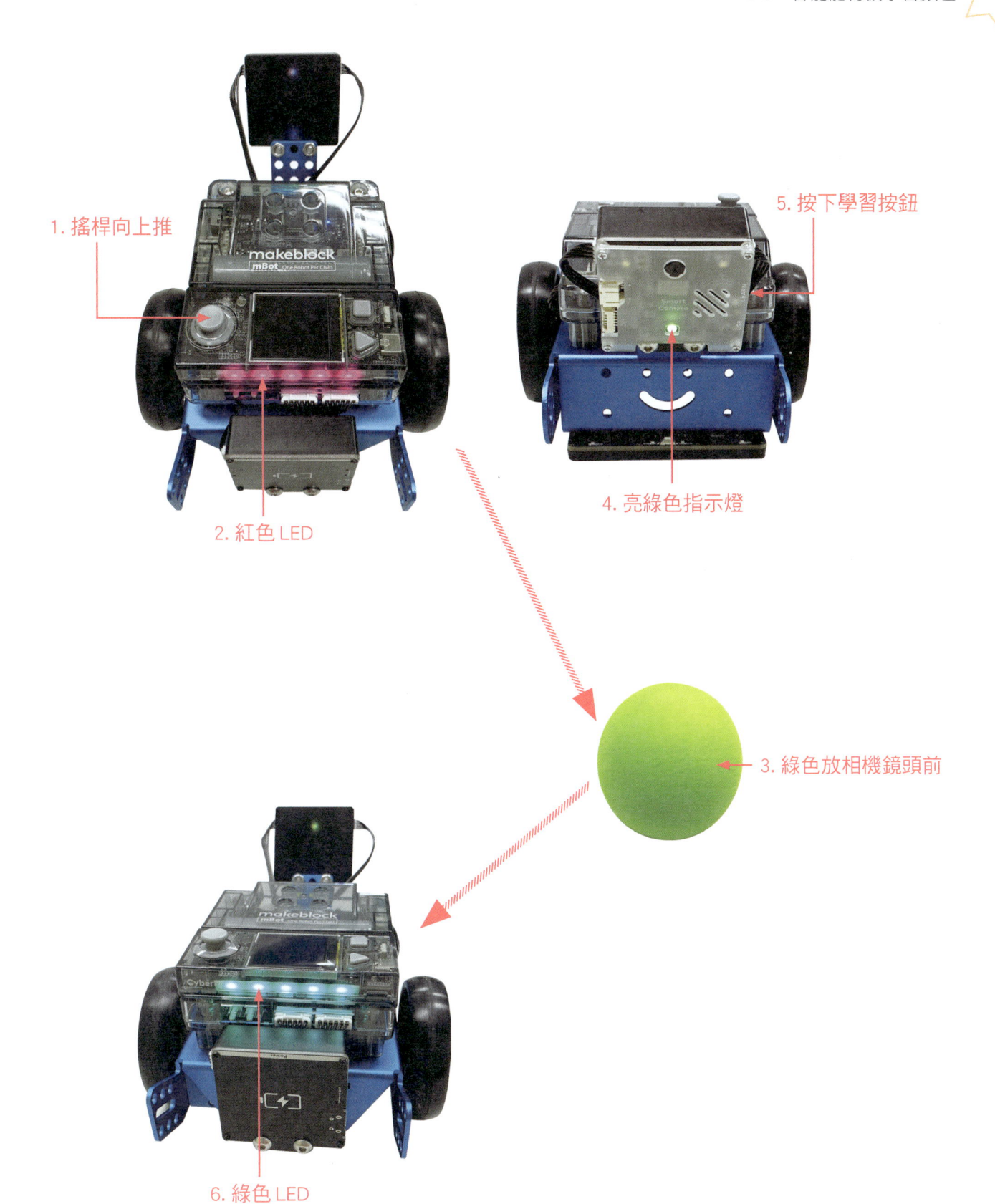

8-3 智能寵物機學習顏色

1. 搖桿向上推
2. 紅色 LED
3. 綠色放相機鏡頭前
4. 亮綠色指示燈
5. 按下學習按鈕
6. 綠色 LED

8-4 智能寵物機辨識顏色

搖桿向下推，mBot2 的視覺模組切換色塊偵測模式，視覺模組開始辨識顏色。

1 點選 **事件**、**控制**、**偵測**、**LED**、**視覺模組的特定事件** 與 **色塊辨識**，拖曳下圖積木，當 CyberPi 亮綠燈時，將搖桿向下推，點亮藍燈，表示視覺模組正在偵測色塊。

```
LED 所有▼ 顯示 ●(綠)
等待直到 < 搖桿 向下推↓▼ ? >    搖桿向下推，點亮藍燈。
LED 所有▼ 顯示紅 0 綠 0 藍 255
視覺模組 1▼ : 在馬達速差計算中將 Kp 設定為 0.3
視覺模組 1▼ 切換到色塊偵測模式    切換偵測顏色。
```

2 點擊 **上傳**，將程式上傳到 CyberPi。

3 重複前一節，搖桿向上推的學習步驟完成之後，再將搖桿向下推，檢查 CyberPi 螢幕是否點亮藍色 LED，表示 mBot2 切換為色塊測模式，準備追蹤綠色。

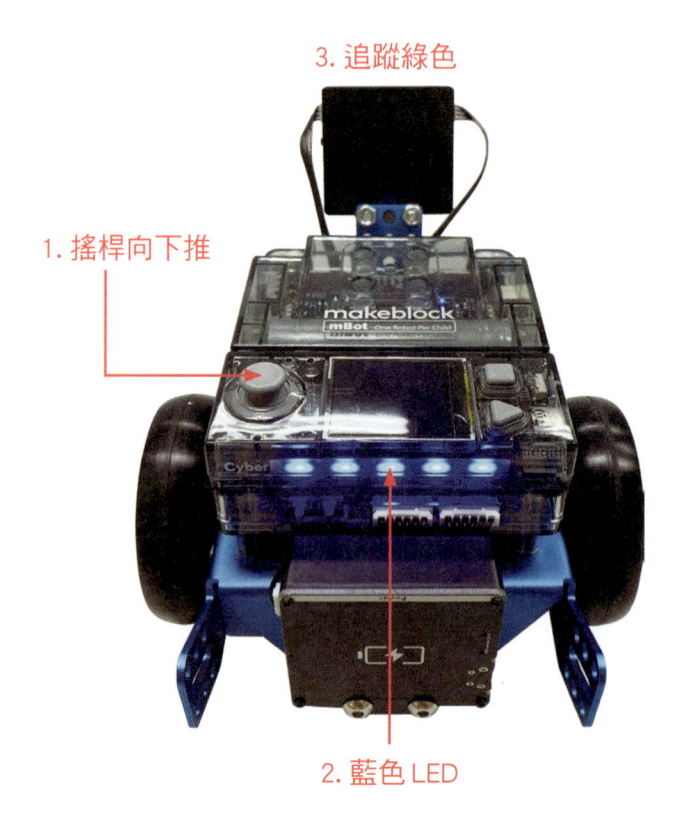

3. 追蹤綠色

1. 搖桿向下推

2. 藍色 LED

8-5　智能寵物機追蹤顏色移動

mBot2 追隨顏色前進，就像寵物機追隨主人的腳步。

1. 點選【變數】，【建立變數】，建立【左輪】與【右輪】二個變數，

2. 點選【控制】、【變數】、【運算】、【視覺模組的特定事件】與【mBot2 車架】，拖曳下圖積木，設定 mBot2 前進時，左輪動力為正數，右輪動力為負數。

```
不停重複
  變數 左輪▼ 設為 視覺模組 1▼ 計算馬達差分速度 (自動追隨色塊 1▼ 至 x▼ 軸 160) + 
  變數 右輪▼ 設為 -1 * 視覺模組 1▼ 計算馬達差分速度 (自動追隨色塊 1▼ 至 x▼ 軸 160)
  encoder motor EM1 rotates at 左輪 RPM, encoder motor EM2 rotates at 右輪 RPM
```
左輪動力正數，右輪動力負數，mBot2 前進。

```
視覺模組 1▼ 計算馬達差分速度 (自動追隨色塊 1▼ 至 y▼ 軸 150)
+ 視覺模組 1▼ 計算馬達差分速度 (自動追隨色塊 1▼ 至 y▼ 軸 150)
```

3. 點擊【上傳】，將完整程式上傳到 CyberPi。

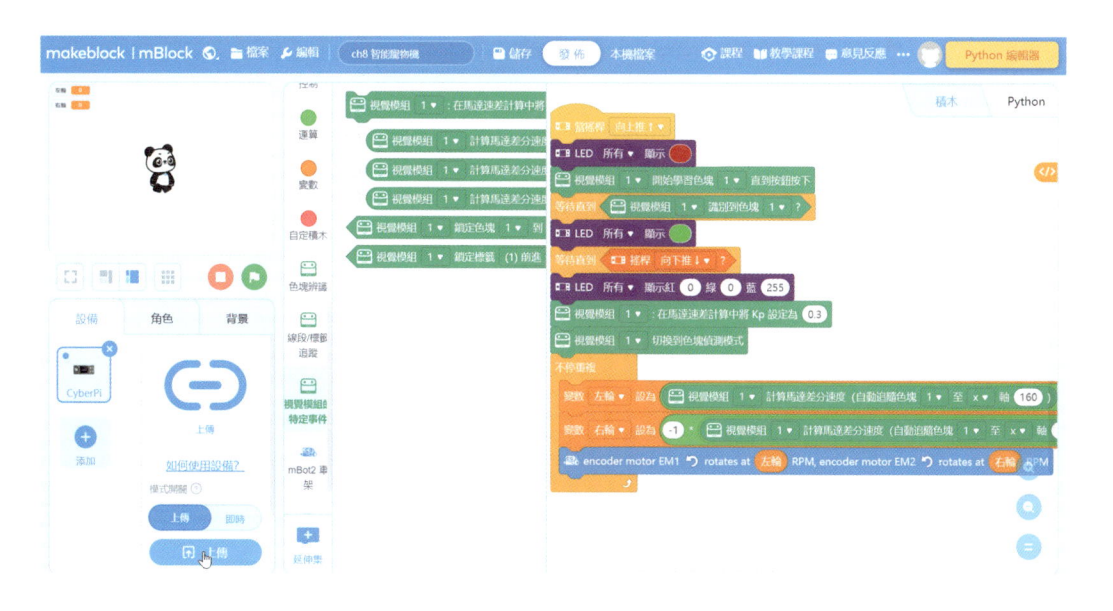

4 重複前二節搖桿向上推及向下推的學習、記憶與辨識動作，當 CyberPi 螢幕亮藍色 LED 時，在相機鏡頭前晃動綠色球，檢查 mBot2 是否追蹤綠球移動。

追蹤綠色前進

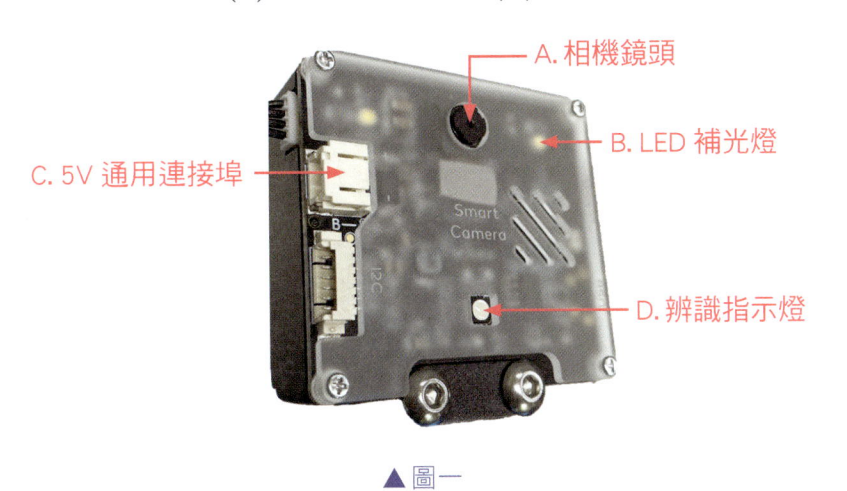

實力評量 8

一、單選題

(　　) 1. 關於圖一視覺模組的組成元件敘述，何者<u>錯誤</u>？
(A) A　　(B) B　　(C) C　　(D) D。

A. 相機鏡頭
B. LED 補光燈
C. 5V 通用連接埠
D. 辨識指示燈

▲圖一

(　　) 2. 如圖一的 A～D 組成元件中，當視覺模組在辨識顏色時，哪個元件會顯示已辨識的顏色？
(A) A　　(B) B　　(C) C　　(D) D。

(　　) 3. 如圖一的 A～D 組成元件中，當視覺模組在辨識顏色時，利用哪個元件進行辨識？
(A) A　　(B) B　　(C) C　　(D) D。

(　　) 4. 下列哪個積木能夠將視覺模組切換到偵測顏色的模式？

(A) 視覺模組 1▼ 開始學習色塊 1▼ 直到按鈕按下

(B) 視覺模組 1▼ 識別到色塊 1▼ ?

(C) 視覺模組 1▼ 切換到色塊偵測模式

(D) 視覺模組 1▼ 識別到色塊 1▼ 在影像 置中▼ ?。

實力評量 8

( ) 5. 下列關於 [視覺模組 1▼ 識別到色塊 1▼ 的 X座標▼] 積木的敘述，何者正確？
   (A) x 座標介於 0～320 之間
   (B) x 座標介於 0～240 之間
   (C) y 座標介於 0～320 之間
   (D) 傳回視覺模組識別色塊 1 的高度。

( ) 6. 下列關於 視覺模組的特定事件 積木的敘述，何者錯誤？
   (A) [視覺模組 1▼：在馬達速差計算中將 Kp 設定為 0.5] 設定 mBot2 馬達速差的 Kp 值
   (B) [視覺模組 1▼ 計算馬達差分速度 (目標為線段追蹤部分)] 判斷 mBot2 視覺模組追蹤線段時，是否保持線段與視覺模組圖像中心點所需的馬達差分速度
   (C) [視覺模組 1▼ 鎖定色塊 1▼ 到 x▼ 軸 100 附近?] 判斷視覺模組辨識的顏色 1 與視覺模組圖像 x 軸的馬達差分速度是否介於 100 附近
   (D) [視覺模組 1▼ 計算馬達差分速度 (自動追隨色塊 1▼ 至 x▼ 軸 100)] 傳回 mBot2 視覺模組追蹤顏色 1 時，保持顏色 1 與視覺模組圖像 x 軸所需的馬達差分速度。

( ) 7. 下列何者不是視覺模組追蹤顏色的流程？
   (A) 學習　　　　　　　　　　(B) 記憶
   (C) 辨識　　　　　　　　　　(D) LED 指示。

( ) 8. 下列哪個積木能夠讓視覺模組開始學習顏色？
   (A) [視覺模組 1▼ 切換到色塊偵測模式]
   (B) [視覺模組 1▼ 識別到色塊 1▼ ?]
   (C) [視覺模組 1▼ 開始學習色塊 1▼ 直到按鈕按下]
   (D) [視覺模組 1▼ 識別到色塊 1▼ 在影像 置中▼ ?]

實力評量 8

(　　) 9. 關於圖二的程式敘述，何者正確？
(A) 視覺模組辨識前進標籤時，mBot2 前進
(B) 視覺模組需要先學習標籤再辨識
(C) 利用 LED 矩陣顯示「前進」文字
(D) mBot2 持續前進不停止。

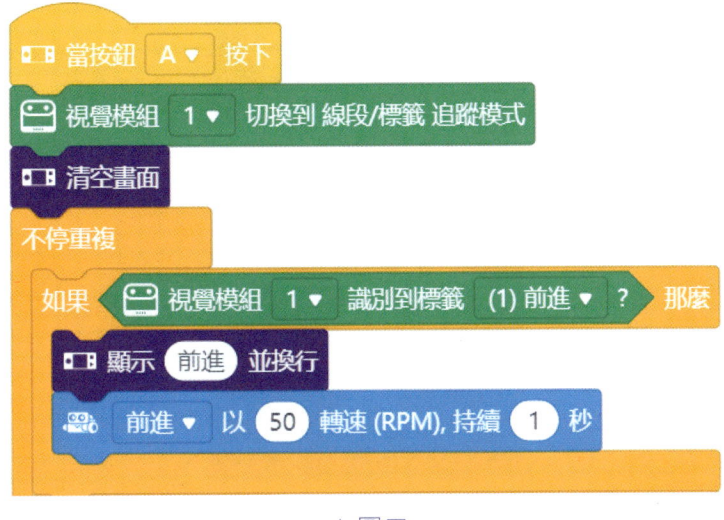

▲ 圖二

(　　) 10. 下列關於圖三程式的敘述，何者錯誤？
(A) 搖桿向上推，開始學習
(B) 當 LED 補光燈閃爍與辨識的物件相同顏色時，表示學習完成
(C) 學習完成，按下學習按鈕
(D) 學習完成 LED 顯示綠燈。

▲ 圖三

實力評量 8

二、實作題

1. 請利用 `視覺模組 1▼ 識別到標籤 (1)前進▼ ?` 設計視覺模組辨識標籤的符號如圖四，當視覺模組辨識結果為加號時，在 CyberPi 螢幕顯示「+」，依此類推 CyberPi 螢幕顯示辨識的結果。

```
(6) 加號
(7) 減號
(8) 問號
(9) 紅心
(10) A
(11) B
(12) C
(13) ①
(14) ②
(15) ③
```

▲圖四

2. 請設計按下按鈕 A 視覺模組學習紅、綠、藍三種顏色；按下按鈕 B 開始辨識所學的顏色，當辨識為紅色時，點亮 CyberPi 紅色 LED、當辨識為綠色時，點亮 CyberPi 綠色 LED、當辨識為藍色時，點亮 CyberPi 藍色 LED。

Appendix A 附 錄

一、習題參考解答
二、本書使用元件總表

一、習題參考解答

Chapter 1　mBot2 智能總量管制

│實作範例│

1-1　人體紅外線感測器運作測試
8. 判斷結果：■ true（真）　□ false（假）

1-2　紅綠燈
2. 執行結果：■ 點亮紅色 LED　□ 點亮綠色 LED

│實力評量│單選題

1	2	3	4	5	6	7	8	9	10
B	D	C	C	B	C	A	D	B	A

Chapter 2　mBot2 智能保全

│實作範例│

2-1　測距感測器運作測試
6. 執行結果：距離偵測值：<u>0～200</u>
7. 判斷結果：■ true（真）　□ false（假）

2-2　行車安全距離偵測
5. (1) CyberPi 螢幕顯示距離：<u>0～200</u>

　　(2) mBot2 與前車距離大於 100 時執行的動作：■ 前進轉速 50　□ 前進轉速 10

　　(3) mBot2 與前車距離小於 100 時：■ 嗶嗶　□ 前進轉速 50　■ 前進轉速 10

2-3　mBot2 播音
5. 執行結果：播放音階 <u>Do Re Mi</u>

│實力評量│單選題

1	2	3	4	5	6	7	8	9	10
C	A	B	D	A	B	C	A	D	B

Chapter 3　mBot2 智能 LED

| 實作範例 |

3-1　多點觸摸感測器運作測試
4. 判斷結果：☐ true（真）　■ false（假）
5. 判斷結果：■ true（真）　☐ false（假）

3-2　多點觸摸琴鍵
4. 執行結果：快樂頌

| 實力評量 | 單選題

1	2	3	4	5	6	7	8	9	10
A	C	D	A	B	C	D	B	C	A

Chapter 4　mBot2 智能恆溫

| 實作範例 |

4-3　直流馬達轉轉轉
5. 傳回值：90

| 實力評量 | 單選題

1	2	3	4	5	6	7	8	9	10
A	D	D	A	B	C	C	B	B	A

Chapter 5　mBot2 智能居家

| 實作範例 |

5-1　氣體感測器運作測試
4. 判斷結果：■ true（真）　☐ false（假）

5-2　火焰感測器運作測試
5. 火焰值：0～100

| 實力評量 | 單選題

1	2	3	4	5	6	7	8	9	10
B	D	A	A	C	D	B	C	A	C

Chapter 6　mBot2 智能農場

│實作範例│

6-1　土壤溼度感測器運作測試

5. 傳回值：介於 0～100 之間

│實力評量│單選題

1	2	3	4	5	6	7	8	9	10
A	B	D	B	A	B	C	C	D	A

Chapter 7　mBot2 智能點點名

│實力評量│單選題

1	2	3	4	5	6	7	8	9	10
C	D	A	C	B	C	A	B	A	D

Chapter 8　mBot2 智能寵物機

│實力評量│單選題

1	2	3	4	5	6	7	8	9	10
C	D	A	C	A	B	D	C	A	B

二、本書使用元件總表

基礎元件 \ 章節	1	2	3	4	5	6	7	8
1. 人體紅外線感測器	●		●			●		
2. LED 矩陣	●	●		●			●	
3. 測距感測器		●						
4. 喇叭		●						
5. 多點觸摸感測器			●					
6. LED 驅動器與 LED 燈條			●			●		
7. 光線感測器			●					
8. 聲音感測器			●					

基礎元件＼章節	1	2	3	4	5	6	7	8
9. 溫溼度感測器				●				
10. 溫度感測器				●				
11. 直流馬達驅動器與風扇				●				
12. 角度感測器				●				
13. 氣體感測器					●			
14. 火焰感測器					●			
15. 土壤溼度感測器						●		

二、本書使用元件總表

基礎元件 / 章節	1	2	3	4	5	6	7	8
16. 直流馬達驅動器與水幫浦馬達						●		
17. 伺服馬達驅動器與伺服馬達						●		
18. LED 驅動器與 LED 燈環							●	
19. 視覺模組								●

裝置 / 章節	1	2	3	4	5	6	7	8
視訊攝影機							●	

產品名稱／規格／特色	搭配書籍教材

mBot2 智慧機器人
產品編號：5001801
建議售價：$4,500

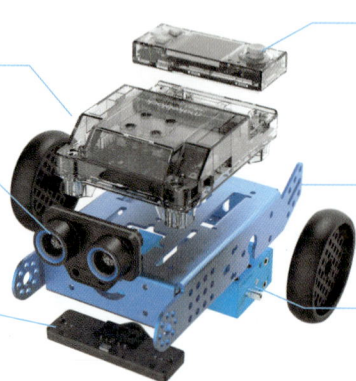

帶鋰電池的擴展板
可擴充伺服馬達、燈帶、Arduino 模組。

超音波感測器
新增 8 顆氛圍燈，提升了機器人在情緒表達上的潛力。

四路顏色感測器
使用可見光進行補光，抑制環境光干擾，並可同步進行顏色辨識。

CyberPi 主控板
具備 1.44 吋彩色螢幕，支援語音辨識，且可儲存 8 支程式。

金屬車架
M4 孔洞兼容金屬或拼砌類積木。

智慧編碼馬達
轉速 200RPM，扭矩 1.5kg·cm，檢測精度 1°，支援低轉速啟動、角度控制和轉速控制。

書號：PN093
作者：王麗君
建議售價：$400

書號：PN096
作者：李春雄
建議售價：$480

mBot2 Plus 智慧機器人教育套裝
產品編號：5001803
建議售價：$5,400

CyberPi 可結合鋰電池擴展板，化身為編程遊戲機。

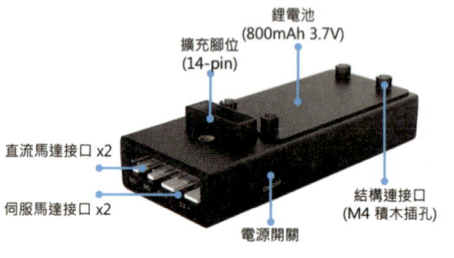

鋰電池 (800mAh 3.7V)
擴充腳位 (14-pin)
直流馬達接口 x2
伺服馬達接口 x2
結構連接口 (M4 積木插孔)
電源開關
組合方式
鋰電池擴展板

書號：PN094
作者：王麗君
建議售價：$450

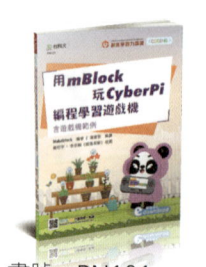

書號：PN101
作者：Makeblock 編著
黃重景 編譯
趙珩宇·李宗翰 校閱
建議售價：$350

選配

mBuild AIoT 學習工具箱 (C)
產品編號：5001557
建議售價：$14,000

- 包含 31 個 mBuild 模組和 10 個配件，並配有 AI 視覺模組。
- 模組具備 M4 螺絲孔，可與金屬積木相結合，亦可結合樂高積木。
- 可透過 mBlock5 圖形化編程軟體，或 Python 編輯器學習程式語言。

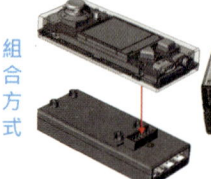

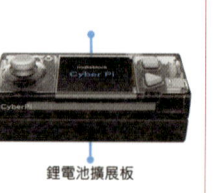

mBot2 Pro 智慧機器人教育套裝
產品編號：5001799
建議售價：$6,500

多一個 CyberPi 可以做為搖控手把，比賽操控更加精確。

勤園科教 www.jyic.net

諮詢專線：02-2908-5945 或洽轄區業務
歡迎辦理師資研習課程

mBot2 智慧機器人

控制板比較

比較	mBot - mCore	mBot2 - CyberPi
處理器晶片	ATmage328P	ESP32（Xtensa 32-bit LX6）
時脈速率	20MHz	240MHz
唯讀記憶體 / 快取記憶體	1KB/2KB	448KB/520KB
擴展空間	/	8MB
電池容量	1800 mAh	2500 mAh
編碼馬達介面	0	2
直流馬達介面	2	2
伺服馬達介面	支援外接 1 個	4（燈帶、Arduino 相容）
專用腳位	4（RJ25）	1（mBuild）

CyberPi + mBot2 擴展板

馬達比較

比較	mBot - TT 減速馬達	mBot2 - 智慧編碼馬達
轉速區間	47~118 RPM	1~200 RPM
轉動精度	無	≤ 5°
檢測精度	無	1°
轉動扭矩	≥ 672 g·cm	1500 g·cm
輸出軸材質	塑膠	金屬
轉彎	不支援	精準轉向
直線前進	只支援前進 XX 秒	≤ 2% 的前進誤差 支援前進 XXmm 的指令
作為伺服馬達使用	不支援	支援 ≤ 5° 的角度控制
作為旋鈕使用	不支援	支援 1° 的檢測精度讀取

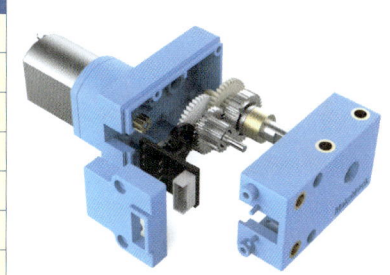

智慧編碼馬達

循跡模組比較

比較	mBot – 二路循跡模組	mBot2- 四路顏色循跡模組
塑膠保護外殼	無	有
循線感測器	2 個	4 個
顏色感測器	無	4 個（與循跡模組共用）
光線感測器	無	4 個（與循跡模組共用）
補光燈	紅外補光燈	可見光補光燈
抑制環境光干擾	無	有

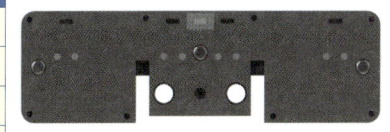

四路顏色循跡模組

mBot2 產品規格

搭配程式語言	mBlock5： 圖形化積木（基於Scratch 3.0） 文字式：文字式：可一鍵轉Python或直接使用Python編輯器
處理器	Xtensa® 32-bit LX6 雙核處理器
電控模組	1.44 吋彩色螢幕、喇叭、RGB 彩燈 ×5、光線感測器、麥克風、陀螺儀、加速度計、五向搖桿及按鍵、超音波感測器、四路顏色感測器
擴充腳位	編碼馬達腳位 ×2、直流馬達腳位 ×2、伺服馬達腳位（燈帶及 Arduino 相容腳位）×4 mBuild 專用腳位（支援 mBuild 模組串連 10 個）×1
動力來源	智慧編碼馬達 ×2
電源供應	2500mAh 鋰電池
連線方式	藍牙、WiFi

勁園科教 www.jyic.net　諮詢專線：02-2908-5945 或洽轄區業務
歡迎辦理師資研習課程

MLC 創客學習力認證
Maker Learning Credential Certification

創客學習力認證精神

以創客指標 6 向度：外形（專業）、機構、電控、程式、通訊、AI 難易度變化進行命題，以培養學生邏輯思考與動手做的學習能力，認證強調有沒有實際動手做的精神。

MLC 創客學習力證書，累積學習歷程

學員每次實作，經由創客師核可，可獲得單張證書，多次實作可以累積成歷程證書。
藉由證書可以展現學習歷程，並能透過雷達圖及數據值呈現學習成果。

創客師 → 核發 → 創客學習力認證 → 學員

學員收穫：
1. 讓學習有目標
2. 診斷學習成果
3. 累積學習歷程

單張證書

創客學習力
雷達圖診斷
1. 興趣所在與職探方向
2. 不足之處

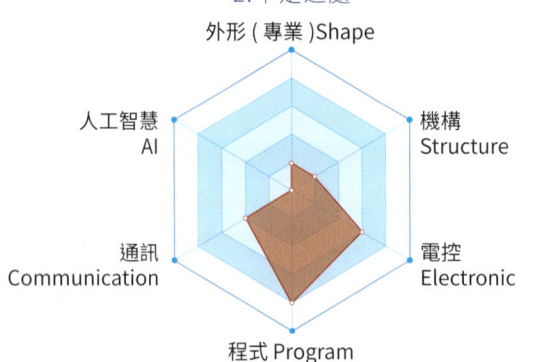

- 外形（專業）Shape
- 機構 Structure
- 電控 Electronic
- 程式 Program
- 通訊 Communication
- 人工智慧 AI

綜合素養力
各項基本素養能力

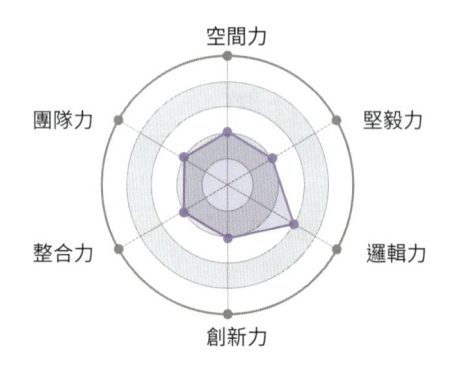

- 空間力
- 堅毅力
- 邏輯力
- 創新力
- 整合力
- 團隊力

歷程證書

正面　　反面

數據值診斷
1. 學習能量累積
2. 多元性（廣度）學習或專注性（深度）學習

100 — 10 — 10
創客指標總數　創客項目數　實作次數

100 — 1 — 10
創客指標總數　創客項目數　實作次數

認證產品

產品編號	產品名稱	建議售價
PV151	申請 MLC 數位單張證書	$600
PV152	MLC 紙本單張證書	$600
PV153	申請 MLC 數位歷程證書	$600

產品編號	產品名稱	建議售價
PV154	MLC 紙本歷程證書	$600
PV159	申請 MLC 數位教學歷程證書	$600
PV160	MLC 紙本教學歷程證書	$600

諮詢專線：02-2908-5945 # 133　　聯絡信箱：oscerti@jyic.net

書　　　名	用mBot2機器人與mBuild AIoT學習工具箱 創造人工智慧物聯網智能生活 使用Scratch3.0(mBlock 5)
書　　　號	PN094
版　　　次	2023年4月初版
編　著　者	王麗君
責 任 編 輯	郭瀞文
校 對 次 數	8次
版 面 構 成	陳依婷
封 面 設 計	林伊紋

國家圖書館出版品預行編目資料

用mBot2機器人與mBuild AIoT學習工具箱創造人工智慧物聯網智能生活-使用Scratch3.0(mBlock 5) / 王麗君
-- 初版. -- 新北市：台科大圖書, 2023. 4
面；　公分
ISBN 978-986-523-652-6（平裝）
1. CST：機器人　　2. CST：電腦程式設計
448.992029　　　　　　　　　　112001912

出 版 者	台科大圖書股份有限公司
門 市 地 址	24257新北市新莊區中正路649-8號8樓
電　　　話	02-2908-0313
傳　　　真	02-2908-0112
網　　　址	tkdbooks.com
電 子 郵 件	service@jyic.net
版 權 宣 告	**有著作權　侵害必究** 本書受著作權法保護。未經本公司事前書面授權，不得以任何方式（包括儲存於資料庫或任何存取系統內）作全部或局部之翻印、仿製或轉載。 書內圖片、資料的來源已盡查明之責，若有疏漏致著作權遭侵犯，我們在此致歉，並請有關人士致函本公司，我們將作出適當的修訂和安排。
郵 購 帳 號	19133960
戶　　　名	台科大圖書股份有限公司 ※郵撥訂購未滿1500元者，請付郵資，本島地區100元 / 外島地區200元
客 服 專 線	0800-000-599
網 路 購 書	PChome商店街　JY國際學院 博客來網路書店　台科大圖書專區
各服務中心	總　　公　　司　02-2908-5945　　台中服務中心　04-2263-5882 台北服務中心　02-2908-5945　　高雄服務中心　07-555-7947 線上讀者回函 歡迎給予鼓勵及建議 tkdbooks.com/PN094